애리조나 그랜드캐니언 투어(1904 . 9)
선두에서 말을 끄는 안내자만 정배지 차림이
다(라바이스인지는 확실치 않다). 안내자
와 그 뒤를 따라오는 손님들이 복장이 대체로
어둠일록다. 꼭 안내자만 요즘 옷을 입은 것
처럼 보인다.

ca.1874 Hunting Coat by Levi Strauss & Co.

마켓 거리 공장에서 페달식 재봉틀로 제작

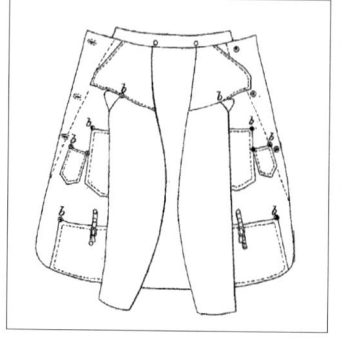
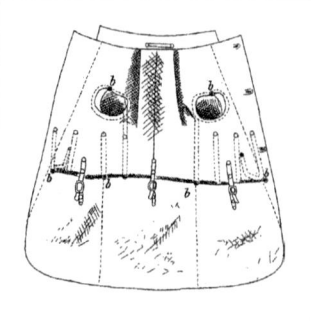

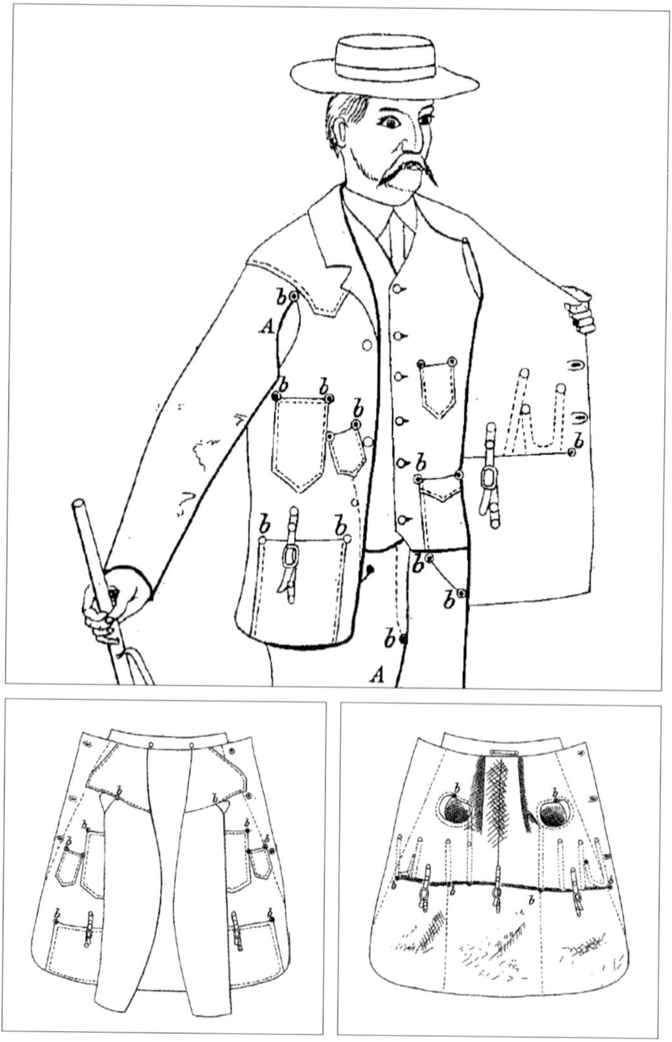

리바이스가 영국에서 특허신청한 도면 일부 (1874)

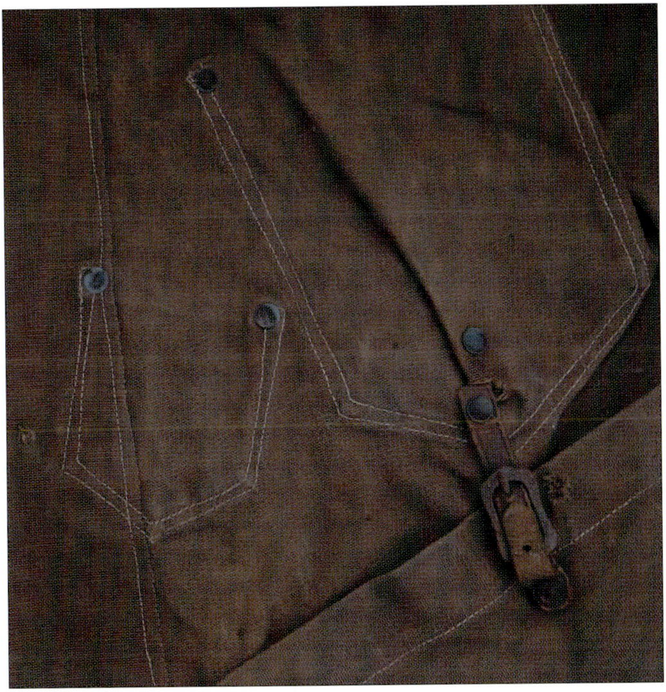

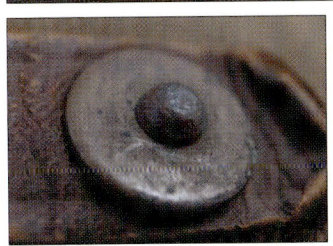

이 헌팅코트는 리바이스가 1874년 영국에 출원한 특허의 참고 제품에 포함된 실물로 보인다. 전체 사진 대신 도면으로 소개했지만, 실물은 일러스트와 놀랄 만큼 똑같이 봉제되어 있다. 라벨은 가죽이고, 라벨 각인은 판독이 불가능하다. 라벨 크기는 가로 약 3인치, 세로 약 1과 3/4인치로, 이 책 90쪽에 나온 리바이스 베스트의 라벨과 완벽하게 같다. 소매 이음부나 단춧구멍 등 세세한 부분도 흡사하다. 리벳에 각인은 없다. 리바이스의 초기 제품에는 리벳에 각인이 없었을 가능성을 시사하는 아주 귀중한 옷이다. 초기 제품에서 볼 수 있는 리벳 뒷면의 가죽 패드도 없다. 코트는 부위별로 분명하게 맞춤양복용 형지에 맞추어 재단되었고, 단추는 바느질로 다는 방식이었다. 단춧구멍은 베테랑 장인이 직접 손바느질해 경쟁사가 따라 할래도 불가능할 정도로 아주 정교하게 마감되었다. 또한 이 코트에는 원단 포켓과 가죽 스트랩에 리벳이 부착되어 있다. 리베티드 의류의 등장 전후 특징이 공존하는 제품이다. 제이컵 데이비스 같은 재단사가 만들었던 호스 블랭킷의 가죽 스트랩에도 같은 리벳이 부착되었으리라 짐작된다.

1870s Jeans by Levi Strauss & Co.

마켓 공장에서 페달식 재봉틀로 제작

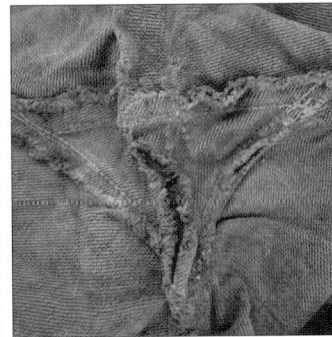

대략 1870년대 후반 제품으로 추정되는 진이다. 리벳에는 리바이스에서 제작했음을 알리는 글자 흔적이 희미하게 각인되어 있다. 백포켓은 오른쪽에 하나 있고 아큐에이트 스티치가 남아 있다. 벨트고리는 없고 앞쪽 포켓주머니는 본체와 같은 데님 소재다. 라벨은 뒤쪽 한가운데에 부착된 흔적이 있으며 크기는 가로 약 3인치, 세로 약 1과 3/4인치다. 왼쪽 다리에는 툴포켓이라고 불리는 세로로 긴 포켓이 있으며 그 외의 포켓도 위쪽이 리벳으로 고정되어 있었다. 단추는 모두 녹이 슬었는데 본래는 수작업으로 단 금속 소재였다. 합성인디고가 탄생하기 전에 제작된 제품이므로 천연인디고로 염색된 것이다. 흰 천은 최근에 수선용으로 덧댄 것이다.

시기적으로 보아 마켓 공장에서 생산된 제품이며 페달식 재봉틀로 재봉된 듯하다. 재봉틀 힘이 부족했는지 데님 원단이 겹치는 부위가 최소한으로 한정되어 있다. 끝단은 재단된 채 아무 처리도 되어 있지 않다. 백요크에 좌우로 살짝 주름이 들어가 있다. 짐작하건대 봉제공은 뛰어난 기술을 지닌 재단사 집단이었을 게 분명하다. 앞쪽 플라이에서 손바느질로 마감된 히요쿠도메(比翼留め)라고 불리는 이중 스티치를 두 곳 확인할 수 있다. 오른쪽 앞 워치포켓은 지금 청바지에서보다 꽤 높은 위치에 달려 있다. 벨트를 사용하지 않는다면 이렇게 만들어도 문제가 없었을 거다. 플라이 부분에 삼각형 이음이 있는데 이는 당시 사양이라기보다 큰 치수 특유의 형지와 관련 있을 것 같다. 데님에서 효율적으로 팬츠의 부위를 재단하기 위한 하나의 방편이었을지도. 참고로 팬츠의 허리 치수는 36인치다.

1900s Jeans by Levi Strauss & Co.

프리몬트 거리 공장 전기 도입 후의 재봉틀 제작 제품

1900년대 초기에 만들어졌으리라 추정되는 진. 백포켓이 두 개로 늘어났고 프런트포켓의 주머니도 하얀색 드릴원단이다. 워치포켓의 위치는 내려가 있고 리벳식 금속 단추가 달려 있어 이미 현대의 청바지와 큰 차이가 없다. 다른 점을 굳이 꼽자면 벨트고리가 없고 백스트랩이 다르다는 점 정도다. 독일에서 합성인디고가 생산되던 시기였기에 데님원단은 합성인디고로 염색했을 터. 리벳 몇 개에는 리벳 제조사명이 각인되어 있다. 특수 카메라로 보니 검게 변색한 가죽 라벨 위에 ××로 읽히는 글자가 있는데 해석 불가.

시기적으로 지진이 일어나기 전, 프리몬트 공장에 전기가 도입된 뒤 제작된 제품으로 추정. 백요크와 좌우 엉덩이 부위의 데님 이음 끝단 처리가 보이지 않게 개선된 점으로 보아 재봉틀 성능이 향상되었다. 재봉사의 손을 거친 수작업 느낌보다 양산품 분위기가 물씬 풍긴다. 당시의 직공 모집 기사에는 젊은 여성을 많이 채용한다고 기재되어 있다. 따라서 재단사의 높은 기술력보다 재봉틀을 능숙하게 사용할 수 있는 사람을 먼저 뽑아 대량생산을 꾀했던 것 같다. 경험 불문이라는 모집 기사도 있었으므로 분업제를 도입하지 않았을까 추측.

1900s Jeans by Levi Strauss & Co.

재해 후의 발렌시아 거리 공장 제품

1900년대 중반 무렵 제작된 진으로 추정. 명확하지 않은 부분이 많지만, 1906년에 일어난 지진 재해 후, 발렌시아 거리에 지은 새 공장에서 생산된 제품으로 보인다. 특수 카메라로 분석하니 검게 변한 가죽 라벨 위에 501XX라는 글자가 확인된다. 표시된 허리 치수는 34인치. 단춧구멍을 제외한 부분에 특수재봉틀을 사용한 흔적은 보이지 않는다.

재해 후, 리바이스는 단추 회사를 유니버설버튼으로 옮긴 것으로 보이며 이 바지가 해당 회사의 새 단추를 사용한 듯하다. 단추를 깨서 내부를 확인하지 않는 이상 판단하기 어렵지만, 내부가 갈고리 발 두 개로 고정하는 투프롱식으로 되어 있다면 새로운 거래처인 유니버설버튼의 단추라는 말이 된다. 유니버설버튼은 1910년 클로즈드 탑이라 불리던 평평한 단추를 개발했기에 이 바지는 그보다 이전에 제작된 제품이라 하겠다. 공업용 재봉틀이 본격적으로 도입되기 직전의 제품인 만큼 맞춤제작한 분위기가 난다.

지은이 아오타 미쓰히로(青田充弘)

아오야마가쿠인대학교 대학원에서 화학을 전공한 뒤 전자부품 재료개발자로 일했다. 근무 당시 비행복에 관한 정보를 집대성하여『풀기어(Full Gear)』(2005)를 직접 펴내고 2만 엔에 완판하면서 화제를 모았다. 두 번째 책『지퍼 기어(Zipper Gear)』(2013)에는 미국 지퍼의 연대별(1890~1930) 해설을 담았다.『501XX는 누가 만들었는가』는 그의 세 번째 책으로, 사료로부터 해독하여 재구성한 리바이스의 숨은 역사를 엿볼 수 있는 독자적인 연구서다.

옮긴이 서하나

언어와 활자 사이를 유영하는 일한 번역가이자 출판편집자. 언어도 디자인이라 여기며 일본어를 우리말로 옮기고 책을 기획해 만든다. 건축과 인테리어 분야에 종사한 바 있으며 일본 유학 후 출판사 안그라픽스에서 편집자로 일했다.『미나 페르호넨 디자인 여정: 기억의 순환』,『도쿄 호텔 도감』,『1970년대 하라주쿠 원풍경』,『디자이너 마음으로 걷다』,『몸과 이야기하다, 언어와 춤추다』,『노상관찰학 입문』,『초예술 토머슨』,『저공비행』,『좋아하는 일을 하고 있다면』등을 우리말로 옮겼다.

501XXは誰が作ったのか? 語られなかったリーバイス・ヒストリー

(501XX WA DARE GA TSUKUTTANOKA?
KATARARENAKATTA LEVI'S HISTORY)

by 青田充弘

© Mituhiro Aota 2018

© jjokkpress 2024 for the Korean language edition.

Korean translation rights arranged with
Rittor Music, Inc. through Namuare Agency.

501XX는 누가 만들었는가

빈티지 리서처의 리바이스 진 탐구록

 아오타 미쓰히로 지음 · 서하나 옮김

일러두기

- 501은 리바이스트라우스앤드컴퍼니(Levi Strauss and Co.)의 등록상표다.
- 인명, 지명, 용어 등 외래어는 국립국어원 외래어표기법에 대체로 맞추었으나 통상적으로 사용하는 외래어는 관습을 따랐다.
- 팬츠, 진, 데님 등과 같은 용어는 청바지 등으로 일괄 통일하기 어려워 영어 표기를 살렸으며 제품명 등은 리바이스 한국 공식 사이트를 참고했다.
- 모든 주는 옮긴이가 단 것이다.

들어가며

이 책은 리바이스 진Levi's jeans에 관한 개인적인 조사 내용을 담은 책입니다. 리바이스트라우스앤드컴퍼니(이하 리바이스)로부터 어떠한 지원이나 정보도 제공받지 않고 독자적으로 실시한 조사죠. 이렇게 말하면 도전적으로 들릴지 모르겠네요. 공개된 자료에 의존하지 않고 특허와 상표, 당시 신문광고 그리고 아주 운 좋게 구한 카탈로그를 통해 습득한 내용을 엮었습니다. 이 책은 1870년대부터 1970년대에 걸친 100년간의 일을 다룹니다. 즉 블루진blue jeans이 탄생했다고 여겨지는 시점부터 데님원단의 염색법이 달라진 무렵까지의 이야깁니다. 빈티지 진이라고 하면 뭐니 뭐니 해도 리바이스의 501이잖아요. 1장을 제외한 모든 장에 501을 중심으로 제조와 사양의 변모를 담았습니다.

이쯤에서 간단하게 제 소개를 하겠습니다. 저는 1970년대가 끝나갈 무렵에 이른바 아메리칸 빈티지에 매료되어, 개인적인 공부의 결과물을 두 권의 책으로 정리한 바 있습니다. 첫 책『풀 기어Full Gear』(2005)에서는 비행복을, 두 번째 책『지퍼 기어Zipper Gear』(2013)에서는 지퍼를 다루었습니다. 두 권의 책을 쓸 때(이번에도 마찬가지인데) 주의를 기울인 점이 있습니다. 바로 실물을 관찰하고 역사 자료와 대조하면서 고증하는 일이었습니다. 추정과 역사적 사실을 되도록 명확하게 분리하면서요. 아름답다, 드물다, 오래되었다 등 주관적인 시선을 담은 모호한 표현을 절제하려고 했습니다. 가령 아주 희귀한 제품이라면 그것을 어떻게 정량화해서 말할 수 있을까 찾아 밝혔습니다(실제로는 꽤 번거로운 작업이었습니다).

　저에게 리서치는 '증거 수집'입니다. 인터넷 검색 정밀도가 비약적으로 향상한 현대를 살고 있는 만큼 상당히 효율적으로 사료를 파헤치고 당시의 사회적 배경과 비교할 수 있죠. 두 번째 책『지퍼 기어』를 집필할 당시만 해도 인터넷 시대의 혜택을 충분히 받았다고 생각했는데 지금의 수준에는 따라올 수 없겠더군요. 특히 영어권 사이트에서는 최근 10년 사이, 과거의 자료에 접근할 수 있는 환경이 크게 개선되었음을 피부로 느낍니다.

　실은 저만 해도 리바이스 진에 관한 정보가 나올 만큼 다 나왔다고 단정 짓고 있던 터였어요. 그런데 문득 이런 생각이 들더군요. 전작을 쓰면서 단련한 리서치 능력을 발휘한다면, 어쩌면 한층 새로운 정보에 접근할 수 있지 않을까? 당장 시도해보았더니 저에게 복이 넝쿨째 들어왔습니다. 질적으로도 양적으로도 상상 이상의 '새로운 접근'이 가능했고, 지금까지의 가설을 보강하고 정정하는 데 충분한 정보를 발굴할 수 있었습니다.

　일본 내 빈티지 의류업계에는 신구의 정보가 뒤섞여 있었습니다. 따라서 지금 시점에서 아는 부분과 모르는 부분, 가설과 역사적 사실을 정리할 계기가 될 만한 책이 하나쯤 있다면 괜찮겠다는 생각이 들었어요. 집필 당시 적지 않은 컬렉터, 동호회원, 리서처의 협력을 받으며 옥석이 뒤섞여 있던 블루진 정보를 어느 수준까지 정리해내는 역할만은 완수했다고 자부합니다.

　다만 제가 알고 싶은 내용 중심으로 정리했기에, 가설과 추론이 넘치는 책이 되었습니다. "⋯⋯다!"라고 확실하게 단정 지을 내용은 적었습니다. 모르는 부분은 억지로 결론짓지 않고 모른다고 솔직하게 밝혀두었습니다. 리서처 한 사람이 살펴본 리바이스의 작은 역사와 여기서 만들어내는 팬츠가 지닌 매력에 관하여 모쪼록 즐거이 읽어주십시오.

501XX란 무엇인가

블루진blue jeans **501XX**는 리바이스트라우스앤
드컴퍼니(이하 리바이스)의 대명사다. 이 제품은 두꺼운 무
명실로 짠 능직 면직물인 데님denim으로 제작한 진jeans
을 말한다. 501은 로트 번호를, **XX**는 최고 등급의 데님원
단을 의미한다. 1870년대에 기본 스타일이 탄생한 뒤 100
년 이상 꾸준히 리바이스의 중심에 자리해온 특별한 품번인
동시에 현대의 모든 청바지의 원조라고 할 수 있는 존재다.

처음에는 9온스(약 250그램)[1]의 데님원단과 10온
스(약 280그램)의 덕duck[2]원단으로 만든 두 종류의 진
이 있었고, 501이라고는 부르지 않았다. 나중에야 데님원

[1] 1온스는 약 28.3그램으로 무게 단위이지만 데님에서는
1야드(91센티미터)×1야드 당 무게를 데님 두께로 사
용한다. 가령 10온스라면 1야드×1야드의 무게가 283
그램이 된다. 데님원단이 수축하면 1야드×1야드에 해
당하는 원단의 직조 간격이 조밀해지기 때문에 무게가 늘
어난다. 진 분야에서는 현재도 온스 단위를 사용하고 있
고, 단위도 당시의 시대상을 반영하는 하나의 요소이므로
이 책에서는 일반적으로 친숙한 그램으로 단위를 바꾸지
않고 온스를 그대로 살려 번역했다.

[2] 덕은 굵은 면사로 촘촘하게 짠 평직원단이다. 날실은 두
개의 실, 씨실은 하나의 실을 사용해 짠다. 캔버스원단
과 비슷하지만 짜임이나 느낌이 다르다. 덕원단은 캔버
스원단에 비해 부드럽고 유연성이 있으며 톡톡하고 튼튼
하다. 캔버스원단은 덕원단보다 마모나 색이 잘 바라지
않아 텐트나 가방 등에 사용된다.

단에는 501, 덕원단에는 581이라는 품번이 붙었다. 그렇지만 덕원단은 일찌감치 그 모습을 감추었고 데님으로 제작하는 501만 남았다.

XX는 더블엑스라고 읽으며, 본래는 데님원단을 칭했다. 그런데 리바이스 안에서조차 시대에 따라 그 인식이 미묘하게 달라진다. 어떤 때는 특정 원단 제조회사의 최고 등급 데님을 의미했고, 또 어떤 때는 고품질 데님 제품 전반을 칭했다. 또한 1960년대에 XX라는 표현을 폐지한 뒤에는 데님 아닌 제품에도 이 표기를 붙이는 등 천차만별이기 때문에 딱 잘라 말하기 어렵다.

이 책에서는 주로 1966년까지 생산된 501XX와 그 연장선에 있다고 여겨지는 진의 변모를 다룬다. 또한 그 범위는 블루진이 탄생했다고 알려진 1873년부터 1975년 무렵으로 한정한다. 1975년까지로 시기를 한정한 이유는 이 해를 데님 염색 방법이 달라진 전환점이 되는 해라고 보기 때문이다.

리바이스의 매출 그래프에서 알 수 있는 것

나중에 블루진이라고 불리게 되는 이 워크팬츠는 리바이스가 소규모 생산을 시작한 시기부터 엄청난 인기를 끌었다. 당시 리바이스는 제조회사가 아니라 수입품을 포함한 의류나 그 소재를 취급하는 종합도매 회사였다. 제조업을 시작한 무렵에는 이미 도매 매출만으로도 엄청난 규모의 회사로 성장해 있었다.

　이 도매와 제조를 겸하는 회사의 성장은 과연 어떠한 변모를 보였을까? 매출이 순조롭게 우상향 곡선을 그렸을까? 혹은 진 생산을 시작하면서 폭발적으로 상승했을까? 제조 초기부터 1970년까지 매출을 그래프로 만들면 어떠한 양상을 보일지 잠시 상상해보자. 답은 다음 페이지에 나온다.

　그래프는 1920년부터 1970년까지 리바이스의 매출 추이를 나타낸 것이다. 단 청바지 생산량을 보여주는 그래프가 아니라는 점에 유의하자. 또한 1873년부터 1920년까지는 회계산출 방식이 다를 가능성이 높기에 어디까지나 참고만. 애초에 같은 그래프로 제시하면 안 되지만, 공장시설 등을 감안했을 때 1920년대의 숫자를 넘는 일은 없을 것으로 추정한다.

　리바이스는 1954년 도매업을 그만두고 제조업으로 완전히 전환했다. 그러므로 그전까지의 데이터에는 도매업과 제조업 양쪽이 모두 포함되어 있다. 1925년 시점에서의 501 매출은 전체 3분의 1밖에 되지 않았다고 하니, 당시 리바이스가 바지 제조가 아니라 본업인 도매로 회사를 꾸려갔다는 점을 분명하게 알 수 있다.

　주목해야 할 지점은 1940년대 이전이다. 리바이스는 겉으로 보기에 별문제 없이 순조롭게 성장했다고 오해받기 쉽지만, 실제로는 고난의 연속이었다. 도산 직전의 위기를 두 번이나 넘겼고, 1939년에 일어난 2차 세계대전으로 수많은 규제를 받았다. 어디까지나 참고사항으로 말하는데 1959년 리바이스의 진 생산량은 800만 벌로, 이는 전쟁 전

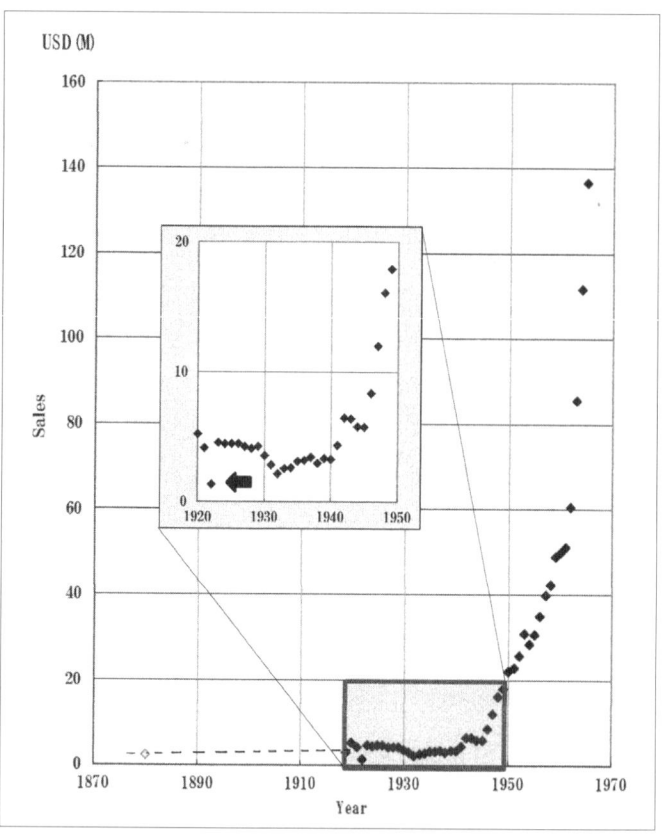

리바이스의 매출 추이(단위: 메가밀리언 달러). 1994년 리바이스 6대 사장 월터 A. 하스 주니어(Walter A. Haas Jr.)가 캘리포니아대학교 버클리캠퍼스에서 진행한 대화록에 포함된 데이터 자료를 바탕으로 작성. 1920년 이전의 수치는 없기 때문에 점선으로 표시했다. 1954년 이전 수치에는 잡화 등 도매 데이터도 포함되어 있다.

에 제작한 진의 총생산량을 크게 웃돈다.

이러한 이유로 전쟁 전의 진은 모수 자체가 적고 당시 제품이 현대의 중고시장에 나올 확률은 엄청나게 낮다. 따라서 2차 세계대전 이전에 생산된 빈티지 데님이 얼마나 희소가치가 있는지 그래프를 보면 시각적으로 이해할 수 있다.

한 가지 눈길을 끄는 점은 전쟁 후 매출이 급격하게 상승했다는 점이다. 그런데 리바이스의 데님팬츠가 아무리 불티나게 팔렸다고 해도 1960년대 이후의 폭발적인 상승률과 비교하면 이전의 수치 등은 팔린 축에도 들지 못한다.

물론 진 외 제품도 늘어났기에 그래프의 매출 상승이 진만의 매출 상승을 보여준다고 할 수는 없지만 대부분은 진에서 비롯되었을 것이다. 참고로 1971년 매출의 42퍼센트는 501이 차지했다.

전후의 급성장 시기에는 아무리 공장을 많이 건설해도 생산량을 맞추지 못할 정도였다. 그래프를 보면 전쟁이 끝난 1945년부터 매출이 치솟는다. 그 후 1980년대까지 매출은 그래프 세로축을 스무 배 늘린 정도까지 쭈욱 올라간다. 한편으로는 이 같은 급성장이 제품의 품질 문제로 이어진 시기다. 이러한 수요 확대에 대응하기 위해 회사는 진의 사양에 변화를 주는 등 다양한 대책을 모색했다. 가죽 패치의 소재를 변경하거나 생산라인의 기계화를 꾀해 리벳이라는 금속부품을 효율적으로 부착했다. 그러한 사양의 변모가 예상외로 빈티지 팬의 탐구심에 불을 붙이고 있다.

이 책의 집필을 위해 다음 세 권의 책을 참고했다.

- 『리바이스Levi's』(에드 크레이Ed Cray, 1978)
- 『리바이 스트라우스Levi Strauss』(린 다우니 Lynn Downey, 2016)
- 『옛 서부의 진Jeans of the Old West』 (마이클 A. 해리스Michael A. Harris, 2010)

에드 크레이의 책은 오래전에 절판되었지만, 1978년에 현지에서 출간되어 1981년 일본에 번역되어 나왔다. 당시 저널리스트였던 에드 크레이가 리바이스를 취재한 내용을 중심으로 엮은 책으로, 원서의 참고문헌을 보니 리바이스가 소유한 상당수의 비공개 자료도 훑어보고 썼다는 사실을 알 수 있었다. 지금 되돌아보면 정보의 신빙성에 의문이 드는 곳들도 다소 보인다. 하지만 적어도 1978년 무렵까지의 리바이스 역사를 확인할 수 있는 선에서 정리한 그의 공적은 엄청나다. 1980년대 이후 이 책을 참고로 기사를 쓴 일본의 잡지기자는 적지 않았을 텐데 출처나 참고문헌에 이 책이 표기된 적은 없다.

린 다우니는 전 리바이스의 전속 역사가로, 리바이 스트라우스에 관해 조사한 방대한 내용을 집대성해 2016년 책으로 발행했다. 진에 관한 정보는 적지만, 현대의 온라인에서도 찾아낼 수 없던 몇 가지 정보를 다우니의 책에 실린 내용을 실마리로 그 위치를 특정할 수 있었고 기사의 원문도 발견할 수 있었다. 1장을 쓸 때 많이 참고했다.

마이클 A. 해리스의 책은 사진집에 가깝다. 과거에 탄광 부지였던 곳에서 발굴한 진 파편을 가지고 정보를 해석했으니 빈티지 진 연구에 새로운 지평을 개척했다고 하겠다. 19세기 진에 관해 이 이상의 정보원은 없다. 이 책에서는 실물을 쉽게 볼 수 없는 오래된 시절의 제품 디테일을 참고했다. 일본어 번역판은 2011년에 출판되었다.

이 외에도 이 책『501XX는 누가 만들었는가』를 집필하는 데 참고한 다양한 신문기사나 서적은 이 책의 말미에 참고문헌으로 정리해두었다.

자, 그럼 지금까지와는 조금 다른 관점으로 바라본 리바이스와 501 진에 대해 알아보자.

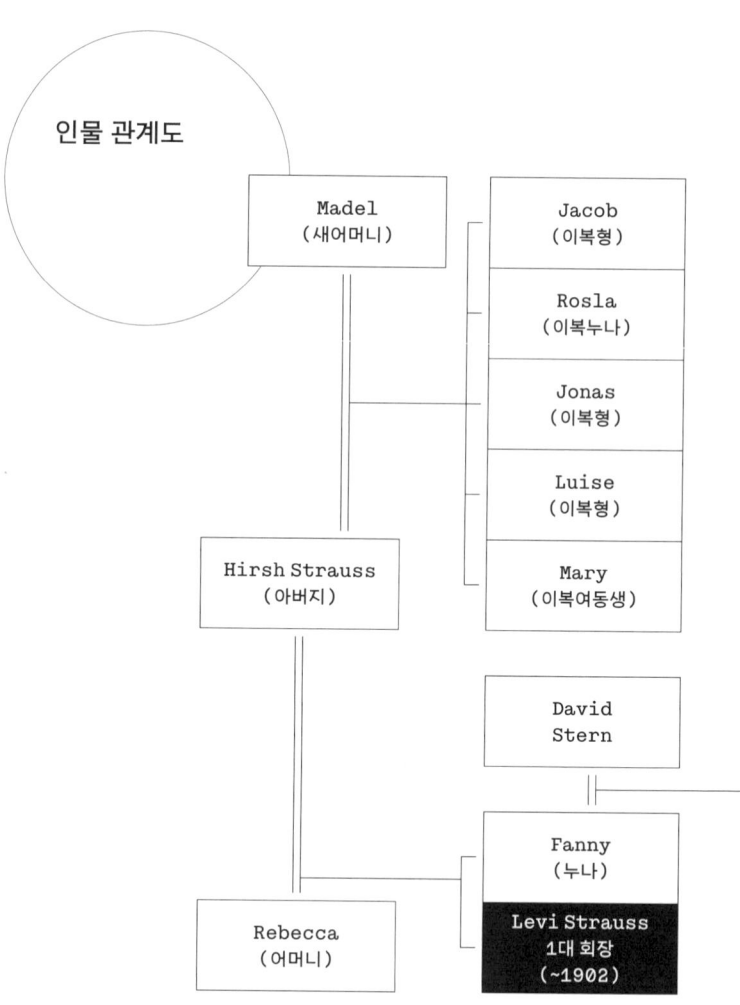

인물 관계도

Madel (새어머니)	Jacob (이복형)
	Rosla (이복누나)
	Jonas (이복형)
	Luise (이복형)
Hirsh Strauss (아버지)	Mary (이복여동생)

David
Stern

	Fanny (누나)
Rebecca (어머니)	Levi Strauss 1대 회장 (~1902)

공장 매니저   Jacob Davis
(1873~1903)

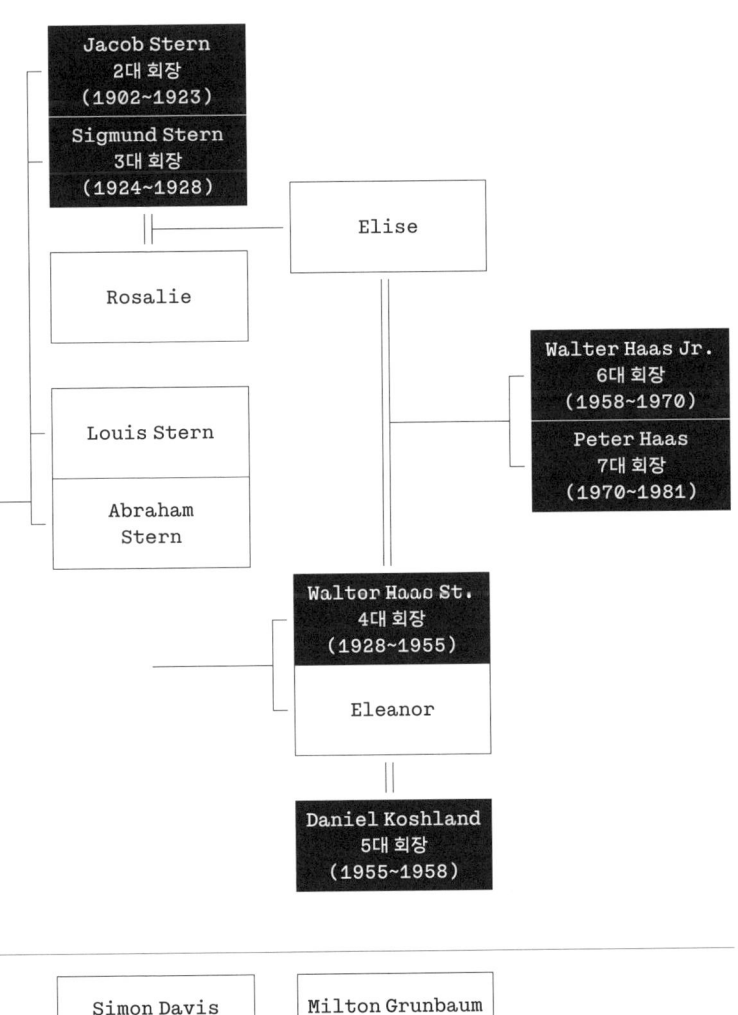

Jacob Stern 2대 회장 (1902~1923)	
Sigmund Stern 3대 회장 (1924~1928)	Elise
Rosalie	
Louis Stern	Walter Haas Jr. 6대 회장 (1958~1970)
Abraham Stern	Peter Haas 7대 회장 (1970~1981)

Walter Haas St.
4대 회장
(1928~1955)

Eleanor

Daniel Koshland
5대 회장
(1955~1958)

Simon Davis
(1903~1922)

Milton Grunbaum
(1922~)

CHAPTER 1

1829 ~ 1902

진을 입지 않는 사업가

리바이 스트라우스가 리바이스의 창업자라는 사실은 잘 알려져 있다. 그렇지만 리바이가 어떤 인물이며 어떤 생애를 보냈는가는 거의 알려지지 않았다. 모른다고 말하는 편이 정확할 것이다. 리바이가 반평생 살았던 샌프란시스코는 그가 사망한 몇 년 뒤, 지진과 그로 인해 발생한 큰 화재로 폐허가 되었다. 이때 리바이와 관련된 사진이나 편지, 서류도 소실되었다.

여기에 리바이에 관한 아주 드문 역사적 사실조차 정확하지 않다는 문제가 더해진다. 2차 세계대전 이후 리바이스가 직접 광고한 수많은 '신화'가 리바이를 신화 속 인물로 만들었다. 이때 창조된 이미지나 단편적 정보가 현재에 이르기까지 전 세계 사람들의 뇌리에 박혔다. 이것이 사람들에게 '리바이에 관해서라면 이미 다 알고 있다'는 착각을 불러일으키는 원인이 되었다.

사실 나도 '블루진의 아버지'라고 여겨지는 이 인물에게 오랫동안 흥미를 느끼지 못했다. 에드 크레이가 쓴 『리바이스』를 읽고 리바이와 블루진과의 접점이 별로 없다는 인상을 받았는데 조사하면 조사할수록 그 인상에 확신을 얻었다.

그 대신 가져가기로 한 리바이의 상은 '골드러시 시기의 샌프란시스코에서 성공한 전형적인 이민자 사업가'다. 사업과 투자로 손에 넣은 막대한 이익을 환원함으로써 사회에 이바지한 인물. 짓궂게도 리바이가 얼마나 큰 그릇을 지닌 사람이었는지 그리고 얼마나 다채롭고 정력적으로 활동했는지는 그와 블루진이라는 척도를 떼어놓고 응시했을 때야 부각되기 시작했다. 이 장에서 그리는 리바이 스트라우스는 탄광의 광부와 일체 접촉한 적이 없으며 재단사에게 튼튼한 바지를 만들도록 의뢰하지도 않는다. 역사자료 속 그는 어떤 모습이었을까.

부고기사로 살펴보는
리바이 스트라우스

1902년 9월 26일, 리바이 스트라우스가 샌프란시스코 시내의 자택에서 사망했다. 그의 나이 일흔셋이었다. 사흘 전부터 몸이 안 좋았던 리바이가 함께 살던 조카와 조카딸들과 며칠 만에 저녁 식탁에 둘러앉은 밤의 일이었다.

사망 다음 날이 되자 부고기사가 쏟아져 나왔다. 캘리포니아는 물론 유타, 뉴욕까지 수많은 신문이 크고 작은 기사로써 그의 죽음을 보도했다.

리바이가 살았던 샌프란시스코에서 발행되는 신문《콜 Call》(❶-❹)이 제목에 사용한 리바이의 직함은 '경영자이자 독지가'였다. 다른 신문을 확인해도 당시 리바이에 관한 사회적 평가는 이 두 표현으로 집약된다.

기사에는 가장 먼저 사인과 프로필이 나오고 장례식의 세부내용이 담겼다. 사업에 대해서는 대성공을 이루었다고 칭송했지만, 블루진에 관한 특별한 기술은 없다. 유일하게 "(리바이는) 판매 제조 부분에서는 드물게 종업원들이 일하는 모습을 매일 살폈다."라는 표현만 보였다. 부고기사이기에 사업내용보다도 인물 묘사에 초점이 맞춰져 있다.

자사 사업 이외에 리바이가 맡은 직무는 다음과 같다.
- 샌프란시스코 상공회의소 창립위원, 재무부장
- 캘리포니아이민협회 명예위원
- 은행, 신탁, 가스, 보험회사 이사

기사에는 나오지 않았지만, 리바이의 활동은 사법, 정치 분야에까지 뻗쳐 있었다. 1870년대에는 샌프란시스코의 법정 배심원을 맡았고, 수년 후에는 대배심에도 참석했다. 철도, 목장 등 많은 사업에 투자했는데 특히 토지 매매에 뛰어난 능력을 보여 엄청난 개인 자산을 소유하고 있었다.

이와 함께 자선가 모습이 전해진다. 기부 활동은 유대인인 리바이에게 일상생활의 일부였다. 젊었을 때부터 폭넓은 분야를 지원했다. 막대한 유산의 상속 목록에는 유대교 계열의 자선 조직은 물론, 시의 소방 부문이나 기독교 계열의 보육원 등도 이름이 올라가 있었으니 수령처 입장에서는 깜짝선물이 되었을 것이다.

Pages 17 to 28

The San Francisco Call.

Pages 17 to 28

VOLUME XCII—NO. 120.   SAN FRANCISCO, SUNDAY, SEPTEMBER 28, 1902—FORTY PAGES.   PRICE FIVE CENTS.

SWALLOWS POISON AT LAKE CITY

Mrs. Miller of San Francisco Acts Strangely.

Arrested for Refusing to Pay for Ride in Cab.

When Taken in Custody by the Police She Attempts Suicide.

INSURGENTS FIRE UPON WHITE FLAG

Give the Colombian Peace Envoy a Surprise.

Gunboat and Launch Receive a Fusillade From Shore.

American Gunners Aboard Aim So Well That Rebels Are Quickly Routed.

LEVI STRAUSS, MERCHANT AND PHILANTHROPIST, DIES PEACEFULLY AT HIS HOME

His Life Devoted Not Only to Fostering the Highest Commercial Conditions, But to the Moral, Social and Educational Welfare and Development of the Young Men and Women of the State

LEVI STRAUSS

LURID FURY OF RECENT ERUPTIONS

Call Correspondent Sends Story of Disaster.

Awful but Sublime Is the Most Dazzling Spectacle.

Graphic Description of the Latest Acts of Pelee and Soufriere.

BOB EVANS WILL QUELL THE BOXERS

Rear Admiral Sails Up Yangtse-Kiang.

American Missionaries to Receive Needed Protection.

Continued on Page 18, Column 3.

(①-①) 리바이 스트라우스의 부고기사 (1902.9.28)

또한 리바이는 사망하기 몇 년 전부터 교육기관을 지원하는 일에도 힘을 쏟았다. 특히 캘리포니아대학교 버클리캠퍼스에 지원한 엄청난 기부금은 '리바이스트라우스장학금'이라는 이름으로 유명하다. 이 장학금은 리바이가 사비로 마련했는데 3500달러에 가까운 돈이 매년 기부되었다. 1897년 3월에 주의회가 제정한 '캘리포니아장학금'과 같은 액수였다. 이에 따라 주가 지원하는 스물여덟 명의 학생과 함께 추가로 스물여덟 명이 배움의 기회를 얻을 수 있었다. 첫 장학생에는 여학생 열한 명이 포함되었다.

리바이의 장례식은 월요일 오전에 치러졌다. 이에 시 상공회에서는 모든 구성원에게 가게를 닫거나 장례식에 참석하라는 특별 결정을 내린다.

이 부고기사에 그려진 리바이는 누가 뭐라고 할 것 없이 지역 명사였다. 리바이는 사망하기 나흘 전에도 회사에 출근했으니 은퇴 시절 없이 죽음을 맞이했다고 보인다.

사망하기 바로 일주일 전에 유언장을 다시 썼는데 유산 배분을 꼼꼼하게 했다는 일면은 아쉽게도 진의 역사를 논할 때 제외되는 부분이다.

바바리아에서 온 유대인

리바이 스트라우스는 1829년 2월 26일 바바리아왕국Bavaria(현재의 독일 바이에른Freistaat Bayern) 프랑켄Franken 북부에 위치한 부텐하임Buttenheim에서 태어났다. 귀에 익지 않은 지명이 연달아 나와 엄청난 오지라고 생각할지 모르겠다. 그렇지만 17세기 중반까지 교통의 요지로 중요했고 시장이 서는 농촌 마을이었다.

아버지 허시 스트라우스Hersh Strauss는 행상인이었다. 자기 구역에 속한 마을을 돌아다니며 의류를 포함한 다양한 생활잡화를 팔아 생계를 이었다. 당시는 토지를 소유하고 판매용 농작물을 재배하는 일이 유대인에게 허락되지 않았다. 따라서 이 같은 행상이나 리바이의 양가 할아버지가 했던 가축 중개상 등이 오래전부터 유대인이 할 수 있던 몇 안 되는 직업이었다.

'리바이'라는 이름은 미국으로 건너간 뒤부터 불린 이름으로, 출생 당시 이름은 뢰브Löb이었다. 아버지 허시에게 리바이는 쉰이 다 되어서 태어난 마지막 아들이자 일곱 형제의 막내였다.

허시는 첫 번째 부인과의 사이에 다섯 아이를 두었는데 부인을 먼저 떠나보낸 뒤 맞은 두 번째 부인이 리바이의 어머니 리베카Rebecca다. 리베카와의 사이에서 후에 패니Fanny라 불리는 딸 페겔라Vögela가 태어났고 6년 후에 리바이가 태어났다.

그들이 생활한 목조주택은 현재 리바이스트라우스뮤지엄으로 공개되어 있다. 스트라우스 가족은 아래층을 사용했는데 겨우 18평밖에 되지 않는 부지가 세 개의 방으로 나뉘어 있었다. 많을 때는 총 아홉 명이 살을 부대끼며 생활한 셈이다. 게다가 위층에는 다른 가족이 살고 있었다.

리바이가 미국행을 결정한 직접적 계기는 아버지의 사망이라고 보아도 좋겠다. 허시가 결핵으로 사망한 뒤, 어머니 리베카는 재혼해 아이들과 함께 새로운 남편의 집으로 거처를 옮긴다. 그런데 그 남편도 얼마 지나지 않아 사망했고 리베카에게는 이전 주거지를 포함해 두 채의 집이 유산으로 남았다.

위의 네 아이는 이미 다른 나라로 이민을 떠난 상태였다. 그러니 남아 있는 아이는 두 딸과 열일곱의 리바이뿐이었다. 그대로 마을에 남아도 자신들에게 미래는 없음을 일찍이 안 네 식구는 함께 해외로 나가기로 결심한다.

이민. 이것은 당시 부렌하임에 사는 유대인 모두가 똑같이 모색했던 선택지였다. 그도 그럴 것이 1813년 성문화된 유대인 법은 시민권을 보장했지만, 유대인으로서의 삶은 용납하지 않았다. 그 대표적 규범이 유대인이 증가하지 않도록 장남 외에 결혼을 허락하지 않는다는 것이었고, 자연히 여성들도 결혼 상대가 부족했다.

또한 이전까지 유대인이 가져온 전통적인 직업에 종사하기 어려워졌다. 스트라우스 집안의 아들들은 아버지로부터 행상기술을 배우거나 고객을 물려받을 수도 없었다(농부나 기술자가 되는 길밖에 남지 않았다).

게다가 과거 수백 년 동안 프랑켄 지방에서는 유대인이

학살당하고 도시부에서 배척되는 일이 여러 차례 일어났다. 위정자의 변덕이나 군중의 변심으로 어느 날 갑자기 모진 곤욕을 받을지 모를 일이었다. 리바이 가족은 결코 허무맹랑하다고 볼 수 없는 불안 속에서 하층민으로 살아가고 있었다. 린 다우니의 책에는 당시 부렌하임 같은 마을에서 유대인의 자살률은 독일 국내 그 어디보다도 높았다고 써 있다. 따라서 이민이라는 수단에 인생을 거는 사람들이 꾸준히 늘어났다. 1830년대 중반 무렵, 중부 유럽에서 미국으로 거대한 이민의 파도가 밀려왔다. 부렌하임에서도 이 무렵, 유대인 열여덟 명이 마을을 떠나 두 번 다시 돌아오지 않겠다는 집단 결정을 내린다. 그중에는 허시의 장남과 장녀도 포함되어 있었다. 장남은 런던에서 재봉사의 길을 걷는다. 장녀는 결혼 지참금을 받아 미국으로 간다. 이 두 사람의 이주가 나중에 차남과 삼남을 뉴욕으로 부르는 원동력이 될 것은 쉽게 상상할 수 있다. 참고로 유대인에게도 납세와 병역의 의무가 주어졌다. 리바이는 면제금을 지불한 뒤 병역에서 제외되어 바바리아왕국에서의 출국을 허가받았다고 보인다. 리바이가 이민을 신청한 선서공술서를 살펴보자.

미국에 있는 형제들이 기쁜 소식을 보내와 그들을 따라갑니다 (이렇게 해야 한다고 납득했습니다). 현재 저는 특정한 직업에 종사하고 있지 않지만, 이 문제는 형들이 편의를 보아줄 것입니다. 가족 중에 마을에 남은 사람은 아무도 없습니다. 저는 저에게 주어진 운명을 이국의 땅에서 가족과 공유하고 싶어 어머니의 탄원에 동참합니다.

이와 같은 서류를 한 사람 한 사람이 재판소에 제출했다. 당시 미성년이었던 리바이는 후견인인 어머니의 형제에게 보증서와 비슷한 서류를 작성해달라고 청한다.

1837년 이후 부뤤하임을 떠나는 사람, 즉 스트라우스 가족 네 사람은 까다로운 서류 절차를 거쳐야 했다. 앞에서 이야기한 선서공술서 외에 전원의 출생증명서, 부채나 미지불금이 없다는 증명, 미국으로 건너간 후의 생활비가 있다는 증명이 필요했다. 당연히 배표도 마련해야 했고 배에 타려면 육로에서 항구로의 이동허가증도 준비해야 했다.

1847년 6월 26일 모두 무사히 허가가 떨어지지만, 앞서 나온 증명서 등의 준비로 실제로 출발하기까지는 1년이 더 걸렸다. 일행은 다음 해 1848년 늦은 봄에서 초가을 사이 어디쯤에 브레멘항Port of Bremen에서 배를 탄 듯하다.

수많은 다른 이민자와 함께 뉴욕에 도착했을 무렵, 리바이는 열아홉 살이었다.

뉴욕 땅을 밟은 리바이

리바이 일행이 도착한 뉴욕의 항구에는 스트라우스 집안의 차남 조너스Jonas와 삼남 루이스Louis가 일행을 기다리고 있었을 것이다. 가족이 뿔뿔이 흩어진 지 이미 7년 세월이 흘러 있었다.

가족 가운데 가장 먼저 미국으로 건너간 장녀 루슬라는

이미 결혼해 어머니가 되어 이민자가 사는 지역인 로어이스트사이드Lower East Side에서 행상인 남편과 생활하고 있었다. 1840년 조너스가 뉴욕으로 건너갔을 때 루슬라에게 의지했을 것은 당연하다. 조너스에게 행상 기술을 가르친 사람도 루슬라의 남편이었다.

다음 해인 1841년 루이스까지 형의 뒤를 쫓듯이 뉴욕으로 건너와 합세하고, 부부의 아이들도 다섯 명으로 늘어나면서 발 디딜 틈도 없이 북적북적한 생활이 이어졌다. 조너스가 행상을 떠난 시기도 껴 있을 것이다.

조너스와 루이스가 주민등록대장에 처음 등장하는 해는 1847년이다. 이에 따르면 주소는 로어이스트사이드의 리틀저머니Little Germany로, 직업은 후에 제이스트라우스브러더앤드컴퍼니J. Strauss Brother & Co가 되는 '조너스앤드브러더'에서의 팬시상품 도매업으로 적혀 있다. 팬시상품이란 레이스나 액세서리 등 장식품을 말하며 사치품이라는 이미지가 있었다. 이 시기에 드디어 자신들의 가게를 꾸렸으리라 짐작된다.

다음 해 주민등록대장에는 다른 주소가 등장한다. 조너스는 가정을 꾸린 뒤였고, 리바이 일행도 미국에 왔으니 큰 집으로 옮겼을지도 모른다.

직업란에는 팬시상품이 아니라 드라이 굿즈dry goods라고 적혀 있다. 드라이 굿즈를 사전에서 찾아보면 '(철물, 식량, 잡화와 관련된) 직물류, 섬유제품'을 말한다고 나온다. 적절한 번역어를 찾을 수 없지만, 옷감 외에 신발, 모자, 커튼, 단추, 봉제도구 등 모든 직물 의류잡화를 아울러 총칭하는 말이다. 소품을 주로 취급했던 두 사람이 재고를 둘 가게를 확보해 폭넓은 상품을 취급하게 된 듯하다.

뉴욕에 도착한 리바이는 당연히 나이 차가 있는 두 이복형을 돕기 시작하지 않았을까? 그로부터 2년 동안 리바이의 동향은 알 길이 없지만, 영어를 익히고 장사를 배우며 정신없이 보냈음이 분명하다.

가게는 성황을 이룬 듯하다. 1850년 인구조사에 입주 가정부로 보이는 여성의 이름이 등장하며, 1851년 중반에는 뉴욕에서 손꼽히는 쇼핑가인 유니언마켓Union Market 근처로 매장을 이전했다. 매장은 대로변에 있었고 가족은 그 위층을 주거공간으로 사용했다.

1850년 인구조사를 보면 리바이의 직업란에는 '행상인'이라고 쓰여 있다. 《콜》의 부고기사에는 "그는 5년 동안 루이빌이나 남부에서 장사하며 지냈다."라고 나온다. 이에 조너스의 자손(증손자의 아들)은 "어떻게 된 일인지 모르겠다. 리바이가 뉴욕에 있을 때 서류에 드러나지 않은 시기는 그렇게 길지 않다."라며 의구심을 보였다. 분명 켄터키Commonwealth of Kentucky 루이빌Louisville과 같은 오하이오강 유역의 상업도시에는 유대인 커뮤니티가 곳곳에 있어 많은 행상인이 도시에서 도시로, 마을에서 마을로 떠돌기는 했지만, 부고기사의 정보를 뒷받침하는 내용은 그 무엇도 발견되지 않았다.

행상은 비교적 적은 자본으로 시작할 수 있었다. 따라서 많은 유대인 이민자가 새롭고 낯선 땅에서 오로지 몸 하나에 의지해 살아가려고 할 때 가장 먼저 선택하는 직업이었다. 동시에 매우 가혹한 데다가 사건사고에 휘말리기도 쉬워 자금이 어느 정도 모이면 깨끗하게 그만두고 미련 없이 다음 단계로 넘어가는 직업이기도 했다.

즉 조너스와 루이스는 이미 '다음 단계'인 자신들의 작은 가게를 꾸리기 위해 움직이고 있었으니 그곳에서 일하던 리바이는 여행하며 돌아다니는 행상을 할 필요가 없었으리라. 단골 영업 정도면 모를까.

단 이러한 내용이 뉴욕에 이제 막 도착했을 무렵의 조너스의 이야기라면 상황은 달라진다. 그가 뉴욕에 있던 시기는 1년뿐이었다는 증언도 있으니 누나 부부의 도움을 받으면서 행상으로 떠나 있었다고 해도 이상하지 않다.

리바이가 사망했을 때 여기저기에서 앞을 다투어 기사를 내다 보니 조너스의 경력이 리바이의 사망기사에 뒤섞였을 가능성도 전혀 없지는 않다.

그렇다면 왜 인구조사에 리바이는 '행상인'이라 적혔을까? 린 다우니는 조사원의 선입견이었을 것이라고 추측한다. 조사표에 내용을 기재하는 일은 조사 대상인 본인이 직접 하지 않았다. 그래서 조사원들이 이름이나 단어 철자를 잘못 쓰는 실수가 일상적으로 일어났다. 이민한 유대인은 행상인이라고 단정 지었을지 모른다.

리바이가 어머니와 누나들과 미국 동부 뉴욕으로 향했던 1848년, 서부에서 금이 발견된다. 동부의 귀가 밝았던 이들은 금을 캐러 서부로 이동하기 시작했지만, 뉴욕의 히브리어 신문에는 이 뉴스가 다음 해 말에나 등장한다.

리바이가 뉴욕에서 서부의 샌프란시스코로 향한 시기는 이보다 늦은 1853년 2월이었다. 1849년 말에 골드러시 소식을 처음 들었다고 해도 그로부터 3년 이상이 지난 뒤였다. 그러니 골드러시 때문에 샌프란시스코로 향했다기에는 너무 느긋해 보인다.

그런데 이러한 신중함에는 이유가 있었다. 샌프란시스코로 이주한 뒤 순조롭게 사업을 시작한 것을 보면 그들이 얼마나 용의주도하게 준비했는지 짐작할 수 있다. 산에 들어가 금을 채굴할 생각은 애초에 하지 않은 게 분명하다.

어쩌면 리바이에게 미국 국적을 얻을 자격이 생기기를 기다렸을지도 모른다. 당시는 5년 이상 체류하지 않으면 국적을 취득할 수 없었다. 리바이는 출항 5일 전이라는 아슬아슬한 시점에 시민권을 취득해 당당하게 미국인이 되어 뉴욕에서 샌프란시스코로 향했다.

배 여행은 한 달 반 동안 이어졌다. 먼저 증기선으로 열흘 정도 걸려 카리브해에 면한 항구로 향했다. 하선한 뒤에는 아직 절반만 완성되었던 파나마철도[1]를 두 시간 달린 다음, 카누로 걷기인 강을 거슬러 올라가 다시 노새를 타고 파나마시

☑ 1　1848부터 1869년에 파나마 지협을 가로질러 카리브해와 태평양을 연결하는 최초의 횡단 철도로 완성되었다. 1998년에 민영화되어 현재는 파나마운하철도(PCRC, Panama Canal Railway Company)로 개편되어 운영되고 있다.

티로 향했고 이렇게 파나마 지협을 넘었다. 이때부터 태평양 우편선으로 갈아타 북상해 3주 만에 샌프란시스코에 도착했다. 이것이 당시 샌프란시스코로 향하는 지름길이었다.

승선명부를 보면 리바이는 하인과 동행했다. 만약 그렇다면 역시 신중함과 계획성이 드러난다고 생각할 수밖에 없다. 동행이 있으면 방범이라는 면에서도 혼자 하는 여행보다 상당히 유리하기 때문이다.

배 위에서 스물넷 생일을 맞은 리바이는 샌프란시스코에 도착하자마자 열정적으로 일에 착수했을 것이다. 자신의 주거지, 창고, 매장을 확보하고 지역 커뮤니티에 인사를 다니는 등 첫 2주 동안은 해야 할 일이 산처럼 쌓여 있었을 테니.

2주라는 말은 리바이가 도착한 3월 14일부터 첫 뱃짐이 도착하는 3월 30일까지의 기간을 말한다. 당시 뉴욕에서 샌프란시스코로 보내는 화물은 편지라면 3~4주 만에 도착했지만, 옷감을 포함해 부피가 큰 화물인 드라이 굿즈는 클리퍼clipper라고 불리는 범선에 실어 남미대륙 남단에 있는 험난한 곶 혼Horn☑2을 경유해 샌프란시스코로 가야 했으므로 3개월 이상 걸렸다.

즉 리바이가 '도착하고 2주 후'라는 절묘한 시점에 짐을 받았다면 전해인 1852년 12월 중순에 뉴욕에서 클리퍼에 화물을 실었다는 말이 된다. 더불어 5월 말에는 리바이 앞으로 배 두 척에 실린 짐이 들어온다. 이들 짐도 출발 전 1월 하순에 뉴욕에서 보낸 것이었다.

리바이는 이와 같은 상품의 수배와 발송에 관여했을 테니 어떤 짐이 도착할지도 미리 알고 있었다. 따라서 샌프란시

☑2 1914년 파나마 운하가 개통되기 전까지 마젤란 해협과 함께 태평양과 대서양을 잇는 중요 항로였다. 높이 약 420미터의 절벽이 바다에 다가서 있고 편서풍이 심해 파도가 거칠어 항해하기 어려운 곳으로 알려져 있다.

스코에서 인사를 돌며 영업을 개시할 때 자신이 취급하는 상품에 대해 구체적으로 설명할 수 있었으리라. 이는 진부해 보일지 몰라도 상인에게는 아주 중요한 부분이다.

나중에 뉴욕에 있는 이복형들이 보낸 편지가 도착한다. 리바이는 당연히 먼저 자신이 잘 도착했다는 안부와 함께 새로운 주소를 알리는 편지를 보냈을 것이다. 형들의 편지에는 다음에 도착할 뱃짐이 이미 항구를 떠나 9월 초순에 샌프란시스코에 도착한다고 써 있었다. 이에 리바이는 한여름에는 뱃짐이 들어오지 않는다고 미리 파악하고 배로 하룻밤 거리에 있는 새크라멘토로 영업 여정을 떠난다.

만약 리바이가 샌프란시스코에 도착한 뒤에야 자신의 안녕을 뉴욕에 있는 형제들에게 편지로 알리고 짐을 보내게 했다면 5개월 가까이 손해를 보았을 것이다. 그 5개월 사이 샌프란시스코의 부두에서 열리는 독 사이드 옥션dock side auction에서 상품을 매입할 수도 있었겠지만, 신참이 처음부터 좋은 물건을 싸게 낙찰받을 가능성은 극히 낮을뿐더러 갑자기 현지에서 물건을 조달하는 건 위험하다고 사전에 판단했을 터다.

이러한 일련의 신규 창업을 스트라우스 형제가 그들만의 힘으로 계획했다고는 생각하기 어렵다. 그들에게 필요한 것은 정보였다. 창고는 뉴욕에 있으면서 마련할 수 있는가? 선박 여정이나 현지 정보는? 도착하면 누구를 의지해 무엇부터 시작하면 좋은가? 여기에 도움을 준 것이 위험을 피하고 정보와 경험을 바탕으로 한 지혜와 인맥과 자본력을 이미 모두 갖춘 독일계 유대인 이민 네트워크였을지 모른다.

그 시기 샌프란시스코에서는 이미 수많은 유대인이 장사를 시작하고 있었다. 바바리아왕국 출신자만 해도 상당했을 테니 그곳에 신뢰의 장을 확보하는 동시에 상호부조 조직을 굳건하게 마련했으리라고 짐작된다.

리바이가 샌프란시스코에 도착했을 무렵, 시내에는 이미 자선단체 몇 곳이 존재했다. 미망인 등 곤궁한 유대인을 위한 자선협회나 유혹으로 넘쳐나는 인스턴트 시티instant city에서 젊은 유대인이 나쁜 길에 빠지지 않도록 이끌어주는 목적도 포함된 공제회 등이었다. 이 자선단체들은 모두 유대인 상인이 설립했고, 특히 공제회는 바바리아 유대인 중심으로 창설되었다.

독일계 유대인들은 당연하다는 듯이 드라이 굿즈 사업에 종사했다. 물론 그 외에 다종다양한 직업을 선택했다. 그렇지만 대부분은 어떤 형태로든 익숙했던 '전통산업'에 종사하며 이를 다음 단계로 넘어가는 거점으로 삼았다.

여기에는 어떤 경향도 보인다. 행상으로 시작해 동부에서 드라이 굿즈 매장을 내고 자금이 모이면 샌프란시스코로 이주한다. 동부의 비즈니스는 가족 경영으로 유지하면서 그곳에서 보낸 상품을 샌프란시스코에서 팔아 이익을 내다가 지점을 내서 체인점화하는 것이다.

이러한 방식으로 유명해진 사람이 골드만삭스Goldman Sachs의 창업자인 마커스 골드만Marcus Goldman이었다. 그는 리바이와 마찬가지로 1848년 이민자 그룹인 포티에이러스Fortyeighters☑로 바바리아에서 미국에 상륙해 2년 동안 행상하다가 드라이 굿즈 매장을 열고

☑ 미국 역사에서는 1848년 유럽에서 일어난 혁명을 계기로 이주해 온 사람들을 일괄적으로 '포티에이터스'라고 부르며, 1849년 골드러시로 캘리포니아로 이주한 사람들을 '포티나이너스(Fortyniners)'라 부른다.

자금을 모아 나중에 금융업에 뛰어들었다.

유대인 이민자에게 행운으로 작용한 점은 금이 채굴되기 전의 캘리포니아 샌프란시스코가 아직 작은 마을에 지나지 않았다는 점이다. 어찌 되었든 캘리포니아가 멕시코에서 분리되어 정식으로 미국 영토가 된 시점은 금이 발견된 지 겨우 5일 후(주 승격은 이로부터 2년 후)였다. 만약 이미 '도시'였다면 거기에는 백인 부유층을 정점으로 한 피라미드식 하이어라키가 형성되어 있었을 것이다. 그런데 골드러시 초기에는 인종이나 국적을 따지지 않고 금 앞에서 모두 평등했다. 반유대인 감정이 형성되기 전에 그 같은 부를 형성함으로써 조속히 자신들이 살기 좋은 환경을 손에 쥘 수 있었다.

물론 차별이 없던 것은 아니다. 리바이가 샌프란시스코에 도착하기 2년 전부터 주는 행상인에게 면허등록을 의무화했다. 이는 유대인을 타깃으로 한 제도로, 행상인은 모두 고액의 면허료를 지불해야 했으니 캘리포니아에서의 행상 일은 상당히 어려워졌다.

그럼에도 시에서는 유대인의 경제력을 믿고 의지했기에 그 영향력은 점점 커졌다. 한때는 2주에 한 번 동부로 돌아가는 증기선 출항일이 유대교의 중요한 명절과 겹쳐 출항일을 사흘 늦추는 등 유대인들의 편리를 도모했을 정도다.

독일계 유대인의 네트워크와 골드러시 시기의 샌프란시스코의 상황을 잘 이용하면 어느 정도의 성공은 약속되어 있었다고 해도 과언이 아닌 시대였다. 즉 스트라우스 패밀리는 왕도에서 벗어나지 않는 방식으로 성공의 기반을 마련했다.

자영업자의 길을 걷다

샌프란시스코에 도착한 직후, 리바이가 어디에 살았고 창고는 어디였는지 정확히 알 수 없다. 그렇지만 1854년에는 입지가 좋은 새크라멘토 거리에 살았던 듯하다. 그해의 인구조사에서 리바이의 직업은 '드라이 굿즈 앤드 클로딩'이라 등록되었다. 청구서에는 리바이 스트라우스의 이름이 등장한다. 뉴욕 본점의 서부 지점이라는 위치였지만, 대단한 상점왕의 탄생이었다.

골드러시로 샌프란시스코에 인구가 급증하자 지역 상인들은 호경기의 혜택을 받는 한편, 범죄와 무질서, 악화하는 치안과 싸워야 했다. 1851년 시 최초로 자경단이 결성되었고, 700명을 웃도는 구성원의 중심에 리바이 등 유대인 상인들이 섰다. 치안이 무너졌을 때만 징집이 이루어졌으며 다시 평화로워지면 바로 해산했다. 때로는 일부러 가게를 닫고 순찰을 돌아야 할 때도 있었다.

1849년 샌프란시스코 상공회가 탄생했지만, 리바이는 1860년대가 되어서야 가입한다. 상공회의 역할은 다방면에 걸쳐 이루어졌다. 수수료나 부두 사용료를 정했고, 우편 사정의 개혁을 요구하며 워싱턴에 진정서를 보냈으며, 분쟁이 원만하게 해결되도록 노력했다. 리바이는 입회 후 몇 개월 동안 중재위원회 임원을 맡았다.

1855년 샌프란시스코에서 금융위기가 일어나 200곳에 이르는 기업이 도산한다. 하지만 리바이의 사업은 순조로웠다. 여름에 매입 결제 대금으로 보이는 금괴를 뉴욕에 있는 조너스의 회사주소로 보냈다. 이외에도 이해에 몇 차례 금을 보냈는데 총액은 8만 달러에 달했다. 서부 지점 개설 2년째의 일이었다.

이후 금을 실은 배가 침몰하거나 배에서 화재사고가 일어났지만, 사업에 큰 영향은 끼치지 않았다. 이때부터 오랫동안 리바이스가 배에 실은 금괴는 그 배가 운반하는 금괴 가운데 가장 무거운 것이었다.

그해에 뉴욕에 있던 어머니와 누나인 페니 일가가, 이어서 다음 해에는 이복형 루이스 일가가 전체개통된 파나마철도를 이용해 샌프란시스코로 이주한다. 일가족은 본사에서 아주 가까운 파월Powell 거리의 저택에서 함께 생활했다. 또한 뉴욕에 있던 이복누나 마리아의 남편도 하던 일을 그만두고 조너스의 회사에 투입되었다. 이렇게 리바이의 일상은 공적으로도 사적으로도 별문제 없이 흘러간다.

샌프란시스코에서 홀로 비즈니스를 시작한 지 13년째되는 해인 1866년, 리바이는 피복 도매상이 즐비한 배터리Battery 거리에 드디어 본사 빌딩을 건설했다. 창고와 사무실이 연결된 4층 건물로 설계는 나중에 팰리스호텔Palace Hotel을 담당하게 되는 유명 건축가가 맡았다.☑ 회사명과 관련해서는 3년 전으로 거슬러 올라가면 남북전쟁 중 실시한 인구조사에서 처음으로 그의 이름 뒤에 '앤드컴퍼니'라는 글자가 등장한다.

샌프란시스코로 이주한 독일계 유대인 이민자들은 가게를 늘려가는 등 어느 정도 성공을 거두어도 변함없이 비전을

☑ 팰리스호텔의 설계를 맡은 건축가는 존 P. 게이너(John P. Gaynor)와 헨리 윌리엄 클리블랜드(Henry William Cleaveland) 두 사람인데 이 둘 가운데 당시 리바이의 자사 빌딩을 설계한 이는 호텔과 사무실 건물을 주로 작업한 존 P. 게이너로 보인다.

품었다. 행상으로 시작해 공장이나 중개인이 필요한 제조업자가 되었다가 대규모 도매상이나 백화점 경영자의 길로 접어들었다. 리바이는 생전에 '대규모 도매상이자 제조업자'라는 영역에 도달했다. 그리고 서른일곱, 머천트 프린스 merchant prince라 불리는 대상인에 걸맞은 시야를 확보하며 한 걸음 더 나아간다.

머천트 프린스의 탄생

1859년 네바다에서 실버러시, 1864년 몬태나에서 골드러시가 일어나 리바이의 사업 기회는 더욱더 확장되었다. 1863년부터 1873년 사이에는 고객인 소매점 수가 늘어났을 뿐만 아니라 지리적으로도 영역이 확대되었다. 캐나다, 멕시코, 하와이왕국, 나아가 남부에 있는 애리조나에까지 진출한 것이다.

1861년 남북전쟁이 시작되자 캘리포니아는 공화당이 이끄는 북부 연방군을 강력하게 지지한다. 샌프란시스코 사회도 국가의 분열, 나아가서는 자신들이 비즈니스를 더는 꾸려갈 수 없을지도 모른다는 위기감에 휩싸여, 남북전쟁이 벌어지던 5년 동안 리바이스가 동부로 보낸 금이 추정 합계 217만 2000달러에 이르렀다. 상공회 구성원들도 금을 실은 배를 끊임없이 보냈다. 캘리포니아의 이러한 움직임과 금이 에이브러햄 링컨을 승리로 이끈 셈이다.

남북전쟁이 일어나고 2개월 뒤, 연방정부가 위생위원회

United States Sanitary Commission를 창설한다. 비위생적인 캠프에서 감염병에 걸려 사망하는 이들의 수가 전쟁터에서의 사망자 수를 웃돌았기 때문이다. 연방정부에는 병원 건설이나 비품 공급 등이 필요한 이 조직을 운영할 자금력이 없었기 때문에 민간의 힘에 크게 의존했다. 리바이는 회사를 통해 1862년부터 종전까지 3년에 걸쳐 1800달러를 기부했다.

리바이스의 4층짜리 본사 건물은 이러한 거액의 지출이 이어진 뒤에 건설되었다. 남북전쟁이 벌어지던 와중에는 금과 지폐의 차익으로 샌프란시스코 판매업자들이 쉽사리 부를 늘려갈 수 있었다고 해도 당시 리바이의 경제력을 짐작할 수 있는 대목이다.

리바이는 이제 투자가로 불리기에 적합한 위치에 올라서 있었다. 1867년부터 1870년 사이 세 곳의 보험회사와 법인화된 지 얼마 안 된 탄광회사의 이사로 취임했으며 캘리포니아은행의 주주가 되었다.

1872년 리바이스는 신문 특집기사 「이 도시의 성공자 시리즈」에 다루어졌는데 이때 리바이는 '견실한 사업가'로 소개된다(❶-❷). 기사는 어떤 종업원에게든지 자신을 이름으로 부르게 한 리바이의 친근하고 온화한 성격을 추켜세운다. 또한 본사에 최신 유압식 엘리베이터가 있었다는 점이나 각 부서에 거대한 가스등 샹들리에가 설치되어 있었다는 점, 종업원이 유능했다는 내용도 함께 실렸다.

능력, 명성 모두 정점에 달한 그해 7월, 리바이는 '한 남자'로부터 편지를 받는다. 회사는 이를 계기로 블루진 제조업에 뛰어든다. 결국 이때의 판단이 리바이를 진정한 대상인으로 부상시킨다.

리바이스가 새로운 제조 부분을 설립하기 직전, 이 '한 남자'는 가족과 함께 샌프란시스코로 이주한다. 이때 리바이는 남자의 가게와 자택을 1000달러에 사들여 2년 후 남자에게 1달러를 받고 되판다. 그 후 남자는 이 오래된 집을 1200달러에 제삼자에게 매각한다.

그런데 리바이를 비롯해 독일계 유대인들은 어떻게 샌프란시스코에서 이렇게까지 번영을 이루었을까? 거기에는 피복업을 둘러싼 사정과 샌프란시스코 특유의 상황이 있었다.

OUR SOLID MERCHANTS.

The Immense Establishment of Levi Strauss & Co.

A Magnificent Display of Clothing and Dry Goods.

SPECIAL FEATURES OF THE VARIOUS DEPARTMENTS.

Interesting Particulars of the Growth and Prosperity of the Firm.

（❶-❷） '견실한 사업가' 기사의 서두 부분(1872.2.11)

드라이 굿즈 업계의 사정

리바이가 샌프란시스코에서 대성공을 거둔 요인과 관련해 먼저 피복업을 둘러싼 사정부터 살펴보자. 리바이가 샌프란시스코로 이주한 무렵, 미국에서는 산업구조의 대변화가 일어났다. 1870년 이전 도시부에 사는 사람의 수는 전체 인구 네 명 중 한 명에 지나지 않았다. 하지만 산업화가 진행되면서 도시 노동자가 급증해 중산계급이 두터워진다.

이 새로운 층의 사람들은 자기 옷을 주문해 지어 입을 정도의 경제적 여유가 없었다. 따라서 지불할 수 있는 가격이면서 기다리지 않고 바로 살 수 있는 옷을 많이 원하게 되었다. 이렇게 기성복이 탄생했고 유대인의 산업인 피복업이 꽃을 피운다. 이러한 수요를 지탱한 것이 미국 텍스타일 산업의 융성이다. 노예노동에 의존하던 남부 농장의 면화 재배는 순식간에 미국의 기반 산업으로 발전한다.

한편 북동부의 뉴잉글랜드 지방, 특히 뉴햄프셔의 맨체스터는 19세기 중반까지 텍스타일 산업의 일대 집약지였다. 그중에서도 아모스키그Amoskeag 방적회사라는 방직 복합 시설이 크게 성장했고 이곳에서 제작한 원단이나 의류가 고품질의 대명사가 되었다.

더 중요한 요인은 텍스타일 산업에서도 기계화가 이루어져 수요에 대응할 수 있는 시스템이 갖추어졌다는 점이다. 워크웨어 제조업에 뛰어든 리바이스에도 질 좋은 면 원단이 대량으로 필요했으니 뉴욕에 있는 조너스가 아모스키그 원단을 조달해주었을 터다.

여기에 정책의 흐름도 샌프란시스코의 발전에 한몫한다. 남북전쟁에서 북군의 승리는, 한마디로 말하자면 제조업을 향한 고go 사인이나 다름없었다. 게다가 1869년에 대륙횡단철도가 개통되면서 몇 개월이 걸렸던 화물 운송이 겨우 며칠로 단축되었다.

골드러시

다음으로 이 시기만의 샌프란시스코의 사정을 살펴보자. 당연히 골드러시라는 키워드는 빼놓을 수 없다. 1848년 1월 샌프란시스코에서 200킬로미터 떨어진 시에라네바다 산맥에서 우연히 금이 발견된다. 그러자 그해 여름 무렵부터 샌프란시스코에 인구가 급증해 물자가 부족해지면서 물가가 급등한다. 선주민은 주가 주도한 '박멸' 캠페인으로 자취를 감추었고, 그들의 보금자리는 백인 입식자의 목장과 토지로 갈음됐다.

다음 해에는 일확천금을 꿈꾸는 사람들이 내륙부는 물론 아시아, 유럽, 하와이, 타히티 등 세계 각지에서 배를 타고 샌프란시스코로 몰려온다. 이 샌프란시스코 항구는 금광지와 200킬로미터 거리의 가까운 마지막 항구였기 때문에 사람들이 반드시 들르는 장소였다. 엄청난 물자 부족에 시달리는 이곳에서는 포티나이너스가 동부에서 상품을 매입해 팔기만 해도 손쉽게 이익을 창출할 수 있었다.

일단 금이 발견되기만 하면 야영장은 순식간에 신흥 타운으로 변모했다. 목재와 벽돌로 건물이 지어졌고, 은행과 배송 업무를 맡는 웰스파고Wells Fargo의 지점이 문을 열어 편지나 화물을 날랐다. 샌프란시스코에 조폐국이 생긴 뒤에는 광부가 캔 사금을 발송하는 절차까지 웰스파고에서 담당했다. 식량, 일상잡화를 판매하는 가게나 여인숙, 찢어진 바지를 고치는 양장점, 기성복이나 재봉도구를 판매하는 가게가 즐비했다. 샌프란시스코 시내에 매장을 둔 도매상은 이런 소매점에 상품을 대면서 높은 수요에 대응했다.

그렇지만 아마추어 광부들이 곡괭이와 냄비만으로 간단하게 금을 발견할 수 있던 시기는 겨우 1, 2년 만에 막을 내리고, 신흥 타운은 유령 타운으로 변해갔다. 1850년에 존 만지로ジョン万次郎☑가 배로 상륙해 70일 동안 600만 달러 상당의 금을 채굴했다고 알려졌는데 이는 상당히 운이 좋았던 경우였다.

남자들이 가슴에 부푼 기대를 안고 샌프란시스코로 끊임없이 몰려왔다. 채취량이 줄긴 했어도 어느 정도 사금은 나왔지만, 1850년대 중반, 금 채굴은 이미 기업에 의한 대규모 설비와 정교한 기술이 없으면 대적할 수 없는 탄광의 시대에 접어들었다.

투자가들의 거대자본을 바탕으로 안정된 양의 금을 채취할 수 있게 되면서 광부들은 일당을 받는 형태로 고용되었다. 급료는 좋았지만, 초고물가 지역에서는 일상의 필수 경비가 너무 많이 들어 곤궁한 사람이 속출했다.

골드러시 시기에서 10년쯤 지났을 때, 이번에는 네바다

☑ 미국 본토를 방문한 최초의 일본인으로 에도시대 말기에서 메이지시대 개항기에 활약했던 통역가이자 교육가다.

PAGE 60

에서 은 광맥이 발견된다. 골드러시로 도약한 샌프란시스코에 지속해서 경제발전을 불러온 것이 이 실버러시라고 불리는 대규모 채굴 붐이었다.

리바이 등에게 광산 구역의 소매점은 당연히 단골 거래처였으며 여기에는 은광회사도 속해 있었다. 고용된 광부들은 은괴 도난을 방지하기 위해 교대할 때마다 옷을 갈아입어야 했다. 따라서 고용주는 탈의실에 둘 워크웨어를 드라이 굿즈 업자로부터 한꺼번에 사들였다고 보인다. 상황이 이러했으니 샌프란시스코의 피복업자들에게는 부유한 고객이 항상 넘쳐났다.

한편 중국인 이민자들은 백인이 경영하는 드라이 굿즈 매장을 거의 이용하지 않은 듯하다. 여담이지만, 골드러시 시기에 샌프란시스코로 몰려온 중국인 이민자들은 기본적으로 자신들의 커뮤니티 안에서 경제를 일구어갔다. 당시의 육체노동이라고 하면 아일랜드 이민자 등 백인 작업자의 사진이 많이 돌아다녀 오해받기 쉽지만, 실제로 현장에 있던 이들은 아주 값싼 임금으로 위험한 일을 도맡았던 중국인 이민자들이다. 철도 건설, 공장의 장시간 노동 등을 통해 결과적으로 샌프란시스코의 경제를 가장 밑바닥에서 지탱한 것이 이들이다.

독지가로서

리바이는 전 생애에 걸쳐 고액의 기부나 의연금, 장학기금을 꾸준히 내놓았다. 재해 의연금에 국경 따위는 문제가 되지 않았다. 국내는 물론 멕시코, 이탈리아 등 상관없이 마음이 쓰이는 재해지역에는 구제단체나 소방단을 통해 지원 물자와 의연금을 보냈다. 프로이센프랑스 전쟁[✓] 때는 부상병을 치료하기 위해 프로이센은 물론 프랑스에도 기부금을 보냈다.

한편 외부에 알려지지 않는 지원도 있었다. 남북전쟁에 지원한 직원을 위해 그 기간 꾸준히 급여를 지급하거나 순직한 소방관의 아내에게 지원금을 보낸 적도 있었다.

놀라운 점은 아버지 허시를 비롯해 친족이 잠들어 있는 고향인 부텐하임에 묘지 수선비를 보냈다는 사실이다. 경위는 모르겠지만 필요한 경비의 반을 부담했고, 이는 마을을 떠난 지 이미 반세기가 지나던 무렵이었다.

이러한 기부는 리바이가 돈에 충분히 여유가 생긴 뒤부터 시작한 것이 아니었다. 홀로 샌프란시스코에 도착한 그해에 리바이는 유대인 계열의 자선협회에, 다음 해에는 개신교에서 운영하는 고아보호시설에 기부금을 보냈다.

짓궂게 말하자면 이러한 자선행위는 상호부조를 처세술의 하나로 삼는 종교적 관습에서 비롯되었다고도 할 수 있다. 곤란한 사람들을 돕는 일은 자신들의 번영으로 이어진다는 믿음이다.

[✓] 1870년부터 1871년까지 프로이센과 프랑스가 에스파냐 국왕 선출 문제를 둘러싸고 벌인 전쟁으로, 프로이센이 크게 이겨서 독일 통일이 이루어졌다.

실제로 리바이보다 먼저 사망한 이복형 조너스나 루이스도 유산 일부를 자선단체 등에 기부했으며 누나 페니는 자신의 사망 이후에 중년여성에게 매달 3달러가 지급되도록 해두었다. 그런데 리바이의 흔적을 따라가다 보면 단순한 자선활동이라고 단정 짓기 어려운 사실을 발견한다. 금전지원은 물론 공익을 위해 자기 소임을 다하는 것으로, 이야말로 진정한 의미의 '독지가' 면모다. 리바이에게는 제 소임이 샌프란시스코의 발전이었던 셈이다.

가령 대형 철도회사의 독점으로 운송비용이 부당하게 높아지자 리바이는 신철도 건설 프로젝트 상황에 맞추어 거액을 기부하고 투자하며 이에 응했다. 당시 지역신문과의 인터뷰에서 리바이는 다음과 같은 말을 남겼다.

"신철도는 절대로 돈을 벌기 위한 계획이 아니다. 이것은 '필요'에 따른 것이다."

운송비가 싸지면 상품가격이 내려가고 이것이 시민생활에 반영되어 도시의 가치도 올라간다. 리바이의 의식이 샌프란시스코 사회 전체의 이익으로 향해 있었다는 점을 알 수 있다. 리바이는 이 프로젝트에 열정을 쏟아 10년 동안 강력한 프로모션을 실시한다.

또한 1887년, 샌프란시스코의 환경과 시스템을 개선하기 위해 세금을 늘려야 한다는 움직임이 일어났을 때 리바이는 고액 납세자로서 지역신문에 목소리를 냈다.

"샌프란시스코에 이익이 되는 일이라면 무슨 일이든 찬성한다. 하루빨리 도로를 수리하는 일, 하수시설의 개선, 골든게이트파크 수선 등 시를 매력적으로 만드는 일이라면 뭐든지 하겠다. ……그런 목적을 위해 내 세금이 늘어난다고 해도 그 어떤 불만도 없다."

당시는 사회환경을 정비하고 복지를 잘 설계하는 일이 그대로 자신들의 나은 생활로 직결되던 시대였다. 인터뷰였기 때문에 다소 입에 발린 말도 있겠지만, 리바이는 이 구조를 이해하고 있었기 때문에 돈뿐 아니라 자기 행동과 발언까지 시의 활성화를 위한 방편으로 최대한 활용하지 않았을까 싶다.

그가 손을 댄 사업 중에는 실패작도 물론 있다. 린 다우니의 말에 따르면 리바이는 캘리포니아나 그곳 업계의 발전으로 이어지지 않는 일이라면 어떤 벤처와도 관계를 맺지 않았다. 많은 유대인 이민자에게 약속의 땅이었던 샌프란시스코는 리바이에게도 그 무엇과 바꿀 수 없는 '홈'이었다.

리바이의 결단으로 1873년 대량생산이 시작된 작업복 바지는 후에 엄청난 인기를 끌며 훗날 전 세계 사람들의 일상에 파고든다. 흥미롭게도 리바이라는 이름을 지금까지 전하는 것이 이 데님팬츠다. 결과적으로 리바이는 50년도 훨씬 전에 자신이 그렇게 원했던 자유를 그 상징이라고 할 수 있는 블루진이라는 형태로 전 세계에 가져다준 셈이다.

CHAPTER

2

1870
~
1885

또 한 사람의 이민자

　여기에 진 탄생의 기초를 마련한 또 다른 인물이 등장한다. 그 이름은 제이컵 데이비스Jacob Davis다. 그도 리바이 스트라우스와 마찬가지로 유대인 이민자였다. 출신지는 지금의 라트비아공화국 수도인 리가Riga(당시 러시아 영토)다. 제이컵은 재봉사 기술자로서의 고용기간이 끝난 뒤 미국으로 건너가 스물다섯 무렵 처음 샌프란시스코에 터를 잡았다. 이후 비즈니스 기회를 좇아 여러 지역으로 옮겨 다니며 다양한 일에 손을 댔는데, 그중에 몇 번은 자신이 발명한 기계로 특허를 신청하지만, 특허신청비도 회수하지 못할 정도로 일도 투자도 순조롭지 않았다. 그는 어쩔 수 없이 재봉업으로 돌아가 1868년 5월 네바다의 리노로 가족 모두 이주한다. 제이컵 일가가 이주한 그 무렵, 리노에 센트럴퍼시픽철도의 역이 생기면서 도시에는 발전이 약속되었다.

　유통 거점인 리노에 화물을 싣고 내리는 마부가 모여들면서 마구의 수요가 갈수록 높아졌다. 제이컵은 짐마차의 덮개나 텐트, 말의 방한용 모포인 호스 블랭킷을 만들고 고치는 일로 바쁜 나날을 보낸다. 당시 재봉틀도 점차 보급되어 봉제 현장도 큰 변화를 맞고 있었다.

그러던 1870년 12월 말, 한 여성이 남편을 위한 워크 팬츠를 주문하러 제이컵의 가게를 찾는다. 남편이 오랫동안 낡은 바지 한 벌로 버티고 있어서 새해가 되기 전에 새 바지를 마련하고 싶다, 남편은 바지를 조심성 없이 입기 때문에 되도록 튼튼하게 만들어주었으면 좋겠다는 의뢰였다.

제이컵이 이 바지를 만들기 시작한 것은 1월 첫째 주가 되어서였다. 샌프란시스코의 리바이스에서 매입한 무거운 덕원단으로 어떻게 하면 튼튼한 바지를 만들지 고심했다. 그러다 작업대 위에서 굴러다니던 리벳을 발견하고 리벳으로 주머니를 고정하자는 아이디어를 번뜩 떠올렸다. 호스 블랭킷의 가죽끈을 고정하는 데 쓰던 구리 리벳이었다.

드디어 완성된 바지를 찾으러 온 여성은 흡족해했고 이후 제이컵은 자신이 재봉한 작업용 바지에는 반드시 리벳을 달아 판매했다.

그다음 달에는 마부들에게 열 벌, 그다음 달에는 측량사들에게 열두 벌을 만들어주고, 제이컵 스스로 사방에 소문을 퍼트려 이 리벳이 달린 바지인 리베티드 팬츠riveted pants는 나중에 리노 지역 어디에서든지 흔히 볼 수 있게 된다. 그런데 어떻게 이 과정에 대한 상세한 기록이 남았을까? 이는 나중에 리바이스가 특허침해 소송으로 분쟁이 일어났을 때 제이컵이 선서공술서를 남겼기 때문이다. 처음으로 바지에 리벳을 단 그날부터 몇 년이 지난 후의 증언이었지만 말이다.

리바이에게 보낸 바지

제이컵이 처음 바지에 리벳을 부착한 날로부터 1년 반이 흘렀다. 리바이스에서 들여온 덕이나 데님원단으로 만든 리베티드 팬츠의 판매량이 엄청나게 늘면서 리바이스에서 매입한 원단 대금을 지불해야 할 시기가 도래했다.

1872년 7월 5일 제이컵은 약국을 운영하는 친구의 도움을 받아 리바이 스트라우스에게 편지와 함께 원단 대금 전액에 해당하는 지급 수표를 동봉해 보낸다. 그리고 또 다른 우편에는 견본을 넣어 속달 소포를 보낸다. 소포에는 작업용 바지 두 벌이 들어 있었다. 리바이스에서 매입한 10온스의 덕원단과 블루 데님원단으로 재봉해 만든 바지였다(제이컵은 '데님' 보다는 '블루'라는 말을 사용했다). 편지 내용은 치졸했지만, 솔직하고 대담했다.

이 훌륭하고 잘 팔리는 바지의 특허를 신청해주십시오. 특허비용인 68달러는 그쪽에서 부담해야 합니다. 신청자는 발명자인 내 이름으로 한다는 조건입니다.

제이컵은 리벳을 달았을 뿐인데 덕원단 바지는 3달러, 데님원단 바지는 2.5달러로(비싼데도) 잘 팔린다, 바지 수요를 재봉이 따라가지 못할 정도라고 강조하며 "바지의 비밀은 리벳에 있습니다." 하고 의미심장하게 소개했다. 원단은 온스만 명시했을 뿐 특별히 강조하지 않았다.

제이컵이 샌프란시스코 시내에 몇 군데나 있던 옷감 도매상 가운데 리바이스에 가장 먼저 제안한 이유는 알 수 없다. 개인적으로 아는 사이였는지도 분명하지 않다. 리바이스의 원단을 몇 차례 도매로 사들인 적이 있어 품질이나 대응 등에 만족했다고 짐작해본다. 그렇다고 반드시 리바이스여야 하지는 않았을 것이다. 특허권을 침해당했을 때 소송비용을 대주며 권리를 지켜줄 만한 스폰서라면 어디든 상관없었을지 모른다. 제이컵은 특허신청비를 낼 금전적 여유가 없어 리바이스에 편지를 보냈지만, 마음속으로는 '공동 비즈니스 제안' 정도의 기개였을 거라고 추측한다. 리벳이라는 흔하디흔한 부품을 달기만 했는데도 리바이스의 원단으로 만든 바지가 동종업계의 타사보다 네 배에 달하는 가치를 만들어냈으니 말이다.

재봉사 제이컵의 고집

편지를 읽은 리바이는 발빠르게 이 의뢰에 관한 동의서를 작성했고, 7월 12일 제이컵은 그 동의서에 서명해 재발송한다. 견본 소포를 보낸 지 일주일 만이었다.

이때 제이컵은 재단사답게 이런 말도 덧붙였다. "팔리게 하려면 리벳뿐 아니라 재단이나 봉제도 중요합니다." 당시 작업용 바지에 멋은 그다지 요구되지 않았겠지만, 적어도 제이컵에게 색이나 디자인에 대한 고집이 있었다.

그는 리바이스에 원단을 주문할 때 샘플을 동봉해 비슷한

색의 데님원단을 보내도록 지시하거나 재봉틀 실로 오렌지색을 골랐다. 이러한 내용은 특허허가를 기다리던 1873년 1월에 리바이스에 원단과 잡화를 주문한 편지에 적혀 있다. 왜 오렌지색이었는지는 쓰여 있지 않았다. 리벳의 구리색과 맞추었다는 설이 유력하지만 증거는 없다.

1870년대, 즉 제이컵의 지도를 받으며 만들어졌을 이 시대의 바지를 보면 바느질이 매우 단순하다. 오버로크 기능조차 없는 재봉틀로 최소한의 처리만 되어 있다. 두꺼운 원단을 사용했는데도 이토록 완성도 높은 바지를 만들 수 있었다는 사실에 감탄한다.

나중에 이야기하겠지만, 이 시대의 워크팬츠는 옷보다는 앞치마나 농사용 작업복에 가깝게 취급되었다. 어떤 노동복은 오버롤스overalls(모두 덮는 것)라고 불렸다는 점을 미루어보면, 몸을 부상과 오염으로부터 지키는 것이 우선이고, 디자인 운운하는 문제는 그다음이었다. 그럼에도 당시 일반 노동자의 바지는 닳아 찢어지고 구멍이 나기 일쑤인 제품뿐이었다. 빈번하게 수선하다 보면 허름할 뿐 아니라 칠칠치 못해 보였다.

이러한 상황에서 리바이가 우편으로 받은 바지는 맞춤양복용 형지에 맞게 재단되어, 허리의 착용감을 높여주는 요크yoke(바지 뒷면에 벨트라인과 뒷주머니 사이에 있는 역삼각형 부분)가 달려 있었다. 원단은 내구성이 있는 데다가 리벳이라는 일용품을 부착한 혁신성까지 갖추고 있어 리바이와 관계자들을 틀림없이 놀랐을 것이다.

속전속결의 사정

제이컵 데이비스의 제안서와 바지 샘플이 도착했을 때, 리바이 스트라우스는 즉시 결단을 내렸다. 도매업만 해왔던 회사가 갑자기 제조업을 시작하게 된 셈이었다. 그러니 신중하고 전략적인 리바이라면 조금 더 고민했어도 됐다.

그런데도 즉시 결단을 내린 데는 몇 가지 이유를 생각해볼 수 있다. 첫 번째는 실리적인 매력이다. 제이컵의 바지는 시중에 판매되던 오버롤스보다 네 배나 비싼 가격에 팔렸다.

여기에 사회 정세도 한몫했다. 샌프란시스코에서는 3년 전인 1869년 대륙횡단철도가 개통되어 그전보다 훨씬 많은 이주자가 꾸준히 유입되고 있었다. 배와 철도가 발달해 상품도 정보도 더 빠르게 들어왔다. 당연히 '매입해서 판매하는 방식'만이 아닌 새로운 부가가치가 필요했다. 게다가 동부에서 발송하는 운송비를 줄이기 위해 샌프란시스코에서 제작하자는 발상도 나오고 있었으니 리바이는 그러한 기회를 계속 주시하고 있었을지 모른다.

무엇보다 큰 이유는 뉴욕에 있는 조너스가 이미 제조업을 시작했기 때문일 것이다. 제이컵이 리바이에게 편지를 보내기 몇 달 전, 리바이를 특집으로 다룬 신문기사에 "조너스의 제조공장에서 많은 남녀 직원을 고용했다."라고 게재되었다. 즉 샌프란시스코에서 새로운 제조업을 시작하는 일은 리바이에게 그렇게까지 어려운 일이 아니었다.

물론 제이컵이 보낸 견본이 마음에 들었다는 점이 이유

의 전부였을 수도 있다. 제이컵의 재봉이나 감각에는 리바이를 납득시키는 무언가가 있었을 것이다. 결과적으로 리바이는 제이컵 일가를 샌프란시스코로 불러들여 이 새로운 제조업을 일임한다.

제이컵이 사용한 덕원단

제이컵이 우연히 만든 최초의 블루진. 이때 제이컵이 사용한 덕원단은 덮개나 텐트용으로 사용하던 면직물이다. 보기에는 캔버스원단과 똑같지만, 강도가 훨씬 우수했다. 당시 워크팬츠를 덕원단이나 데님원단으로 만드는 것 자체는 아주 흔한 일이었다. 제이컵은 아주 당연하게 수중에 있던 덕원단을 골랐다. 〔❷-❶〕〔❷-❷〕는 당시의 오버롤스 광고다.

〔❷-❶〕오버롤스 광고 예(1867). 오버롤스는 일반적으로 데님이나 덕원단으로 제작했다.

첫 특허신청

특허는 1872년 8월 9일 지역 특허사무소를 통해 신청되었다. 그리고 1873년 5월 20일 등록이 결정되었다(샌프란시스코의 케이블카가 개통된 해와 같다). 특허는 이날로부터 17년 동안 유효했다.

당시는 2차 산업혁명이 꽃을 피우며 의류 부분에서도 특허가 많이 출원되어 특허청이 분주할 때였다. 리바이와 제이컵의 신청은 두 차례 큰 변경을 실시한 뒤에도 완성단계에서 어쩔 수 없이 불리한 내용을 수정해야 했으므로 권리를 얻는데 10개월 이상 걸렸다.

처음에 특허가 거부되자 리바이스는 워싱턴 D.C에서 특허법을 전문으로 하는 변리사를 두 사람 고용해 재신청을 시도했다. 한편 제이컵은 기다리는 일 외에는 할 수 있는 게 없는 상황이었기에 자신의 '발명' 아이디어를 도둑맞을지도 모른다는 염려에 걱정이 이만저만 아니었을 것이다. 제이컵은 리베티드 팬츠를 지역 손님을 위해 꾸준히 제작하면서 한 벌 한 벌에 '특허출원 중'이라고 적힌 라벨을 붙였다.

이 라벨이 어떤 형태였는지 확신할 수 없지만, 글자를 넣

SIDNEY FISHER & CO.

Manufacturers and Wholesale Dealers in

Army & Navy Traveling Shirts,

DENIM AND DUCK OVERALLS,

Frocks and Jumpers,

HICKORY SHIRTS, &c.

46 & 48 FEDERAL STREET,

BOSTON.

N. B.—Orders taken for Men's extra sizes.

(❷-❷) 오버롤스의 광고 예(1868). 리바이스가 제조를 시작하기 전 동부의 한 판매점 광고

은 라벨을 제품에 바로 단 것 같다. 이 라벨 아이디어가 특허 취득 몇 년 후 백포켓 위의 허리 부분에 달게 되는 가죽 라벨의 원형이다.

옷에 라벨을 붙인 것도 다시 생각해보면 아주 기이하다. 브랜드명이나 이미지 일러스트라면 그렇다 치는데 그 내용이 '특허 출원 중'이었다니. 제이컵이 의식한 것은 동종업계 사람들이었다. 이 제품 좋으니 우리도 만들어볼까 하고 혹여 생각할지 모르는 사람들에게 보내는 경고였고, 구매자에게 득될 정보는 없다. 현대인이라면 고개를 갸우뚱하게 될 이러한 감각도 이 바지의 본질이 의복이 아니라 앞치마나 덮개 용도였다고 생각하면 납득된다.

특허 재등록

드디어 특허를 취득해 '주머니 입구를 리벳으로 고정한 바지'라는 발명에 대한 권리를 보장받게 되었다. 경쟁회사 입장에서 보자면 '재킷의 포켓이라면 괜찮지 않나? 혹은 리벳 대용으로 고정한다면 문제없겠는데?' 하고 생각할 게 분명했다. 그리고 실제로 특허 침해가 끊임없이 일어났다. 이에 대한 대책으로 2년 후에 특허내용을 수정하게 된다.

(❷-❸)에 나온 USP 139121이 수정 전의 특허내용 ((❷-❺)은 그 일러스트), (❷-❹)의 RE 6335가 수정 후의 특허내용이다(RE는 reissue의 약자). 수정 후의 특허내용을 요약하자면 "힘이 가해지는 곳에 리벳이나 그에 상응

하는 부자재로 보강한 바지 등 의류"라고 되어 있다.

　　그렇게 큰 차이가 없다고 생각할지 모르겠지만, 바지에 국한하지 않고 의류 전반에 적용되도록 범위를 확대했다. 재등록했다고 처음의 특허기간이 늘어나지는 않는다. 특허권 기간이 끝나는 날은 변함없이 1890년 5월 20일이었다. 덧붙이자면, 1836년 특허법Patent Act of 1836은 유효기간이 21년이었는데 1861년 법이 개정되면서 17년으로 단축됐다. 리바이스는 1873년에 처음 특허를 등록했으므로 유효기간 17년에 해당했다.

Having thus described my invention, what I claim as new, and desire to secure by Letters Patent, is—
As a new article of manufacture, a pair of pantaloons having the pocket-openings secured at each edge by means of rivets, substantially in the manner described and shown, whereby the seams at the points named are prevented from ripping, as set forth.
In witness whereof I hereunto set my hand and seal.
JACOB W. DAVIS. [L. S.]

Having thus described my invention, what I claim as new, and desire to secure by Letters Patent, is—
As a new article of manufacture, pantaloons or other garments having their pocket-openings secured at the edges by means of rivets, or their equivalents, substantially in the manner described and shown.
In witness whereof I hereunto set my hand and seal.
JACOB W. DAVIS. [L. S.]

(❷-❸) 최초의 특허 139121(1873) 청구항목
(❷-❹) 재등록 허가 RE 6335(1875) 청구항목

그 이름은 오버롤스

자, 그럼 이 기상천외한 바지를 어떻게 부르면 좋을지 고민할 때다. 사실 이때는 상품명이 문제가 아니었다. 그보다이 바지처럼 생긴 것을 판탈롱Pantaloons이라고 불러야할지 트라우저스trousers라고 불러야 할지가 문제였다.

결론부터 말하자면 그 이름으로 선택한 것은 '오버롤스'였다. 이는 특별히 새로운 말도 개념도 아니었다. 린 다우니에 따르면 "카우보이나 제재製材 관련 노동자가 입는 튼튼한바지" 혹은 "보호복의 일종으로 일반 바지 위에 입는 넉넉한의류"로, 적어도 18세기 후반에는 이미 활용되던 단어다. 그리고 특허 도안을 보고 판단하건대 리바이와 제이컵은 전자의미로 썼다. 리벳으로 고정해 튼튼하다고 인식되는 '오버롤스'라는 이름은 그 후 수십 년에 걸쳐 사용된다.

가슴판이 있는 오버롤스와 혼동되어 헷갈릴지도 모른다. 그런데 의외로 리바이스는 1890년대가 될 때까지 가슴판이달린 작업복을 만들지 않았다. 오버롤스라고 하면 저절로 허리까지 오는 작업용 바지를 칭했으므로 그걸로 충분했다.

하지만 판매점 입장은 달랐다. 판매점에서는 가슴판이달린 오버롤스를 비롯해 타사의 다양한 바지를 취급하기 때문에 저마다의 이름이 필요했다. 1888년 무렵 신문에서는가슴판이 달린 오버롤스를 '빕 오버롤스bib overalls'라 판매점 광고에 등장시켰다.

리바이스가 처음으로 가슴판이 달린 오버롤스를 판매한

것은 1890년대였다. 두 마리 말two horse 상표가 완성된 뒤의 일이다. 이때 이름은 '엔지니어스 오버롤스engineers overalls'였다. 철도기관사나 정비사가 주요 고객층이었다.

참고로 리바이스는 제이컵의 바지를 '웨이스트하이 오버롤스waist-high overalls'라고 부르지 않았다. 이 상품명은 1980년대부터 1990년대에 걸쳐 잘못된 채 널리 통용되다가 2000년에 접어들어 영어권에서는 상당히 많이 바로잡혔다. 영문법적으로 문제는 없으니 더 혼동하기 쉬운데 리바이스의 상품명으로는 사용된 적이 없다.

또 하나 여담으로, 1889년 미국 육군 사양서에 '오버롤스'가 적혀 있다. 그런데 일러스트를 보면 재킷과 바지를 단추로 위아래 연결한 점프슈트jumpsuit 작업복이다. 소재는 덕원단으로 지정되어 있다. 리바이와 제이컵이 의도한 오버롤스와는 전혀 닮지 않은 워크웨어다. 거의 비슷한 시기에 나왔는데도 그 형태가 상당히 달라 놀랍다.

켄터키 진이란 무엇인가

그런데 '진 이야기는 언제 나오는 거야?' 하고 계실지도 모르겠다. 무사히 특허를 취득했으니 이제부터 블루진이 탄생하는 것 아닌가 하면서.

분명 이 시대에는 진이라는 면, 또는 면과 모 혼방으로 만든 바지가 이미 존재했다. 진 원단으로 만든 본래의 진은 '진

팬츠jean pants', '켄터키 진Kentucky jean' 등의 명칭으로 19세기 초반부터 널리 유통되었다.

켄터키 진은 켄터키 지역에서만 만들었던 게 아니다. 오히려 어디에서든지 볼 수 있는 아주 평범한 바지였다. 이런 워크팬츠로서의 진은 남북전쟁 이전에는 '니그로 진Negro jeans'이라고 해서 주로 흑인노예가 입는 노동복을 칭했다. 후에 노예에 국한하지 않고(특히 노예해방 후에는) 다양한 노동자의 사랑을 받으면서 그 명칭도 '켄터키 니그로 진'을 거쳐 켄터키 진으로 변했다. 진이라는 이름에는 이처럼 불명예스러운 역사기 있는 데다가 특별히 튼튼하다는 이미지도 없었다. 따라서 리바이스는 높은 내구성을 내세운 자사 최초의 바지 제품명으로 '진'을 사용하겠다는 생각은 고려조차 하지 않았다.

진이라고 부르기 시작한 이는 누구인가

지금 우리가 입는 데님팬츠는 데님원단인데 어쩌다 진이라고 불리게 되었을까? 여러 설이 있지만, 당시 신문에 나온 광고를 1870년대부터 100년 정도 순서대로 따라가다 보면 다음과 같은 이야기를 발견하게 된다.

특허를 취득한 이후 리바이스는 '오버롤스'라는 말을 줄곧 사용했다. 하지만 세간에서는 '진'이 작업용 바지를 나타내는 말로 사람들 사이에 정착했다. 여기에는 판매점들의 영향력이 컸다. 그들은 리바이스의 제품만을 취급하지 않으니 당연히 매장에는 여러 제조사가 만드는 다종다양한 제품이 진열되었다. 전단을 만들 때도 고객에게 설명할 때도 오버롤스라든지 웨스트 오버롤스와 같은 긴 표현이 번거로워 자연스러운 표현으로 부르게 되었다.

2차 세계대전 후에 나온 광고에는 '오버롤스'와 '진'이라는 두 표현이 나란히 쓰인다. 그리고 이후에 어느 제조사에서 생산되었든지 상관없이 데님팬츠 전체를 짧고 편한 '진'이라는 이름으로 부르게 되지 않았을까 추측한다.

리바이스 입장에서는 난처했을 게 분명하다. 고품질을 자랑하는 자사의 주력제품에 품질이 낮은 이미지를 지닌 이 말이 사용되는 일이 달갑지 않았을 테니 말이다.

하지만 별수 없이 사회 움직임에 리바이스는 보조를 맞추게 된다. 1941년 가격목록에 방축가공한 '샌퍼라이즈드 진 sanforized jeans'이 게재된 것이다. 또한 '레이디 진'이라고 불리는 제품이 광고에 등장한 적도 있는데 이 광고를 정말로 리바이스가 내놓았는지는 확실하지 않다. 어찌 되었든 이는 예외적인 광고이며, 결국 리바이스는 1966년 무렵까지 오버롤스라는 표현을 꾸준히 사용하며 진이라 불리는데 저항했다. ●

NOTICE

EFFECTIVE JUNE 30, 1941

ADVANCE IN PRICES

In addition to the Rebate Items on the enclosed price list, the following prices on Men's, Boys' and Ladies' Jeans will also be effective:

Lot 100	Boy's Blue Denim, sizes 4/16	$ 8.87½
Lot 68	Men's Blue Denim, sizes 28/42	13.50
Lot 84	Men's Black Twill, sizes 28/42	18.50
Lot 107	Boy's Sanforized Jeans, Swing Pockets, 4/16 . . .	10.50
Lot 67	Men's Sanforized Jeans, Swing Pockets, 28/42 . .	14.25
Lot 63	Ladies' Sanforized Slacks Button Side, 8/20 . . .	14.25

Avail yourself of this opportunity to complete your stock before these prices become effective.

LEVI STRAUSS AND COMPANY

Prices Subject to Change Without Notice

(❷-❻) 리바이스의 상품목록 첨부용지(1941)

특허 취득을 목전에 둔 1873년 4월, 제이컵 일가는 네바다에서 샌프란시스코로 이주했다. 첫 제품 로트lot(생산이 이루어지는 한 묶음의 단위)를 납품한 것은 그로부터 한 달 조금 넘게 지난 6월 2일이었다.

원단은 덕과 데님으로 두 종류였다. 원단을 들여온 지 사흘 후에 바로 10온스의 하얀 덕원단으로 첫 주문이 들어온다. 그리고 같은 달 15일에는 데님도 매수인이 정해진다. 이 첫 납품 로트는 아무래도 외주로 제작된 듯하다. 봉제 작업자가 집에서 재봉한 바지를 제이컵이 회수해 수작업으로 리벳을 달지 않았을까 싶다. 하지만 이런 외주방식은 오래 지속되지 못해 7월 15일에는 본사에서 몇 블록 떨어진 마켓 거리 일각에 공장을 마련하게 된다.

이 공장에 관한 정보는 많지 않았는데 린 다우니의 리서치에서 주소를 확인하고 그 자취를 좇게 되었다. 그 결과 가장 먼저 이곳이 매물로 나왔을 때의 광고를 발견할 수 있었다(❷-❼). 광고에 따르면 부지 면적은 13×30미터였다. 제조에 적합하다고 적혀 있지만 스팀 동력 등은 없었던 듯하다. 그렇다면 재봉틀은 페달식이었다는 말이 된다. 특별한 설비나 공사도 필요하지 않아 바로 공장으로 가동할 수 있는, 작업장이라는 표현이 더 어울리는 작은 공장이었다.

단 리바이스가 이 장소를 제이컵의 리베티드 팬츠를 위해 확보했는지는 단언할 수 없다. 이 매물광고는 제이컵이 리바

TO LET—SECOND FLOOR OF NOS. 413 and 415 Market street, being 44x100 feet in clear, suitable for manufacturing purposes. Apply to J. S. VAN WINKE, on premise-. m2·1m

(❷-❼) 작업장 임대광고(1872.5.4)

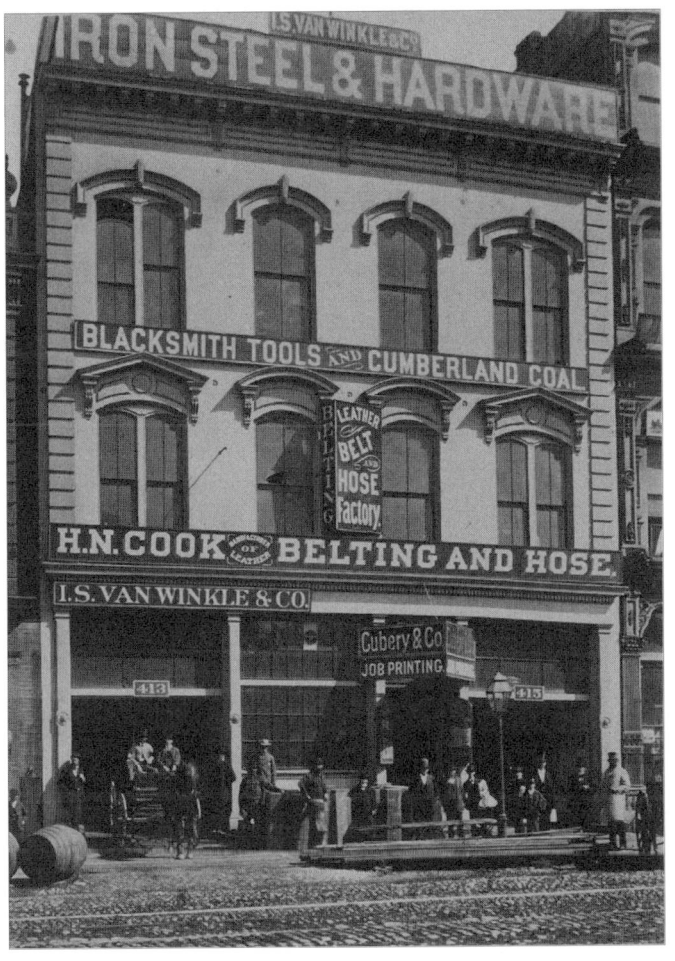

（❷-❽）마켓 공장 건물 외관（1880）

이에게 편지를 보내기 전에 나왔기 때문이다. 그 무렵부터 계속 비어 있었는지 혹은 어떤 시점부터 리바이스가 빌리기 시작해 다른 용도로 사용했는지 실상은 알 수 없다.

당시 이 공장의 외관을 촬영한 사진이 우연히 남아 있었다(❷-❽). 1880년에 촬영했다는 정보를 신뢰한다면 이 해에 리바이스의 공장은 이 건물 2층에 있었을 텐데 이름을 내건 간판은 보이지 않는다.

회사명이 게재되지 않은 모집 기사와 간판이 걸려 있지 않은 외관. 이러한 상황에서 짐작하건대 이 최초의 공장은 리바이스를 위한 장소라기보다 '리바이스가 제이컵을 위해 마련한 제조시설'이었을 가능성이 짙다.

이곳은 리바이스의 전속 공장 격으로, 경비나 특허분쟁 등 관리 경영상의 모든 문제는 리바이스가 담당했다. 제이컵은 봉제 직원의 채용, 재봉틀 선정과 같은 일까지 맡으며 제조 공장의 감독 책임자였으리라 추측된다.

사장인 리바이 본인이 당시 무슨 생각을 품었는지는 알 수 없지만, 적어도 그가 한 일은 이 공장을 방문해 바지가 잘 만들어지는지 보는 일이 아니라 배터리 거리 본사에서 경영자로서 전체를 지휘하는 일이었다.

당시의 구인광고를 따라가니 공장 설립 당시의 모습을 알 수 있었다. 먼저 7월 13일부터 사흘 동안 처음으로 열 명의 직공을 모집하는 기사(❷-❾)가 등장한다. 이 구인광고에서는 "특정 회사의 재봉틀 취급에 자신이 있는 여성"이라는 조건이 달렸다. 다음 7월 20일부터 사흘 동안 추가로 쉰 명을 모집한다(❷-❿). 그리고 조금 간격을 두었다가 8월 8일부러 사흘 동안 스물다섯 명을 추가모집한다〔❷-⓫〕. 참고로 모집광고에 리바이스의 이름은 없었다.

에드 크레이의 『리바이스』에는 "최초의 공장은 예순 명으로 시작했다."라고 적혀 있다. 따라서 이 세 번에 걸친 모집을 통해 총 예순 명 정도를 모았다는 말이 된다.

흥미로운 점은 두 번째 이후의 모집에서는 "재봉틀을 가지고 올 수 있는 여성 봉제사"라는 조건이 붙었다는 점이다. 재봉틀 기종은 싱어Singer Corporation의 No.2 혹은 그로버앤드베이커Grover & Baker의 No.1이었다. 즉 처음 열 명분의 재봉틀만 공장에서 준비했다. 리바이스 최초의 공장은 이렇게 최소한의 설비를 갖추고 리스크를 낮춘 형태로 시작되었다.

쉰 명 규모의 두 번째 모집 당시 채용조건에 있던 재봉틀 기종인 싱어 No.2와 그로버앤드베이커 No.1의 외관은 〔❷-⓬〕〔❷-⓭〕와 같다. 이렇게 단순한 재봉틀이 리바이스의 초기 리베티드 팬츠를 만들어냈다. 이 무렵 제작된 오버롤스 사양에 대해서는 이제부터 상세히 검증해보자.

〔❷-❾〕첫 열 명 모집(1873.7.13~15)

〔❷-❿〕두 번째 쉰 명 추가모집(1873.7.20~22)

〔❷-⓫〕세 번째 스물다섯 명 추가모집(1873.8.8~10)

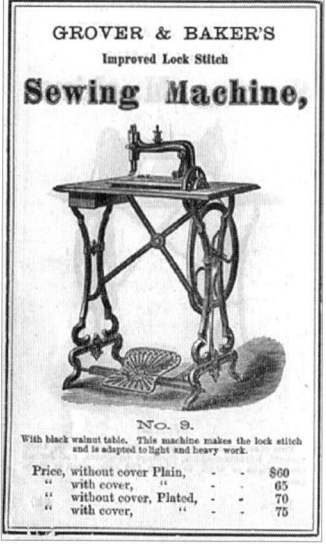

〔❷-⓬〕싱어의 재봉틀. No. 2는 이 모델에 나무상자 덮개가 추가되었다.

〔❷-⓭〕그로버앤드베이커의 재봉틀. 이 모델은 No. 9이며 No. 1의 개량 모델이다. No. 1의 일러스트는 발견하지 못했다.

제이컵표 오버롤스

디자인

    1870년대 리바이스에서 제조되었고 블루진의 원형이라고 할 수 있는 오버롤스의 일례를 일러스트로 소개한다(❷-❶❹). 먼저 전체적으로 감도는 분위기는 '맞춤양복 느낌'이다. 스티치 간격이 좁고, 허리에는 사선으로 덧댄 요크에 일부러 주름을 넣어 엉덩이 모양에 맞도록 고심한 흔적이 있다.

    이 시기의 바지 특징이라고 얘기한 맞춤양복 느낌이란 '수작업의 흔적'이라고 해도 좋다. 분업이 아니라 한 사람이 한 벌씩 완성했기 때문인지 공장 생산품이라고는 해도 기술자가 작업한 느낌이 세부에 담겨 있다.

    백포켓은 오른손 쪽에 하나만 있다. 바지는 서스펜더[☑]를 걸어 착용하고 허리는 백스트랩 back strap으로 조절한다. 벨트고리는 없다. 회중시계를 넣기 위한 작은 주머니(워치포켓)가 오른손 앞 상당히 위쪽에 부착되어 있다.

    리벳은 동그라미로 표시했는데 각 포켓의 입구 양 끝에 하나씩 그리고 플라이 fly(바지의 여밈 부분) 하단에 하나 부착되어 있다. 플라이의 리벳은 가랑이 리벳이라고도 불리는데 엄밀하게 따지면 가랑이가 아니다. 또한 일러스트로는 알 수 없지만, 앞 포켓의 내부 주머니(포켓주머니)는 본체와 같은 생지 원단으로 만들어졌다.

    바지에는 모두 가죽 소재의 라벨이 바느질되어 달려 있

☑   허리나 가슴 윗부분의 덧댄 부분에 연결해 어깨에 걸쳐 고정하는 끈을 말한다.

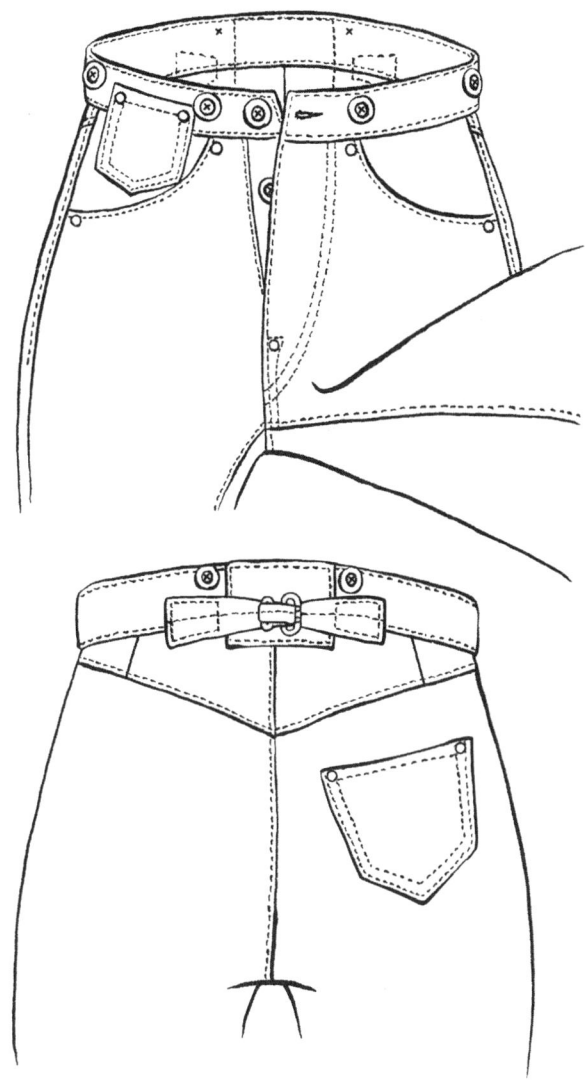

〔 **②**-**❶❹** 〕 1870년대 초기의 리바이스 팬츠

고, 특허를 취득한 바지라는 사실이 그 안에서 강조되었다. 라벨 부착 위치는 처음에는 허리와 등 쪽의 중심이었지만, 나중에 옆쪽으로 옮겨졌다. 스트랩에 라벨이 가려졌기 때문일까? 위치를 변경한 시기는 알 수 없다.

앞서 언급했듯 제이컵이 달았던 '특허출원 중'이라는 라벨이 이 가죽 라벨의 원형으로 보인다. 라벨이 바깥쪽에 달려 있어 다른 사람에게 그대로 노출되는 데다가 소유자가 쉽게 뗄 수도 없다. 현대에는 워낙 익숙하다 보니 그다지 특별하게 여겨지지 않지만, 생각할수록 대담한 아이디어다. 당시 작업복이 의류라기보다 덮개(커버)에 지나지 않았다고 생각하면 납득이 되는 면도 있다.

단추는 손으로 다는 금속 단추에서 택tack 단추☑라고 불리는 리벳식 단추로 바뀌는데 그 시기는 알 수 없다.

최초의 가죽 라벨

이 무렵 리베티드 제품에는 오버롤스 외에 베스트, 양복 길이의 헌팅코트도 있었다. 이러한 제품에는 어떤 라벨이 부착되었을까?

이 책을 집필하기 시작했을 때 1870년대 중반 제품으로 보이는 덕원단 소재에 소매가 달린 헌팅베스트를 실제로 볼 좋은 기회가 있었다.

이 헌팅베스트의 라벨은 가죽 크기가 가로 3인치, 세로 1.75인치였다. 변색하기 쉬운 빨간 잉크로 프린트되어 있었기에 육안으로는 판별할 수 없는 상태였다. 그래도 그 가죽 라벨에서 겨우겨우 글자를 판독한 것이 (❷-❹❺)다. 유명

☑   한국에서는 흔들이 단추 등으로 불린다.

한 두 마리 말 로고를 비롯해 무늬 같은 것은 볼 수 없다.

　글자체 판별까지는 어려웠으므로 정보로 여기기를 바란다. 마찬가지로 레이아웃이나 글자 크기 등도 이 일러스트에 그려진 것과 동일하지 않다.

　이와 비슷한 또 한 종류의 라벨이 존재한다. 그 라벨은 이중 테두리인 데다가 특허 재등록일인 '1875년 3월 16일'이 명시돼 있다. 〔❷-❶❺〕의 라벨에는 이 날짜가 적혀 있지 않으므로 오버롤스에 부착한 최초의 라벨이 〔❷-❶❺〕이며 두 번째 특허등록 이후에 이중 테두리 라벨이 제작되었다고 추측할 수 있다.

　주목할 점은 베스트인데도 바지용 라벨이 붙어 있었다는 점이다. 라벨 중앙부에는 '덕 앤드 데님팬츠DUCK & DENIM PANTS'라 쓰여 있다.

　최초의 특허대상은 팬츠뿐이었기 때문에 이처럼 표기할 수밖에 없었다. 이후 1875년에 재등록하면서 리벳이 달린 의복 전체가 특허권 대상이 되어 그 후에 부착한 라벨에는 '덕 앤드 데님 클로딩DUCK & DENIM CLOTHING'이라고 표기하게 된 듯하다.

　참고로 이 무렵의 바지 라벨에는 허리 치수가 손 글씨로

LEVI STRAUSS & CO.,

14 & 16 Battery St.,

SAN FRANCISCO, CALIFORNIA

Sole Proprietors and Manufacturers of the

PATENT RIVETED DUCK & DENIM PANTS

Secured by Letters Patented May 20, 1873

EVERY PAIR GUARANTEED

None Genuine Unless Bearing This Label

Any infringement of this Patent will be prosecuted to the fullest extent of the law. Label Copyrighted.

Waist　　　　　　　　　Length

〔❷-❶❺〕 최초의 라벨 추정도

적혀 있었다. 지금처럼 실제 허리둘레 치수가 아니라 앞판 또는 뒤판의 허리 부분, 즉 평평하게 놓았을 때의 표면 치수다. 결과적으로 실제 허리둘레 치수의 절반에 가까운 치수가 표기된 셈이다.

리벳

특허가 유효한 시기였던 1873년부터 1890년 사이의 리벳〔❷-⓰〕을 살펴보자. L.S. & CO. S.F. PAT MAY 1873이라는 글자를 확인할 수 있다. 1873년 5월부로 샌프란시스코의 리바이스트라우스앤드컴퍼니에 특허권이 생겼다는 의미다. 이러한 내용을 기재해두면 제품을 모방하고 싶어 할 제삼자로 하여금 특허취득물이라는 정보를 인식시킬 수 있다. 더군다나 특허취득일이 명기되어 있어 유효기간도 확인하기 쉽다.

초기 리벳 제품 가운데 흥미로운 아이템이 있다.〔❷-⓯〕의 라벨이 부착된 헌팅 베스트에는 소총의 탄피를 넣기 위한 작은 포켓이 마흔두 개나 달려 있었다. 그 포켓 입구 하나하나가 리벳으로 고정되어 있었다. 베스트 전체에 총 쉰 개나 되는 리벳이 사용된 셈이다. 리벳의 보강효과보다도 리벳 의류임을 강조하는 의미가 강한 제품이다.

〔❷-⓰〕특허 유효기간에 제작된 리벳

아큐에이트 스티치

리바이스의 초기 오버롤스에는 아큐에이트accuate 스티치가 들어가지 않았던 시기가 있다고 생각한다.

아큐에이트 스티치란 엉덩이 주머니에 재봉틀로 바느질된 장식 스티치를 말하며 리바이스의 대표적 특징으로, 이중 아치 모양(일필휘지로 그린 갈매기와 같은 곡선)을 재봉틀로 넣은 단순한 도안이다.

당시 워크팬츠의 백포켓에 스티치를 넣는 일 자체는 특별한 일이 아니었다. 그러니 리바이스도 다른 회사와 마찬가지로 특정 무늬를 넣어 타사와의 차이를 꾀하려고 했다. 개인적으로 느끼는 아큐에이트 스티치의 '리바이스다움'은 이중이라는 점이다. 워크팬츠에 적용된 다양한 스티치를 보았는데 이중으로 된 도안은 리바이스 말고는 본 적이 없다.

이 스티치가 1873년 초부터 사용되었다는 이야기를 종종 듣다가, 마이클 A. 해리스의 책에서 스티치가 없는 세 벌의 바지 실례를 확인할 수 있었다. 충분한 자료가 없어 그 이상의 내용은 확인할 수 없다는 점이 아쉽다.

그런데 아큐에이트 스티치의 1873년 시작설은 어디에서 왔을까? 그 근거를 찾아가다 보면 특허청의 상표등록에 이른다(❷-❹❼). 이 자료에 따르면 확실하게 더블 아큐에이트는 1873년부터 사용했다고 나온다. 단 상표 기재 내용은 기본적으로 자진신고제다. 감사를 실행해 확인된 정보만 기재하지는 않았다는 말이다.

(❷-❹❼)의 상표등록을 신청한 해는 2차 세계대전 중이

Registered Nov. 16, 1943

Trade-Mark 404,248

Republished, under the Act of 1946, April 27, 1948, by
Levi Strauss & Company, San Franisco, Calif.

Affidavit under Section 8 accepted.
Affidavit under Section 15 received, Aug. 31, 1953.

UNITED STATES PATENT OFFICE

Levi Strauss & Company, San Francisco, Calif.

Act of February 20, 1905

Application September 25, 1942, Serial No. 455,769

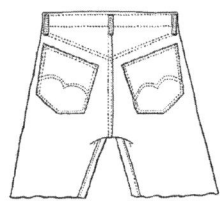

STATEMENT

To the Commissioner of Patents:

Levis Strauss & Company, a corporation duly organized under the laws of the State of California and located at the city and county of San Francisco, State of California, and doing business at 98 Battery Street, San Francisco, California, has adopted and used the trade-mark shown in the accompanying drawing, for WAISTBAND TYPE OVERALLS, in Class 39, Clothing, and presents herewith five facsimiles showing the trade-mark as actually used by applicant upon the goods, and requests that the same be registered in the United States Patent Office in accordance with act of February 20, 1905. The trade-mark has been continuously used and applied to said goods in applicant's business since the year 1873. The trade-mark consists of double arcuate designs of orange color displayed on the hip pockets of the overalls as shown on the drawing. The mark is applied to the overalls by stitching the double arcuate designs on the hip pockets with orange colored thread, or by painting the lines of said design on the hip pockets with orange colored paint.

No claim is made to the exclusive use of the representation of a pair of overalls.

The undersigned hereby appoints Castberg & Roemer, a firm composed of Thomas Castberg and Irving C. Roemer, whose address is 807 Crocker Building, San Francisco, California, and whose registration number is 15,030, as its attorneys, with full power of substitution and revocation, to prosecute this application, to make alterations and amendments therein, to receive the certificate of registration, and to transact all business in the Patent Office connected therewith.

LEVI STRAUSS & COMPANY,
By DANIEL E. KOSHLAND,
Vice President.

던 1942년이었다. 자료 대부분이 1906년 샌프란시스코 대지진 후 발생한 대화재로 소실되었을 시절에 70년도 더 전의 기록이 남아 있었는지는 분명하지 않다.

애초에 왜 70년 동안이나 등록하지 않고 방치했는지 의문이 들지만, 이는 전쟁 중의 리바이스 대응과도 얽혀 있으므로 6장에서 조금 더 깊게 파헤치겠다. 아큐에이트 스티치가 없던 초기 시기가 존재했고, 언제부터 스티치를 넣기 시작했는지는 알 수 없다. 지금으로서는 이 두 가지만 말할 수 있다.

영국과 캐나다에서의 특허취득

1874년이라는 이른 시기에 리바이스는 영국과 캐나다에도 리베티드 제품의 특허를 신청한다. 먼저 1874년 7월 22일에 영국에서 신청한 특허가 (❷-⓮⓯)이다. 놀랍게도 바지 외에 헌팅코트나 베스트의 일러스트까지 포함돼 있다. 같은 해 3월 19일에 캐나다에서 신청한 특허에는 바지 외 제품은 나오지 않았다. 1874년 어떤 시점부터 바지 외의 제품을 만들기 시작했다고 볼 수 있다. 영국 특허신청서는 영국 시장을 의식한 일러스트였을 수도 있다. 이유야 어떻든 육체노동용 워크웨어라기보다는 헌팅 등 아웃도어로 보인다.

PANTS AND VESTS.

PER DOZ.

RIVETED	Brown, Mode and Dead Grass, best 10 oz. Duck Pants.....	$16.50
" "	Brown, Mode and Dead Grass, best 10 oz. Duck Pants EXTRA SIZES....	20.00
" "	Amoskeag Blue Denim Pants	15.50
" "	XX Extra Heavy Blue Denim Pants.....	17.50
" "	XX Extra Heavy Blue Denim Pants, EXTRA SIZES....	21.00
" "	Brown, Mode and Dead Grass, best 10 oz. Duck Pants *(YOUTH)*.....	15.00
" "	XX Extra Heavy Blue Denim Pants *(YOUTH)*.....	15.50
" "	Blanket Lined Brown, Mode and Dead Grass, best 10 oz. Duck Pants.....	35.00
" "	Canton Flannel Lined, Brown, Mode and Dead Grass, best 10 oz. Duck Pants.....	22.
" "	--	
" "	Brown, Mode and Dead Grass, best 10 oz. Duck Hunting Vests	17 ?
" "	Blanket Lined Brown, Mode and Dead Grass, best 10 oz. Duck Hunting Vests	22.50

A Discount to the Trade

A.D. 1874, 22nd July. N° 2560.

Pocket Fastening.

LETTERS PATENT to Jacob W. Davis and Levi Strauss, of the City and County of San Francisco, State of California, in the United States of America, for the Invention of "IMPROVEMENTS IN FASTENING THE CORNERS OF POCKETS IN WEARING APPAREL IN ORDER TO PREVENT THEM FROM TEARING, OR THE SEAM FROM RIPPING."

Sealed the 9th October 1874, and dated the 22nd July 1874.

COMPLETE SPECIFICATION filed by the said Jacob W. Davis and Levi Strauss at the Office of the Commissioners of Patents, with their Petition and Declaration, on the 22nd July 1874, pursuant to the 9th Section of the Patent Law Amendment Act, 1852.

5   TO ALL TO WHOM THESE PRESENTS SHALL COME, we, JACOB W. DAVIS and LEVI STRAUSS, of the City and County of San Francisco, State of California, in the United States of America, send greeting.

WHEREAS we are in possession of an Invention for "IMPROVEMENTS IN FASTENING THE CORNERS OF POCKETS IN WEARING APPAREL IN ORDER TO PREVENT
10 THEM FROM TEARING, OR THE SEAM FROM RIPPING," and have petitioned Her Majesty to grant unto us, our executors, administrators, and assigns,

A.D.1874, July 22. N° 2560.
DAVIS & STRAUSS' COMPLETE SPECIFICATION.

FIG.1.

FIG.2.

FIG.3.

FIG.4.

FIG.5.

The filed drawing is not colored.

Drawn on Stone by Malby & Sons

LONDON: Printed by GEORGE EDWARD EYRE and WILLIAM SPOTTISWOODE,
Printers to the Queen's most Excellent Majesty. 1874.

(2-492)

1879년 카탈로그로 보는 XX

〔❷-❶❽〕는 카탈로그가 아니라 정확하게는 도매용 가격 목록을 내가 옮긴 것이다. 1879년이라고 발행연도가 분명하게 나와 있으므로 마켓 공장 시절에 어떤 제품을 만들었는지 엿볼 수 있다. 표지에 J. STRAUSS BRO. & CO.라고 적혀 있는 등 뉴욕에 있는 이복형들의 회사명도 보인다. 내용을 살펴보면 덕 제품이 반 이상을 차지한다. 한편 데님제품 가운데 바지는 두 종류로, '더블엑스 엑스트라헤비 블루데님'과 그보다 약 10퍼센트 저렴한 '아모스키그 블루데님'이 있다. 둘 다 텍스타일 생산의 일대 집약지였던 뉴잉글랜드 지방 맨체스터의 아모스키그방적회사의 원단으로 만들었다.

XX는 아모스키그의 최고 품질 데님을 나타내는 기호다. X가 늘어나면 품질도 높아지니 등급같이 작용하는 기호다. XX는 'extra exceed(매우 훌륭)'의 약자라고 보는 의견도 있지만, 근거는 발견되지 않았다.

당시에 이미 아모스키그 데님을 포함한 면직물은 높은 품질로 명성이 자자했다. 리바이스는 평판이 좋은 XX 브랜드를 자신의 리베티드 팬츠에 붙여 품질을 강조한 듯하다.

〔❷-❶❽〕의 목록으로 돌아가자. 덕 제품에는 브라운, 모드, 데드글래스(마른풀색) 등 세 종류 원단이 있었다. 가격이 모두 같은 걸 보면 단순한 색상 차이로 보인다. 모드 덕 원단에 대해서는 자세한 내용을 알 수 없지만, 당시 가장 많이 유통된 의류용 덕원단의 색상이다.

단명한 뉴욕 공장

제이컵 데이비스의 지휘 아래 대량생산은 순조롭게 이루어졌다. 1873년 말까지는 1800다스, 벌수로 하면 2만 벌 이상의 리베티드 제품이 마켓 공장에서 출하되었다. 그 기세는 이후 3년 동안 이어졌다. 내륙에 있는 유타 준주나 콜로라도 준주 ☑1까지 시장을 확장하더니 서부지역 대부분의 주와 아주 적지만 중서부에까지 고객을 늘려나갔다.

동부 진출의 계기가 된 것은 1876년 5월 필라델피아에서 열린 세계박람회 ☑2 참가였다. 미국 최초로 열린 대규모 페어로 리바이스는 특허받은 리베티드 제품을 대대적으로 소개하고 고객을 개척하는 데 힘을 쏟았다.

그 기세를 타고 뉴욕의 이복형 조너스 쪽에서 동부에 공장을 세우는 계획이 시작되었다. 샌프란시스코에서 뉴욕으로 제품을 역수입하기보다 애초에 동부 공장에서 만들면 운송비를 절약할 수 있지 않겠느냐는 경영 판단에서였다.

1876년 후반 공장 설립 시에는 제이컵 데이비스도 뉴욕으로 가서 리벳 부착 작업을 지원한다. 이곳에서 제작된 리베티드 의류는 공장이 있는 뉴욕은 물론 미주리나 와이오밍에서까지 판매되었다.

이 동부 공장과 관련된 정보는 거의 없어, 이후 어떻게

☑ 1 유타 준주는 1850년 9월 9일부터 주로 승격이 인정된 1896년 1월 4일까지, 콜로라도 준주는 1861년 2월 28일에서 주로 승격한 1876년 8월 1일까지 존재한 미국의 자치적 영토다.

☑ 2 미국의 독립선언 100주년을 기념해 필라델피아에서 '1876년 100주년 국제 전시회(Centennial International Exhibition of 1876)'라는 이름으로 열린 세계 박람회를 말한다. 이 박람회에서 국가관과 함께 '여성관'이 처음으로 개설되었으며 그레이엄 벨의 전화기, 필로 레밍턴의 타자기, 하인즈 케첩도 이 박람회에서 처음 등장했다.

되었는지 전혀 알 수 없다. 그렇지만 조너스가 이끈 제이스트 라우스앤드컴퍼니는 1885년 조너스의 사망과 함께 해체되었으므로 이때까지 공장을 운영했다고 해도 9년밖에 이어가지 못한 셈이 된다.

대불황과 폭동

1877년이 되자 리바이스의 매출에 그늘이 드리워지기 시작한다. 기록에도 남을 만큼 심각했던 세 번째 특허침해를 경험하게 되면서다. H.W.킹앤드컴퍼니H.W.King and Co.가 만들기 시작한 리베티드 의류의 영향으로 리바이스는 매출이 큰 폭으로 하락한다. 이에 킹을 상대로 소송을 벌이지만 킹은 리베티드 팬츠의 제조·판매를 끈질기게 이어갔고 재판은 4년 가까이 이어졌다.

1877년의 매출부진은 리바이스에만 국한된 것이 아니었다. 유럽에서 불똥이 튄 대불황☑의 영향으로 1875년 샌프란시스코에서는 캘리포니아은행이 도산했고 이를 발단으로 지방은행들이 연쇄도산했다. 더군다나 엎친 데 덮친 격으로 이듬해부터 가뭄이 시작되어 식료품 물가가 급등했으며 거리에는 구직자가 넘쳐났다.

당시 샌프란시스코는 제조업 전성기였다. 사업주 수가 미국 전체 도시 가운데 1, 2위를 다툴 정도였다. 하지만 도시에 불온한 기운이 감돌더니 1877년 여름에 차이나타운에

☑ 　장기불황(Long Depression)이라고도 불리며 1873년에 발생해 1896년까지 유럽과 미국을 휩쓴 세계 경제 위기를 말한다. 1873년 오스트리아의 빈 증권 거래소에서 주가가 대폭락해 증권 거래가 정지되면서 시작된다. 이 거래소 공황이 신용 공황의 원인이 되어 미국, 이탈리아, 네덜란드, 에스파냐, 독일 등의 증권거래소에까지 파급되어 불황을 불러왔다.

서 대규모 폭동이 일어난다.

중국인 이민자는 힘든 일을 낮은 임금으로 맡아왔기 때문에 불황이 될수록 일이 넘쳐났다. 이것이 백인 노동자의 일을 빼앗는 결과를 낳아, 중국인에게 분노의 화살이 향했고 그들을 고용하는 제조업 회사도 비난의 표적이 되었다.

(❷-❷⓪)의 가격목록에 나온 인물 일러스트 옆에 찍혀 있는 MANUFACTURED BY WHITE LABOR(백인 노동자가 만듦)라는 문구는 이러한 정세에서 리바이스가 백인 노동자를 지지한다고 강조할 방편으로 넣었다고 보인다.

중국인 이민자가 아닌 백인 노동자를 고용한다는 방향성을 당시는 '홈 인더스트리home industry'라는 말로 표현했다. 보통 '가내공업'이라는 뜻으로 쓰이는 말인데 이때는 도메스틱이라는 의미로 백인 노동자 자체를 말했다. (❸-❸)(110~111쪽)은 이 대불황 시기로부터 20년 가까이 지난 1897년 무렵 인쇄되었다고 추정되는 전단이다. 시간이 제법 흘렀는데도 제목에 홈 인더스트리라는 표현이 들어간 것을 볼 수 있다. 어떤 노동자층을 고용하느냐 하는 문제는 오랫동안 샌프란시스코의 제조업자를 고뇌에 빠뜨렸다.

데님팬츠의 디자인 재고

1877년에는 마켓 공장의 작업장이 확장되었다. 에드 크레이에 따르면 이때 제이컵은 타사 제품과의 차이(우위)를 강조하기 위해 다음과 같이 리베티드 데님팬츠의 디자인을 개정했다.

1. 당시 가장 무거운 9온스 아모스키그 데님원단
2. 리벳에 맞춘 오렌지색 리넨실
3. 아큐에이트 스티치를 넣은 백포켓

물론 데님 외에 10온스 덕원단도 있었는데, 관련한 내용은 찾지 못했다. 데님팬츠의 이러한 변경 사항이 그해부터 일괄적용되었는지 아니면 그전까지 부분적으로 적용되던 사양을 표준화했는지 알 수 없다. 사실 에드 크레이가 제시한 이 정보 자체를 뒷받침할 근거가 없다.

1880년대 가격목록 파헤치기

제품별 가격목록(❷-❷❶)을 살펴보자. 발행일은 적혀 있지 않지만, 가격에서 추측하건대 1880년대 전반 무렵에 배포된 전단이지 싶다. 근거로 삼기에는 약하지만 이 가격목록이 들어 있던 봉투에 붙은 우표도 비슷한 시대의 것이다.

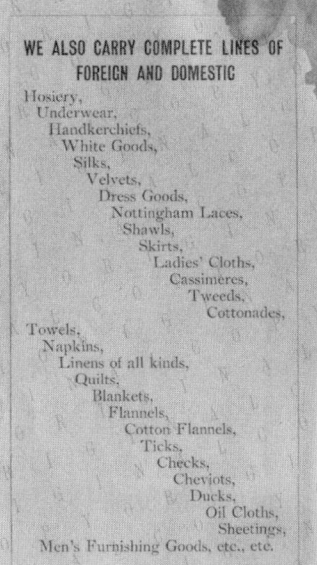

WE ALSO CARRY COMPLETE LINES OF
FOREIGN AND DOMESTIC

Hosiery,
Underwear,
Handkerchiefs,
White Goods,
Silks,
Velvets,
Dress Goods,
Nottingham Laces,
Shawls,
Skirts,
Ladies' Cloths,
Cassimeres,
Tweeds,
Cottonades,
Towels,
Napkins,
Linens of all kinds,
Quilts,
Blankets,
Flannels,
Cotton Flannels,
Ticks,
Checks,
Cheviots,
Ducks,
Oil Cloths,
Sheetings,
Men's Furnishing Goods, etc., etc.

PRICE LIST
—OF—
PATENT RIVETED
CLOTHING

SEWED WITH BEST LINEN THREAD

MANUFACTURED BY WHITE LABOR

MANUFACTURED ONLY BY
Levi Strauss & Co.
14 & 16 BATTERY STREET,
SAN FRANCISCO, CAL.

RIVETED PANTS.

	Per Doz.
Mode 10-oz. Duck, regular sizes	$ 9.00
" " " extra "	10.50
Blue 9-oz. Denim, regular "	9.00
" " " extra "	10.50
Mode 10-oz. Duck (Youths')..	8.50
Blue 9-oz. Denim (Youths')...	8.50
Mode 10-oz. Duck (Boys')	8.00
Blue 9-oz. Denim (Boys').	8.00

....
....
....
....

RIVETED JUMPERS AND BLOUSES.

	Per Doz.
Blue 9-oz. Denim, regular sizes	$ 9.00
" " " extra "	10.50
Mode 10-oz. Duck, regular "	9.00
" " " extra "	10.50

....
....
....

RIVETED
10-OUNCE MODE DUCK
BLANKET LINED CLOTHING.

		Per Doz.
R 1 Coats (grey lined)		$25.50
" Pants " "		18.00
" Vests " "		12.00
R 2 Coats " "		30.00
" Pants " "		21.00
" Vests " "		13.50
R 4 Ulsters " "		54.00
R 8 Youths' Coats (grey lined)		19.50
" " Pants " "		15.00
" " Vests " "		10.00
R 5 Coats (scarlet lined)		33.00
" Vests " "		15.00
R 7 Ulsters " "		57.00

....
....
....
....

RIVETED CANTON FLANNEL LINED.

R 9 Mode 10-oz. Duck Pants..		$15.00
R 10 Blue 9-oz. Denim "		15.00

일러스트에는 리벳이 부각되어 그려졌지만, 서스펜더 단추는 생략되어 있다. 또한 워치포켓은 현재와 비교해 꽤 위쪽에 달린 것처럼 묘사되어 있다. 목록에 눈을 돌리면 데님원단은 9온스 한 종류다. XX라는 글자는 발견할 수 없다. 덕원단은 10온스의 모드 한 가지다. 목록에 나열된 아이템 반 이상은 모포 등 안감이 들어간 제품으로 안감이 없는 것은 바지와 더불어 점퍼와 블라우스뿐이다.

여기에서 말하는 점퍼는 우리가 익히 아는 점퍼가 아니다. 뒤집어쓰는 식의 재킷을 말하며 앞판 반 정도만 여닫을 수 있는 형태다. 지금으로 치자면 풀오버 재킷pullover jacket에 해당한다. 또한 블라우스는 길이가 짧은 두꺼운 셔츠를 말하며, 지금의 청재킷을 떠올리면 되겠다.

안감이 있는 리베티드 제품에는 R로 시작하는 품번이 붙었다. 이것은 Riveted의 약자일까? 안감의 색은 회색이거나 스칼릿(빨강)이었던 듯하다. R4나 R7에 있는 얼스터 ulster는 길이가 긴 코트를 말한다. 이렇게 오래된 시대에 제작된 안감이 붙은 의류는 내가 알기로는 서적에 소개된 적이 없으니 아직 알려지지 않은 제품이 존재할 듯하다.

이 가격목록에는 유스용 이외에 보이용이 실려 있었다. 놀이용 옷은 아니었을 것 같다. 당시 아이들은 귀중한 노동 자원이었다. 탄광에서 일하는 소년들의 모습이 과거의 사진에 남아 있으며 동부의 직물공장에서 맨발로 작업하는 어린 소년 소녀의 영상도 많이 볼 수 있다. 좁은 공간을 비집고 들어가거나 빠릿빠릿하게 움직일 수 있는 아이들은 귀중한 일꾼이었다. 그러니 이들이 입을 노동복의 수요도 당연히 있었을 것이다.

미국에서 아동노동에 마침표가 찍힌 시기는 공정노동기준법이 제정된 1938년이다. 그에 앞서 1875년 세계 최초로 아동보호단체가 뉴욕에 창설되어 노동뿐 아니라 구걸이나 길거리 공연 등 일체에 대한 아이들의 참여를 엄격하게 금하도록 호소했다. 리바이 스트라우스는 이 단체의 샌프란시스코 지부 초기 멤버로, 부회장직을 맡는 등 사망하기 전까지 이 단체에서의 활동을 이어왔다.

CHAPTER 3

1885 ~ 1906

공장 이전

제이컵의 리베티드 팬츠 매출은 순조롭게 증가해 리바이스가 제조업에 본격적으로 뛰어들게 된다. 넓은 공장으로 장소를 이전하고, 팬츠 전용 두 마리 말 로고도 탄생시킨다. 이 장에서는 특허기간이 끝난 후의 대책과 시설의 전기화 그리고 대지진으로 이어지는 격동의 시대에 관한 이야기를 다룬다.

1885년 무렵, 공장은 프리몬트Fremont 거리에 있는 건물 최상층으로 이전한다. 말이 이전이지 위치적으로 보면 첫 공장인 마켓 공장 바로 뒤로 옮기는 근처 이사였다. 건물은 4층짜리로 당초에는 도나휴Donahue 빌딩이라 불리다 1893년 '유니언파운드리블록Union Foundry Block'이라는 이름으로 바뀐다. 164쪽에 게재한 도면을 살펴보면 지하에 대형 보일러가 있었고 벽에는 굴뚝형 히터가 있었다.

이 공장에서는 증기를 동력으로 삼아 그 힘을 샤프트 shaft(동력을 전달하는 기계의 축)나 벨트로 전달해 각 재봉틀을 움직였다. 당시로는 근대적인 방식을 도입한 공장이었다. 직공 모집 내용만 보아도 '스팀 봉제'라고 여길 수 있는 항목이 적혀 있다(❸-❶). 신식동력을 도입한 공장이었기 때문에 생산속도도 비약적으로 향상되었다. 자료는 없지만, 새 재봉틀을 도입했으리라 짐작된다. 따라서 새로운 공장에서 나오는 제품은 그전까지의 제품과 비교해 차이점이 있었을 것이다.

이 새 공장을 위한 구인광고에 처음으로 리바이스의 이름이 기재되었으며 이후에는 회사 이름으로 모집이 이루어졌다. 어떤 의미에서는 리바이스의 첫 자사공장이 탄생한 셈이었으니, 리베티드 팬츠의 특허가 끝나기 몇 년 전에 상표로고도 공장도 새롭게 바꾸어 새 시작을 하려 했다고도 볼 수 있다.

이후 구인광고를 살펴보면 1889년에는 당시 최대 규모인 500명을 추가로 모집한다. 이로 미루어 리바이스가 제조회사로서 얼마나 혼신을 다해 사업에 임했는지 알 수 있다(❸-❷). 새로운 공장의 내부 모습이 담긴 전단이 있다(❸-❸). 위쪽 글자는 잘렸지만 제목은 2장에서도 다룬 '홈 인더스트리'라고 되어 있으며 그림 가장 아래쪽에 "이 공장은 500명 이상의 여성에게 일자리를 제공한다."라고 써 있다. 이 대목은 1896년부터 1897년까지 1년 동안 신문광고에 쓰인 익숙한 문구(❸-❹)로, 아마도 (❸-❸)의 전단과 같은 쪽에 인쇄되었다고 보인다. 참고로 같은 시기에 '350명 이상'이라는 다른 광고도 나왔으니 어느 쪽이 실제

> **W**ANTED—100 EXPERIENCED OPE-rators on Levi Strauss & Co's riveted duck and denim pants; steam power; steady work. 415 Market street, third floor.

> **W**ANTED — 500 SEWING MACHINE operators at LEVI STRAUSS & CO'S FACTORY; steam power; Donahue building, 32½ Fremont st.

(❸-❶) 새 공장에서 일할 인원 100명 모집(1886.1.11)
이전하기 전의 공장주소로 모집하고 있다. 증기동력이라고 쓰여 있다.
(❸-❷) 당시 최대 규모 인원인 500명 모집(1889.3.4)
증기동력이라는 단어도 보인다.

SEC
LEVI STRAUSS & C
THIS FACTORY GIVES EMF

（❸-❸）프리몬트 공장의 모습(1897년 무렵)

ON OF
S OVERALL FACTORY.
MENT TO OVER 500 GIRLS.

WHY

Be bothered with inferior goods when you
can get a first-class article if only you
will call for it.

LEVI STRAUSS & CO'S

CELEBRATED COPPER RIVETED

OVERALLS AND SPRING BOTTOM PANTS

Are made of the best materials.
Sewed with the best threads.
Finished in the best style.

EVERY GARMENT GUARANTEED.

FOR SALE EVERYWHERE.

SEND for a picture of our
Factory, we will mail one to you free
of charge.

WE EMPLOY OVER 500 GIRLS.

ADDRESS: LEVI STRAUSS & CO.
SAN FRANCISCO,
CALIFORNIA.

(❸-❹) 리바이스의 광고(1897.6.20)
'500명 이상의 여성 고용'이라고 기재되어 있다.

숫자인지는 명확하지 않다.

다음으로 (❸-❸) 일러스트에서 새로운 공장의 모습을 검증해보자. 여성들이 긴 나무 탁자를 사이에 두고 마주 앉아 블루 원단을 다룬다. 아직 분업생산은 이루어지지 않고 한 사람이 한 벌씩 완성해가던 시절이다. 사용하는 재봉틀은 단순하다. 작업장 안쪽에는 증기동력을 전달하는 커다란 톱니바퀴와 벨트가 있다. 이 벨트가 탁자 아래의 샤프트를 돌려 작업장의 재봉틀을 움직였을 것이다. 좌측 벽 쪽에 보이는 검은 원통형 기둥 다섯 개는 아래층에 있는 증기동력의 굴뚝이나 히터로 보인다.

일러스트에서는 작아서 잘 보이지 않는데 창가에 모자를 쓴 두 명의 남성이 있다. 그림에서 남성은 이들뿐이다. 한 사람은 제이컵, 또 한 사람은 리바이일까? 벽에는 '오버롤스 앤드 스프링보텀팬츠'라고 걸려 있으니 이곳은 틀림없이 오버롤스 제조공장이다. 가장 안쪽에 있는 오두막 같은 곳에서 리벳을 부착했을지 모른다.

두 마리 말 로고의 탄생

1886년 새로운 상표가 등장한다. 그전까지 사용하던 (❷-⓯)(90쪽)의 글자만 들어간 라벨은 사용을 중단하고 도안을 넣게 된 것이다.

이때 두 마리 말이 바지를 잡아당겨 찢으려는 두 마리 말 로고가 일러스트로 들어가는데 이 로고는 현재까지도 사용된다. 이 로고를 상표등록하기 위해 신청서에 넣은 일러스트가 바로 (❸-❺)다. 원본 그대로이므로 작아서 잘 보이지 않아도 양해하기 바란다.

상표등록 정보를 살펴보자. 신청일은 1905년 5월 3일, 신청자는 2대 사장 제이컵 스턴Jacob Stern이다. 리바이 누나의 장남으로 리바이가 사망한 뒤 사장으로 취임한 인물이다. 사용개시일을 1886년 1월 1일로 신고했는데 상표등록은 자진신고제이므로 그 신빙성을 가늠해보아야 한다. 신청일은 1906년에 일어난 샌프란시스코 대지진 이전이며, 신고한 사용개시일도 당연히 그보다 전이다. 이 시점에서 신뢰성이 상당히 높아진다. 대지진 후 일어난 화재로 서류 대부분이 분실되었을 게 분명한데 신청이 지진 후이고 사용 개시의 신고연도가 지진 전으로 되어 있는 경우라면 주의가 필요하다.

날짜까지는 확인할 방법은 없지만, 두 마리 말 로고가 등록된 해가 1886년이라고 해도 큰 문제는 없다. 그리고 이를 뒷받침하듯이 그해 1월 리바이스는 봉제공 100명(숙련자)을 모집했다.

두 마리 말 로고는 리베티드 팬츠를 위해 디자인된 상표다. 제이컵에게 일임했던 이전까지의 자세에서 벗어나 리바이스가 적극 나서는 움직임이 보인다.

새로운 상표는 영어를 읽고 쓰지 못하는 몇몇 사람도 일러스트 심벌을 단서로 리베티드 팬츠를 찾아낼 수 있다는 이점을 불러왔다.

실제로 몇 년 후의 일이지만, 한 업계 잡지에 당시 리바이스의 간부가 한 이야기가 기사로 게재되었다. "애리조나의 광

Witnesses: Proprietor
F. C. Fliedner   Levi Strauss & Co.
                                        By Geo. K. Strong, atty.

（❸-❺）두 마리 말 로고 상표등록（1906）

부들은 리바이스의 오버롤스를 '두 마리 말'이라는 심벌로 인식한다." 영어를 읽고 쓸 수 없는 멕시코인 광부가 염가로 나온 리베티드 팬츠를 살 때 두 마리 말이 인쇄된 라벨을 실마리로 찾았다는 증언도 있다.

동종업계 타사도 참전한
잡아당겨 찢는 라벨 경쟁

그전까지는 글자만 들어갔던 라벨에 갑자기 말 일러스트가 들어가니 느닷없다는 인상을 받을지도 모르겠다. 그렇지만 실제로는 1880년대에 샌프란시스코의 동종업계에서는 공을 들여 만든 일러스트 라벨이 연이어 쏟아져 나왔다.

〔❸-❻〕에 그 변모를 소개했다. 리바이스는 두 마리 말 로고를 내놓기 전에 1881년 '그리즐리 클로딩grizzly clothing'이라는 제품에 일찍이 곰 일러스트를 넣었다. 이는 거의 알려지지 않은 시리즈인데 〔❷-❷⓪〕(103쪽)에서 소개한 안감이 부착된 R 품번이지 않았을까 싶다.

잡아당겨 찢으려고 해도 찢어지지 않는 모습을 일러스트로 표현한 아이디어는 샌프란시스코의 동종업계에서는 1884년 엘커스Elkus가 처음 사용했다. 그리고 1886년 이를 과장한 것이 리바이스의 두 마리 말 로고다.

이 두 마리 말을 뛰어넘을 만큼 강도적으로 튼튼한 이미지를 원했던 뉴스태드터브러더스Neustadter Brothers, 하이네만Heinemann, 콘cone 등도 잇따라 로고를 만든다. 어떻게 보면 짓궂은 장난처럼 느껴지지만, 경쟁사들이 모두 이 상황을 즐기는 듯한 광경이다.

참고로 캘리포니아 회색 곰을 뜻하는 그리즐리는 안타깝게도 골드러시 당시에 해를 끼치는 짐승으로 여겨져 퇴치되었기 때문에 리바이스에서 그리즐리 클로딩 제품 시리즈가 나왔을 무렵에는 거의 멸종 상태였다. 1911년에 인정받은 캘리포니아 깃발에 이 그리즐리 그림이 들어갔는데, 그 원형은 캘리포니아 공화국의 깃발에 넣은 '베어 블랙'이었다. 캘리포니아가 미합중국에 흡수되기 직전, 겨우 25일 동안만 존재한 단명 국가의 깃발 심벌로, 용기의 상징으로 여겨진다.

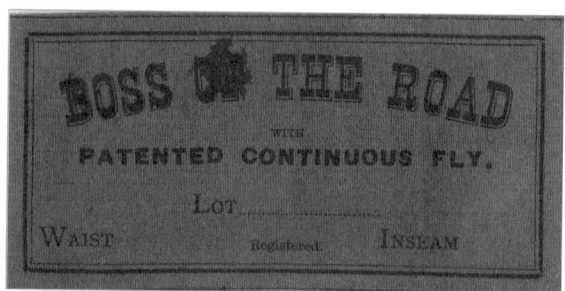

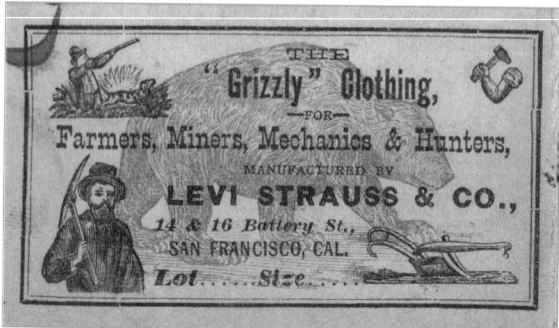

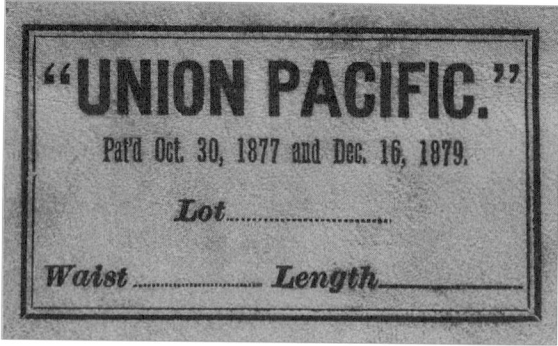

(**❸-❻**) 경쟁사가 신청한 상표의 예. 모두 상표등록 당시에 제출한 라벨 실물이고,
괄호 안에는 신청일이 적혀 있다.
뉴스태드터브러더스(1880.11.20)
리바이스트라우스앤드컴퍼니(1881.7.9)
뉴스태드터브러더스(1882.3.9)

L.엘커스앤드컴퍼니(1884.8.8)
앨버트 엘커스(1885.12.16)

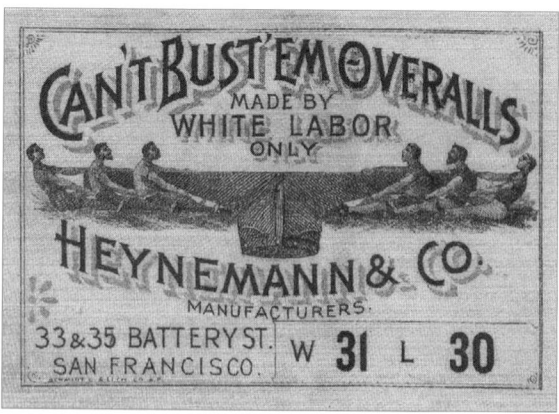

하이네만앤드컴퍼니(1889.11.23)

L.엘커스컴퍼니(1894.1.8)

하이네만앤드컴퍼니(1894.4.17)

M.콘앤드컴퍼니(1897.2.12)
뉴스태드터브러더스(1899.2.13)

두 마리 말 로고의 원조

1886년 새롭게 사용을 개시한 두 마리 말 로고는 샌프란시스코뿐 아니라 미국 전체를 대상으로 조사해보면 같은 시기에 비슷한 디자인이 등장했다는 사실을 알 수 있다.

〔❸-❼〕은 인디애나 후셔Hoosier Manufacturing Co.의 상표로, 이 회사 역시 오버롤스 제작사다. 상표등록 데이러는 발견하지 못했다. 그렇지만 처음으로 신문에 광고가 게재된 시기는 1886년 3월임을 알 수 있다. 바지 다리 부분 양쪽을 두 마리의 당나귀가 잡아당겨 찢으려고 하는 디자인이다. 왼쪽 인물의 대사는 "찢을 수 없을걸！CAN'T RIP THEM"이다. '두 마리 말 로고'가 아닌 '두 마리 당나귀 로고'라고 해야 할까. 리바이스의 두 마리 말 로고와 구도가 완벽하게 같다.

나아가 오래된 신문을 거슬러 올라가다가 1882년 풍자화에서 후셔의 라벨과 똑같은 디자인을 발견했다(❸-❽). 이 라벨은 로지봉주르Rosie Bonjour 스튜디오에서 만들었다는 에칭화다. 두 마리 당나귀, 찢으려고 하는 바지 그리고 대사 내용까지 빼다박았다. 좌우가 반전되어 있다는 점만 다르다.

이 풍자화는 정치적인 내용을 담고 있다. 기사에 따르면 두 마리 당나귀는 각각 민주당과 금주당, 찢으려고 하는 바지

SKETCHES OF THE TIMES.

Two Gems From the Pantagraphic Art-Gallery.

—The PANTAGRAPH presents, this morning, two sketches from life, which will eli rapturous criticism of all lovers of the truly artistic. They are the work of two each the master of his own particular field in the pictorial science.

The first sketch is a water-color etching from the studio of Rosie Bonjour. It repr the Democracy and the Prohibition party seeking to rend asunder the garments of R caulam, under the direction of Jerry Nichols and Brother Bradshaw. Brother Brads driving team for Adlai. Jerry may be recognized by the slouch of his hat and the g ir of Christian honesty and endeavor that overspreads his countenance, mingled wit ness, as he remarks to his companion, "Can't rip them." Jerry is right in his opinio an't rip. The garment is more than twenty years old, but it is sound from waistb oot, and is especially tough and solid about the bosom.

CAN'T RIP THEM.

（❸-❼）후셔의 상표 예（1886）

（❸-❽）신문에 실린 풍자화（1882）

는 공화당을 나타내며 아무리 공화당을 찢으려고 해도 소용없다는 의미가 된다. 미국에서는 오래전부터 민주당을 당나귀에 비유해왔다. 그러니 아무래도 후셔의 당나귀 일러스트가 먼저 나왔고 그것을 본 삽화가나 기자가 풍자화에 사용해야겠다고 마음먹었을 것이다.

덧붙이자면 후셔와 리바이스의 마크는 바지를 찢는 방식이 다르다. 후셔는 바지 밑단을 당겨 플라이 부분을 찢지만 리바이스는 허리 부분을 찢는다. 리바이스의 바지는 플라이 하단에 리벳이 박혀 있으므로 허리 부분의 잡아당김에 강하다. 반대로 가랑이 찢기에 대해서는 트레이드마크로 삼을 수 있을 만큼 보강이 되어 있지 않다. 리바이스가 후셔의 마크를 따라했다기보다 자사의 강점을 당당하게 일러스트로 내보였을 뿐일 수도 있다. 하지만 아무리 우연이라고 해도 마크가 완전히 똑같다는 점에는 놀라게 된다. ●

특허종료와 염가판 No.2의 투입

1890년 제이컵 데이비스의 특허 유효기간이 끝나면 이후에는 누구나 리벳을 박은 의류를 판매할 수 있게 된다. 경쟁사 제품이 리바이스의 제품보다 저렴한 가격대로 압박할 것은 불을 보듯 뻔했다. 이에 대항하기 위해 리바이스는 데님 제품에만 염가판을 투입했다. 그리고 그전까지 최상등급에 속했던 데님 라인을 XX, 염가판 라인을 No.2라 구분한다. 이들 제품은 1880년대 말에 이미 시장에 나와 있었을 것이다. 그 무렵의 가격목록을 (❸-❾)에 소개했다. 날짜는 없지만, 1890년대 초반 무렵의 목록이라 추정된다. 새로운 공장으로 이전한 뒤의 첫 가격목록일지 모른다. 품번은 아직 없지만, No.2와 XX의 제품군이 분명하게 나뉜다는 사실을 알 수 있다. 데님 무게는 모두 9온스지만 No.2는 XX보다 튼튼하지 않은 바느질법으로 만들어진 듯, 가격은 20퍼센트 싸게 책정되어 있다. XX 데님 중에는 회색도 있다고 적혀 있는데 지금까지 알려지지 않은 원단이라 궁금하다.

이 무렵의 팬츠를 실물로 보면 XX의 허리 라벨이 가죽인데 반해, No.2는 리넨에 빨간색으로 크게 No.2라는 글자가 들어가 있다. 단추나 버클도 XX보다 저렴해 보이는 제품을 사용했다. 이렇게까지 2급품이라고 과시하는 제품을 사는 사람이 있었을까? 약간은 의아하지만, 저렴한 가격을 우선시하는 고객층의 존재를 확신한 결과였을 것이다.

Spring Bottom Pants.

	Per Doz.
9 oz. Blue and Gold Mixed Denim	$11.75
9 oz. " " " " Extra sizes	13.00
9 oz. " " " " Youths'	10.30
9 oz. Grey Twilled	11.75
9 oz. " " Extra sizes	13.00
9 oz. " " Youths'	10.50

COATS.

9 oz. Blue and Gold Mixed Denim	11.00
9 oz. " " " " Youths'	8.75
9 oz. Grey Twilled	11.00
9 oz. " " Youths'	8.75

VESTS.

9 oz. Blue and Gold Mixed Denim	6.75
9 oz. " " " " Youths'	5.75
9 oz. Grey Twilled Denim	6.75
9 oz. " " Youths'	5.75

Best 10 oz. Mode Duck Blanket Lined Clothing
Sewed with Linen Thread.

R 1 Grey Lined Coats	$24.00
R 1 " Pants	18.00
R 1 " Vests	10.50
R 17 Scarlet Lined Coats	30.00
R 17 " Vests	13.50
R 4 Grey Lined Ulsters	48.00
R 7 " " "	72.00

Price List

Copper Riveted Clothing

manufactured by

LEVI STRAUSS & CO.

SAN FRANCISCO, CAL.

EVERY GARMENT GUARANTEED

TERMS:

6% For Cash in 10 Days. 3% For Cash in 60 Days.
5% " " 30 Days. 1½% " " 90 "
4 Months Net.

Sewed with BEST LINEN THREAD
Made of BEST AMOSKEAG DENIM

Overalls, Jumpers and Blouses.

	Per Doz.
No.2 Nine ounce Blue Denim Overalls	$7.00
No.2 " " " " Ex. Sizes	8.25
No.2 " " " " Youths'	6.25
No.2 " " " " Engineers'	7.50
No.2 " " " " Ex. Sizes	8.75
No.2 " " " " Jumpers	7.00
No.2 " " " " Blouses	7.00
XX Nine Ounce Blue Denim Overalls	8.50
XX " " " " Ex. Sizes	9.75
XX " " " " Youths'	7.75
XX " " " " Engineers'	9.00
XX " " " " Ex. Sizes	10.25
XX " " " " Jumpers	8.50
XX " " " " Blouses	8.50
XX " " Grey Overalls	8.50
XX " " " Ex. Sizes	9.75
10 oz. Mode Duck Overalls Linen Sewed	8.50

MISCELLANEOUS

10 oz. Mode Duck Hunting Coats	$30.00

CARPENTERS' APRONS

Mode Duck 30 Inches Long	$3.50
White " 25 " "	2.00
" " 38 " (split)	4.00

（❸-❾①）1890년대의 것으로 추정되는 가격목록을 타이핑해 옮겼다.

Copper Riveted Denim Overalls — LIST OF SIZES

REGULAR SIZES	REVERSE SIZES	EXTRA SIZES
32 x 30	30 x 30	41 x 31
32 x 31	30 x 32	41 x 32
32 x 32	30 x 33	41 x 33
34 x 31	31 x 32	42 x 31
34 x 32	31 x 33	42 x 32
34 x 33	31 x 34	42 x 33
34 x 34	32 x 33	43 x 32
36 x 31	32 x 34	43 x 33
36 x 32	32 x 34	44 x 31
36 x 33	33 x 34	44 x 32
38 x 32	34 x 34	46 x 31
40 x 32	34 x 35	46 x 32

Youths' Sizes

23 x 21	28 x 26
24 x 22	28 x 27
25 x 23	28 x 28
26 x 24	29 x 28
27 x 25	29 x 29
27 x 26	30 x 29

Special Sizes

36 x 30	34 x 36
31 x 29	35 x 30
31 x 30	35 x 31
31 x 31	35 x 32
32 x 29	35 x 33
33 x 29	35 x 34
33 x 31	35 x 35
33 x 32	35 x 36
33 x 33	
34 x 29	
37 x 30	

Copper Riveted Spring Bottom Pants — LIST OF SIZES

REGULAR SIZES	REVERSE SIZES	EXTRA SIZES
32 x 30	30 x 31	41 x 31
32 x 31	30 x 32	41 x 32
32 x 32	30 x 33	41 x 33
34 x 30	31 x 32	42 x 31
34 x 32	31 x 33	42 x 32
34 x 33	31 x 34	42 x 33
34 x 33	32 x 33	43 x 32
36 x 31	32 x 34	43 x 33
36 x 32	33 x 34	44 x 31
36 x 33	34 x 34	44 x 32
38 x 31	34 x 35	46 x 31
38 x 33		46 x 32

Youths' Sizes

25 x 23	28 x 27
26 x 24	28 x 28
26 x 25	29 x 28
27 x 26	29 x 29
27 x 27	30 x 29

Special Sizes

30 x 30	38 x 32
31 x 29	38 x 34
31 x 30	36 x 34
31 x 31	36 x 35
32 x 29	36 x 36
33 x 29	38 x 30
33 x 31	38 x 32
33 x 32	38 x 34
33 x 33	38 x 35
34 x 29	40 x 30
34 x 31	40 x 31
36 x 35	40 x 32
	40 x 33
	40 x 34
	40 x 35
	40 x 36

Copper Riveted Engineers' Overalls — LIST OF SIZES

Regular Sizes	SPECIAL SIZES	Extra Sizes
33 x 31	30 x 31	42 x 30
33 x 32	31 x 31	42 x 31
34 x 30	32 x 30	42 x 32
34 x 32	32 x 31	42 x 33
34 x 33	32 x 32	44 x 31
34 x 34	32 x 33	44 x 32
36 x 31	32 x 34	44 x 33
36 x 32	33 x 30	44 x 34
36 x 33	33 x 33	46 x 30
38 x 31	33 x 34	46 x 31
38 x 33	34 x 34	46 x 32
40 x 32	34 x 35	46 x 33

Copper Riveted Mode Duck Overalls — LIST OF SIZES

Regular Sizes	Reverse Sizes
32 x 30	30 x 30
32 x 31	30 x 31
32 x 32	30 x 32
34 x 30	31 x 31
34 x 31	31 x 32
34 x 32	32 x 32
36 x 31	32 x 33
36 x 33	32 x 34
38 x 32	33 x 33
40 x 32	33 x 34
	34 x 34
	36 x 35

*When no Sizes are mentioned to ordering, we always send regular sizes. In our Denim Overalls and Spring Bottom Pants. If the assortment of regular and reverse sizes should not meet with your wants, you can make up your own assortment by adding or substituting others that are under the head of special sizes. In Mode Duck Overalls, we make regular and reserve sizes only.

스프링보텀팬츠

염가판 No.2 외에도 특허 유효기간 종료에 대한 대책으로 리바이스가 출시했다고 여겨지는 제품이 '스프링보텀팬츠 Spring Bottom Pants'다.

〔❸-❾〕의 목록에서 이미 그 이름을 확인할 수 있는데 일반인을 겨냥해 처음 등장시킨 것은 1890년 1월 신문광고에서다. 〔❸-❿〕은 리바이스가 발행한 전단으로, 남성이 입은 바지가 스프링보텀팬츠다.

셔츠에 넥타이를 매고 한 손에 궐련을 든 옷맵시는 화이트칼라다움을 강조한다. 옷의 강도가 별로 중요하지 않은 상황인데도 이 팬츠에는 여기저기 리벳이 박혀 있다. 어쩌면 리벳의 패션성을 강조하려던 일면일지 모른다.

원단은 그전까지는 없던 연청 또는 회색의 9온스 데님이었다. 베스트와 재킷(코트)도 별로 준비되어 3피스 세트업으로 착용할 수 있다. 가격은 기존의 XX 데님팬츠와 비교해 40퍼센트 정도 높다.

일러스트에서는 명확하게 보이지 않지만, 이 팬츠의 특징은 플레어 끝단의 모양에 있다. 이 끝단이 넓어지는 커브 부분을 당시의 맞춤양복 용어로는 스프링이라고 불렀다고 한다. 실루엣도 그렇고 작명도 그렇고 리바이스의 리베티드 의류 시리즈로서는 어딘지 갑작스러운 느낌이 없지 않다.

스프링보텀팬츠는 사실 리바이스가 생각해낸 것이 아니다. 물론 리벳을 달기 시작한 스프링보텀팬츠는 리바이스 오

LEVI STRAUSS & CO.

SAN FRANCISCO, CAL.

SPRING BOTTOM PANTS (Riveted)

CAN BE HAD IN EITHER BLUE OR GRAY.

SEE TRADE MARK ON REVERSE SIDE

(**3-10**) 리바이스의 스프링보텀팬츠 일러스트

리지널이지만, 리벳이 없는 스프링보텀팬츠 자체는 일찍부터 동부에서 당시의 유행을 반영한 바지다. 1849년에 나온 재단사를 위한 책에 이미 그 형지(**❸-⓬**)가 게재되어 있을 정도로 보편적이었다.

　1872년 무렵부터 스프링보텀팬츠가 신문광고(**❸-⓮**)에 게재되면서 당시 유행에 민감한 젊은이들이 앞을 다투어 입었을지 모른다. 이 신문광고에서는 가운데에서 오른쪽 조금 아래에 '스타일리시'라는 묘사를 확인할 수 있다.

　젊은 층에서 지지받는 유행을 따른 팬츠라는 면에서 1876년 5월 펜실베이니아 신문에 흥미로운 기사가 실렸다. 모 재판소에서 유죄 판결을 받은 16~24세의 범죄자 대부분이 스프링보텀팬츠를 입고 있었다는 내용이었다. 지금으로 치자면 '불량아들'이 입은 화려한 복장과 범죄율을 관련지은 내용이다. 그러한 관점에서 보면 별 특징 없이 튀어나온 리벳류가 오히려 펑크패션처럼 느껴진다.

CLOTHING　　　CLOTHING.　　　CLOTHING.

WARM WEATHER HAS COME

In earnest, and we are prepared to meet the wants of the people in

White Duck Suits, Linen Suits,

White Duck Coats, Skeleton Suits,

LINEN COATS,

Black, Drab and Stripe Alpaca Coats.

A beautiful stock of White Duck, White and Fancy Marseilles Vests, all styles, White Duck and Linen Pants, an elegant stock of light Cassimere Suits and stylish Spring Bottom Pants. Also, a fine assortment of

YOUTHS' AND BOYS' SUITS,

Diagonals and Basketing Coats and Vests, and for children's wear we have a very choice stock to select from.

C. R. MABLEY, the Original One Price Clothier,

126 Woodward Avenue, 183 Gratiot Street.

mh13-6m

（**❸-⓮**）리바이스가 제품을 생산하기 전의 디트로이트 광고(1873.6.13)
stylish Spring Bottom Pants라는 문구를 찾을 수 있다.

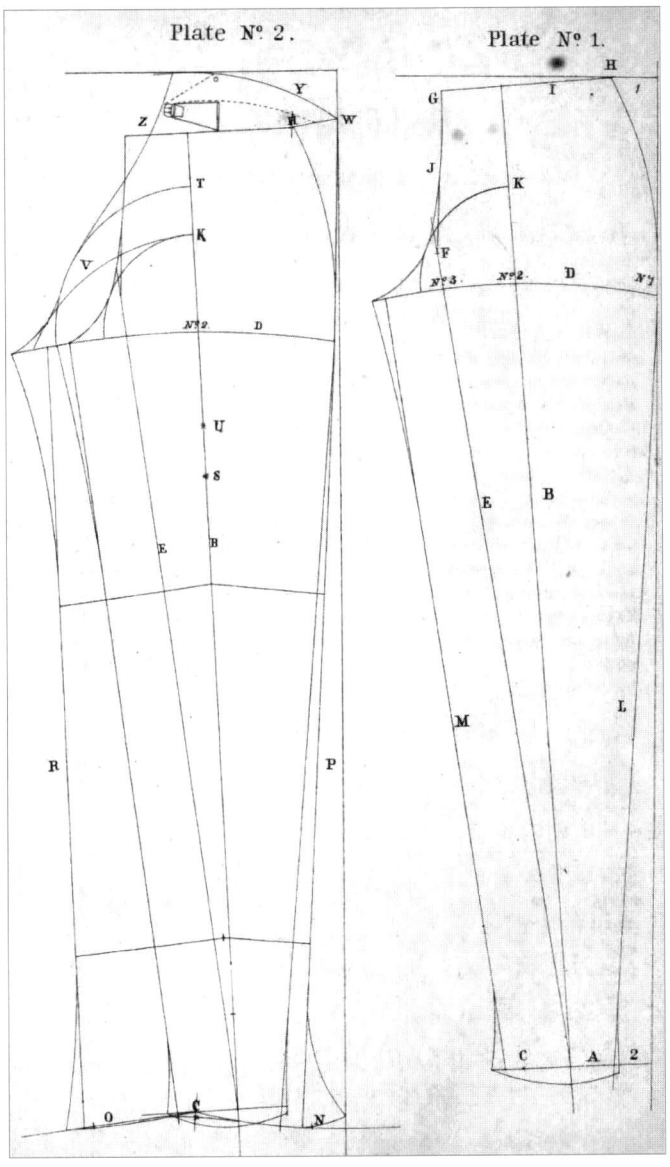

（❸-❶❷） 스프링보텀팬츠의 형지. 1849년 재단사용 전문서에 게재된 예

이 스프링보텀팬츠라는 단어가 서부의 신문광고에도 등장한 시기는 1886년 무렵부터다. 원단, 두께, 무늬 등 다양한 종류가 있었다. 서부에서 인지도가 올라간 스프링보텀팬츠를 본 리바이스는 자사의 트레이드마크인 리벳이나 데님원단과 조합해 고객층을 넓히려고 했을지 모른다. 그 배후에는 물론 특허 유효기간이 종료되는 1890년 전에 되도록 시장을 점유하고, 아무쪼록 다음 히트 상품을 만들어내고 싶다는 강한 의지가 있었다.

XX 데님팬츠 라벨

특허 유효기간이 종료된 1890년 당시 XX 팬츠의 가죽 라벨은 〔❸-❸〕과 같은 디자인이었다. 이 디자인의 라벨을 언제부터 사용했는지는 알 수 없다. 〔❸-❺〕에서 언급한 두 마리 말 로고가 등장한 1886년 무렵부터 사용한 라벨의 하나일 것이다.

확실하게 확인할 수 있는 실물이 존재하지 않으므로 일러스트레이터에게 글자를 포함해 수작업으로 재현해달라고 부탁했다. 일부 상상으로 그린 부분도 있으므로 똑같지 않다는 점을 이해 바란다.

프린트 색은 빨강이고, 치수나 길이 표기는 나중에 검은 잉크로 찍었는데 이 시대에는 아직 빨간 잉크였다. XX라는 글자는 처음부터 인쇄되어 있었는지 알 수 없으며, 치수와 길이를 나타내는 숫자도 마찬가지로 나중에 찍혔을 가능성이 있다.

또한 이 라벨 이후에 등장하는 라벨에는 테두리 안쪽 아래쪽에 Every Garment Guaranteed가 추가된다.

그런데 여기에 이르기까지 데님팬츠의 한 부분이 크게 개량된다. 바로 앞 포켓주머니다. 지금까지 포켓주머니는 본체와 같은 데님원단이 사용됐는데 비교적 얇은 드릴원단☑1으로 바뀐다(일본의 청바지 업계에서는 슬리크sleek☑2라고 불린다). 염색하지 않은 생지 원단을 사용하다 보니 아주 적당한 광고 공간이 생겼다고 생각했을까? 이 포켓주머니에는 〔❸-❶❹〕와 같은 디자인이 검은 잉크로 찍히게 된다.

글자 디자인이나 줄바꿈 위치 등이 다른 사양이 적어도 두 종류 있었다. 마크 아래의 For over 17 years……라고 적힌 세 줄은 한 문장이다. "17년 이상을 거치며 사람들 사이에서 대중화되었습니다."라는 내용으로 시작해 "그것

☑1 능직의 종류로 태능이라고도 불리며, 다소 굵은 실로 만들어진다.
☑2 능직물이며 표면을 평평하고 매끄럽게 마무리한 직물로 겉면이 광택이 있어 양복 안감 등으로 쓰인다.

〔❸-❶❸〕1890년 무렵 XX의 가죽 라벨. 일러스트레이터가 직접 옮겨 그렸다. 모두 빨간 잉크다. XX라는 글자는 치수 등과 함께 스탬프로 찍었을 가능성도 있다.

For over 17 years

Our celebrated XX Blue Denim Copper Riveted Overalls have been before the Public.

THIS IS A PAIR OF THEM!

They are positively superior to any in the United States, are made by white laber, and enjoy a National reputation.

They are made of select nine Ounce Amoskeag Denim, and sewed with the strongest linen thread.

We shall thank you to carefully examine the sewing, finish and fit.

See that this pair beare the quality number which is XX, and also our Trade Mark, as above.

LEVI STRAUSS & CO.,

San Francisco, Cal.

〔**3-44**〕 1890년 무렵 XX의 포켓주머니 스탬프. 이것도 일러스트레이터가 직접 복원했다. 상단의 사명 디자인은 아치 모양 디자인과 더불어 〔**3-45**〕과 같은 물결치는 디자인도 있다.

이 이 데님팬츠입니다!"라는 문장으로 이어진다. 17년은 특허 유효기간을 말한다. 1870년대 중반부터 사용한 홈 인더스트리라는 표현을 이때도 강조하고 있다는 점이 흥미롭다. 그렇다고 해도 겉으로 드러나지 않는 부분에 이러한 광고 문구가 들어가다니, 그 효과는 어느 정도였을까? 결국 나중에 이 문구의 일부를 바꾼 내용이 품질보증서로 무대를 옮겼다. 그런데 이 내용은 데님만 강조하고 덕은 다루고 있지 않다. 장기적인 관점에서 데님원단으로만 팬츠를 만들고 덕 팬츠는 폐지해야겠다는 방향성이 있었을 것이다.

No.2 데님팬츠의 라벨

이번에는 데님의 염가판 No.2 팬츠의 원단 라벨(❸-❶❺)과 포켓주머니의 스탬프(❸-❶❻)를 소개하겠다. 린 다우니가 쓴 책에 따르면 라벨 소재는 가죽이 아닌 리넨이다. 글자 주변이 그림자로 꾸며져 클래식한 분위기를 자아낸다. (❸-❶❺)의 라벨에도 이 시점에는 Every Garment Guaranteed라는 문구가 없는데 수년 후에 추가되는 듯하다.

No.2는 이제 막 등장한 제품이기 때문일까, 포켓에 표기된 내용도 XX와는 상당히 달라 "○○년 이상을 거치며 사람들 사이에서 대중화되었습니다!"라는 표현은 없다. BEST VALUE란 저렴한 좋은 가격이라는 의미다. 백인 노동자가 만들었다는 점에 대한 언급은 XX와 동일하다.

염가판 No.2는 포켓주머니의 스탬프에서도 조잡한 인상을 지울 수 없다. XX는 한 벌 한 벌 스탬프로 찍어 전체 문장을 제대로 잘 읽을 수 있다. 그에 반해 No.2는 미리 스탬프로 찍어 놓은 원단을 사용했을 것이다. 글 전체가 심하게 틀어졌거나 잘려나가 불완전한 것이 대부분이다. 또한 이 스탬프도 XX의 경우와 마찬가지로 두 종류였다고 확인했다.

이 원판은 특허 유효기간이 끝나는 1890년 5월 20일 이전인 1월 3일 신문광고에 게재되었다. 같은 광고가 몇 개월에 걸쳐 게재되었고 다음 해 3월부터는 양 측면에 세로쓰기 문구가 추가된 디자인으로 변경된다(❸-❶❻). 세로쓰기 글은 좌우 모두 "페어에서 메달을 취득했다."라는 내용으로 같은 글이 나중에 품질보증서에도 자랑스럽게 기재된다.

이 두 메달에 대해 덧붙이자면, 오른쪽이 메카닉스인스티튜트Mechanics Institute 페어에서 받은 그랜드 실버 메달, 왼쪽이 캘리포니아 페어에서 받은 실버 메달이다. 양쪽 다 1890년에 수상했다. 1890년이라고 하면 리바이스가 주식회사가 된 해다. 샌프란시스코에서 개최된 다양한 페어에 참가해 리벳 부착 의류와 회사의 인지도를 높이고자 했을 것이다. 또한 두 마리 말 로고 위쪽에서는 앞에서 이야기한 스프링보텀팬츠의 이름도 볼 수 있다.

WAIST   LENGTH

(**❸-❹❺**) 1890년 무렵의 No.2 팬츠 라벨. No.2, WAIST, LENGTH라는 글자를 직접 옮겼다. 하얀 리넨 원단에 검정 잉크로 그려져 있다. No.2만 빨간 잉크를 사용했다.

(**❸-❹❻**) 1891년 무렵의 No.2 팬츠 포켓주머니 스탬프. 한 카탈로그에 게재된 광고인데 같은 내용이 포켓주머니에 스탬프로 찍혀 있었다.

품질보증서의 등장

XX 데님인 오버롤스에는 사용 데님이나 봉제실의 품질을 보증하는 '품질보증서'가 부착되기 시작한다. 먼저 그 상표등록을 살펴보자.

원본〔❸-❹❼〕은 품질보증서를 부착하는 '위치'에 관한 상표등록이다. 신청은 1926년, 신청자는 3대 사장 시그먼드 스턴Sigmund Stern이다.

1892년에 했던 일을 1926년에 자진신고하는 상표등록인데 세월이 상당히 지난 데다가 지진 재해가 일어난 1906년이 중간에 있으므로 신빙성에 의구심이 든다. 신고내용을 살펴보면 "1892년부터 사용하고 있다."라고만 쓰였으며 구체적인 날짜는 없다. over 20 years라고 기재된 가장 오래된 품질보증서에서 연도를 역산해 신고했을 뿐이라는 느낌이다. 참고로 품질보증서의 부착 '위치'가 아니라 품질보증서 그 자체의 상표를 처음으로 신청한 해는 훨씬 후인 1959년이며 등록이 완료된 해는 1961년이다. 이 원본도〔❸-❹❽〕에 소개했다. 거기에도 역시 "최초 사용은 1892년"이라고만 쓰여 있다.

이 품질보증서〔❸-❹❾〕는 오른쪽 백포켓에 부착되었는데〔❸-❹❹〕의 포켓주머니에 프린트된 문구가 거의 그대로 사용되었다. 품질보증서는 오일클로스oil cloth라는 천에 인쇄되어 매장에서 팬츠가 접혀 있을 때도 품질보증서가 있는 쪽이 위로 올라오도록 진열된 듯하다. 실로 박았기에 구입

Registered Feb. 8, 1927.

Trade-Mark 223,725

Renewed February 8, 1947 to Levi Strauss and Company, of San Francisco, California, a corporation of California.

UNITED STATES PATENT OFFICE.

LEVI STRAUSS & COMPANY, OF SAN FRANCISCO, CALIFORNIA.

ACT OF FEBRUARY 20, 1905.

Application filed February 16, 1926. Serial No. 227,374.

STATEMENT.

To the Commissioner of Patents:

Levi Strauss & Company, a corporation, duly organized and existing under the laws of the State of California, and having its principal place of business in the city and county of San Francisco, State of California, has adopted and used the trade-mark shown in the accompanying drawing, for OVERALLS, in Class 39, Clothing, and presents herewith five facsimiles in the nature of photographs showing the trade-mark as actually used by applicant upon the goods, and requests that the same be registered in the United States Patent Office in accordance with the act of February 20, 1905, as amended. The trade-mark has been continuously used and applied to said goods in applicant's business since the year 1892. The trade-mark consists of an oilcloth ticket secured across a back pocket of the overalls substantially as shown on the ac-

companying drawing. The mark has been in actual use as a trade-mark by the applicant for ten years next preceding Feb. 20, 1905, and such use has been exclusive. No claim is made to the exclusive use of the representation of a pair of overalls apart from the trade-mark shown.

The undersigned hereby appoints Miller & Boyken, a firm composed of John H. Miller and A. W. Boyken, (register No. 12,147) of 723 Crocker Building, San Francisco, California its attorneys to prosecute this application for registration, with full powers of substitution and revocation, to make alterations and amendments therein, to receive the certificate and to transact all business in the Patent Office connected therewith.

LEVI STRAUSS & COMPANY,
By SIGMUND STERN,
President.

Republished, under the Act of 1946, April 20, 1948, by Levis Strauss & Company, San Francisco, Calif.

Affidavit under Section 8 accepted.
Affidavit under Section 15 received June 1, 1953.

후 떼어낼 수 있었다 (나중에 스테이플로 변경) .

　이 품질보증서에 관해서는 1914년 제이컵의 아들이자 2 대 공장장이 쓴 기고문이 남아 있다 . 글에는 "이 품질보증서 는 타사 팬츠와 차별화하기 위해 붙였으며 , 염가판 No . 2에 는 붙이지 않았다 . "라고 쓰여 있다 . 그러고 보니 포켓 하단 에 XX라는 글자가 있기 때문에 다른 원단으로 만든 팬츠에는 달 수 없었을 것이다 .

　오른쪽에는 상표인 두 마리 말 로고 그리고 왼쪽 위 엠블 럼 느낌의 테두리 안에는 (❸-❶❻)에서도 다룬 1890년에 개최된 두 페어에서 메달을 딴 사실이 기재되어 있다 .

　흥미로운 점은 품질보증서의 크기다 . 당시 달러 지폐의 디자인을 바탕에 넣어 풍격 있게 만들려고 한 듯하다 . 색도 지 폐의 별칭인 그린백greenback에 착안해 초록 잉크로 인쇄 했고 , 전체 분위기부터 세부 하나까지 모두 미국 지폐 같은 느 낌이 묻어난다 .

　오른쪽 아래 사인은 혹시 리바이가 직접 썼을까? 개인 명

United States Patent Office

716,644
Registered June 6, 1961

SUPPLEMENTAL REGISTER
Trademark

Ser. No. 74,345, filed P.R. May 22, 1959;
Am. S.R. Mar. 9, 1961

Levi Strauss & Company (California corporation)
98 Battery St.
San Francisco, Calif.

For: OVERALLS, in CLASS 39.
First use 1892; in commerce 1892.
Owner of Reg. No. 223,725.

(❸-❹❽) 품질보증서 상표등록 (1961)

（❸-❹❾）두 번째 품질보증서. 제일 위에 OVER 26 YEARS라고 쓰여 있다. 어중간한 숫자인데 나중에 나오는 공장 전기화 시점과 관련이 있을까? 보증서는 1898년 무렵부터 사용했다고 추정된다.

의가 아닌 사명이 쓰여 있다. 진열된 팬츠에 지폐가 붙어 있는 듯한 연출은 매장에서 상당히 시선을 끌었을 것이다.

오일클로스는 지금의 비닐 소재 테이블크로스와 이미지가 가장 비슷할지 모른다. 표면이 평활해서 작은 글자 등을 인쇄하는 데 적합했고, 뒤쪽은 리넨 가제이므로 강도도 있었다. 당시의 종이는 강도가 약해 판매하기 전 취급하다가 찢어질 우려가 있어 이 오일클로스로 제작했을 것이다.

품질보증서 글자는 그래픽적이면서도 작은 글자로 꽉 채워져 있어 실제로 고객이 읽을 것을 예상해 만들었는지 의문이 남는다. 내용보다도 디자인을 중시했다는 생각도 든다.

백포켓이 두 개로 증가

1901년에 나온 봄여름용 카탈로그 일부를 〔❸-⓴〕에 소개한다. 〔❷-⓲〕(95쪽)와 마찬가지로 실물을 옮겨 적었는데 폰트 등 정확하지 않은 부분이 있다. 그렇지만 대문자 소문자 구별이나 506E에 엑스트라 표기가 없는 점 등까지 충실하게 재현했다.

이제야 드디어 501, 201과 같은 제품번호가 등장한다. 스프링보텀팬츠에는 데님원단이 세 종류나 있어, 각각 511, 521, 531이라는 번호가 매겨졌다. 초기부터 만들어왔을 덕 팬츠에는 데님 신제품보다도 뒤쪽 번호인 581이라는 품번을 부여했다.

그전까지 제이컵의 팬츠는 데님, 덕 모두 백포켓은 하나였다. 그렇지만 이 카탈로그에 실린 팬츠는 두 개다. 포켓이 늘어난 이유는 불분명한데 이 시기에 시장에 유통되었던 타사 팬츠나 오버롤스에 백포켓을 두 개 넣었다고 여겨진다.

이 카탈로그는 '봄여름용'이기 때문에 작성시기는 그 전해인 1900년이었을 가능성이 있다. 그렇다면 1900년에 이미 포켓이 두 개였다는 말이 된다. 카탈로그는 3호(No.3)라고 쓰여 있으니 이보다도 오래된 카탈로그가 발견되면 더 이전부터 포켓이 두 개였는지도 검증할 수 있다. 현재 상황에서 확실한 사실은 1901년에는 백포켓이 이미 두 개였다는 점이다. 카탈로그 표기로 미루어 보아 유스용이나 보이용은 여전히 포켓이 하나다.

백포켓이 두 개가 된 지 얼마 안 되었을 무렵의 팬츠를 일러스트로 그려보았다(❸-❷❶). 이전의 디자인(❷-❶❹)(88쪽)와의 외견 차가 거의 없으니 틀린 그림 찾기 수준이지만, 백요크의 다트가 없어지고 두 줄 스티치로 확실하게 바느질되어 있다. 또한 워치포켓의 위치가 내려가 있다. 워치포켓의 위치는 의외로 중요한데, 허리 밴드에 붙어 있으면 손가락을 편하게 넣을 수 없기 때문이다.

이 무렵이 되면 팬츠에는 장인이 손수 만든 듯한 '맞춤양복 느낌'이 약해지고 기계가 만드는 대량생산품 느낌이 들기도 한다. 동시에 제품별로 아직 품질이 일정하지 못한 면도 보이는데 이조차 미국 양산품의 '멋'으로 연결되던 시대이지 않았을까?

COPPER RIVETED CLOTHING

XX

9 oz. AMOSKEAG BLUE DENIM
Linen Sewed
For 25 Years the Standard

				Per doz.
501 —	Overalls,	2 Hip Pockets		$ 8 50
502 —	"	extra sizes		9 50
503 —	"	Youths'		7 50
504 —	Jumpers,	closed front		8 50
504 E	"	"	extra sizes	9 50
505 —	"	open	"	8 50
505 E	"	"	" extra sizes	9 50
506 —	Blouses,	pleated	"	8 50
506 E	"	"	"	9 50

10 oz. MODE DUCK, Linen Sewed

		Per doz.
581 —	Overalls, 2 Hip Pockets	$ 8 50
582 —	Same, extra sizes	9 50

9 oz. BLUE AND GOLD MIXED DENIM

		Per doz.
511 —	Spring Bottom Pants, 2 Hip Pockets	$ 11 75
512 —	" " " extra sizes	12 75
513 —	" " " Youths'	10 50
514 —	Sack Coats, 4 Pockets	11 00
515 —	Vests	6 75

9 oz. GRAY TWILLED DENIM

		Per doz.
521 —	Spring Bottom Pants, 2 Hip Pockets	$ 11 75
522 —	" " " extra sizes	12 75
524 —	Sack Coats, 4 Pockets	11 00
525 —	Vests	6 75

9 oz. BLACK TWILLED DENIM

		Per doz.
531 —	Spring Bottom Pants, 2 Hip Pockets	$ 11 75
532 —	" " " extra sizes	12 75
534 —	Sack Coats, 4 Pockets	11 00
535 —	Vests	6 75

No. 2

9 oz. BLUE DENIM

				Per doz.
201 —	Overalls,	2 Hip Pockets		$ 6 50
202 —	"	extra sizes		7 50
203 —	"	Youths'		5 75
204 —	"	Boys'		5 00
205 —	"	Engineers',	2 Pockets	7 00
206 —	Same in extra sizes			8 00

Note—Nos. 205 and 206 Engineers' Overalls can be had with elastic strap suspenders at an advance of 5 per dozen

				Per doz.
209 —	Overalls, Engineers', 7 Pockets, Erastic Susp'drs			$ 9 00
210 —	Same in extra sizes			10 00
211 —	Jumpers, closed front			6 50
211 E	" "	extra sizes		7 50
212 —	"	open	"	6 50
212 E	"	"	" extra sizes	7 50
213 —	Blouses, Pleated	"		6 50
213 E	"	"	extra sizes	7 50
214 —	Sack Coats, 1 Pocket			7 00
214 E	" "	1 "	extra sizes	8 00
215 —	" "	4 "		8 00
215 E	" "	4 "	extra sizes	9 00
216 —	Combination Coat and Vest			11 00
216 E	Same in extra sizes			12 00

8 oz. BLUE AND GOLD MIXED DENIM

		Per doz.
241 —	Spring Bottom Pants	$ 8 00
242 —	" " " extra sizes	9 50

PRICES SUBJECT TO CHANGE WITHOUT NOTICE.

COPPER RIVETED CLOTHING

8 oz. BLACK DENIM

		Per doz.
225	Overalls, 5 Pockets (2 Hip)	$ 7 00
226	Same in extra sizes	8 00
221	Overalls, Engineers', 7 Pockets, Elastic Straps	9 00
222	Same in extra sizes	10 00
223	Sack Coats, 4 Pockets	8 00
223 E	'' '' 4 '' extra sizes	9 00

DOUBLE AND TWIST, BLUE AND WHITE DENIM
(Best Made)

LIGHT WEIGHT. DURABLE. FAST COLOR. EASILY WASHED.
Especially adapted for Railroad Men and Mechanics, who are obliged to wash their clothes frequently, and to warm climates.

		Per doz.
231	Overalls, 6 Pockets	$6 50
232	Same in extra sizes	7 50
233	Overalls, Engineers', 7 Pockets, Elastic Straps	8 50
234	Same in extra sizes	9 50
235	Jumpers, closed front, *full shaped*	6 50
235 E	Same in extra sizes	7 50
236	Jumpers, open front, *full shaped*	6 50
236 E	Same in extra sizes	7 50
237	Blouses, pleated front, *full shaped*	6 50
237 E	Same in extra sizes	7 50
238	Sack Coats, 4 Pockets	7 50
238 E	Same in extra sizes	8 50
229	Boys' Overalls	4 50
230	Youths' ''	5 50

8 oz. BLUE DENIM

		Per doz.
271	Boys' Bib Overalls, Elastic Straps	$4 50
272	Youths' '' '' ''	5 00

8 oz. MODE DUCK

		Per doz.
273	Boys' Bib Overalls, Elastic Straps	$4 50
274	Youths' '' '' '' ''	5 00
276	Engineers, '' '' ''	7 00
277	'' '' Extra Sizes	8 00

BLANKET LINED

8 oz. MODE DUCK

		Per doz.
261	Coats, Grey Blanket Lining	$17 00
262	Vests, '' '' ''	8 50

10 oz. MODE DUCK

		Per doz.
263	Coats, Plaid Blanket Lining	$18 00
264	'' Grey '' '' Double Breasted, Corduroy Lined Storm Collar	25 00

10 oz. MODE DUCK, Linen Sewed

		Per doz.
561	Coats, Grey Blanket Lining	$22 50
562	Vests, '' '' ''	10 00
563	Pants, '' '' ''	17 00
564	'', '' '' '' extra sizes	21 00
566	Ulsters, 50 inches long, Grey Blanket Lining	45 00
567	Ulsters, 56 inches long, Heavy Vicuna Blanket Lining	102 00

HUNTING COATS

		Per doz.
568	Hunting Coats, Unlined	$28 50

CARPENTERS' APRONS

		Per doz.
571	Mode Duck, 30 inches long	$3 25
572	White '' 25 '' ''	2 00
573	'' '' 46 '' ''	3 75
577	Mode '' 46 '' ''	4 50

PRICES SUBJECT TO CHANGE WITHOUT NOTICE.

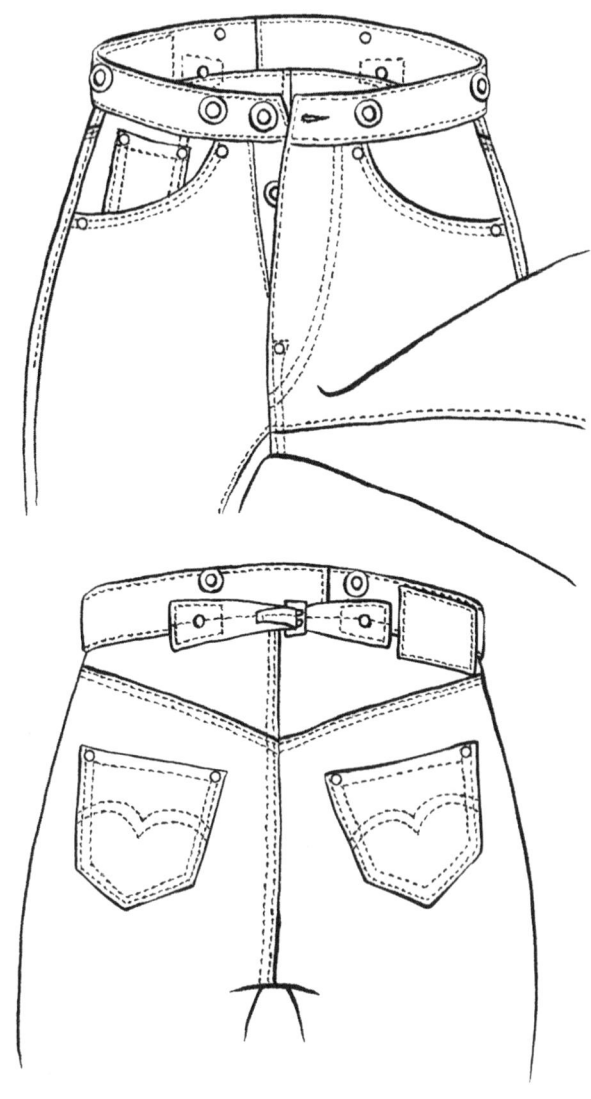

（❸-❷❹）가칭 1901년 모델. 백포켓이 두 개가 되었다. 1901년에는 확실하게 이
모델로 변경되었는데, 어른용만 변경되었다고 보인다.

Copper Riveted Clothing

ALL MADE IN OUR OWN FACTORY WHERE ONLY WOMEN AND GIRL OPERATORS ARE EMPLOYED.

Please order all goods by lot number

(List of sizes on page 5)

We have listed here our famous copper-riveted clothing originally patented by us in 1873.

Kept in the public mind by thorough and constant advertising they have become the best selling merchandise of their kind in the world. They are made of the best materials obtainable—cut full and built to wear. This the public knows. Their patronage goes with this knowledge.

Why not get your share?

XX

9 Oz. Amoskeag Blue Denim

Linen Sewed

For 30 Years the Standard.

No.		Per doz.
501.	Overalls, 2 hip pockets	$8 50
502.	Overalls, 2 hip pockets, extra sizes	9 50
503.	Overalls, youths'	7 50
504.	Jumpers, closed front	8 50
504E.	Jumpers, closed front, extra sizes	9 50
505.	Jumpers, open front	8 50
505E.	Jumpers, open front, extra sizes	9 50
506.	Blouses, pleated front	8 50
506E.	Blouses, pleated front, extra sizes	9 50

10 Oz. Mode Duck

Linen Sewed

No.		Per doz.
581.	Overalls, 2 hip pockets	$9 00
582.	Overalls, 2 hip pockets, extra sizes	10 00

9 Oz. Blue and Gold Mixed Denim

No.		Per doz.
511.	Spring Bottom Pants, 2 hip pockets	$11 50
512.	Spring Bottom Pants, 2 hip pockets, ex. sizes	12 50
513.	Spring Bottom Pants, youths'	10 25
514.	Sack Coats, 4 pockets	10 75
515.	Vests	6 50

9 Oz. Grey Twilled Denim

No.		Per doz.
521.	Spring Bottom Pants, 2 hip pockets	$11 50
522.	Spring Bottom Pants, 2 hip pockets, ex. sizes	12 50
524.	Sack Coats, 4 pockets	10 75
525.	Vests	6 50

9 Oz. Black Twilled Denim

No.		Per doz.
531.	Spring Bottom Pants, 2 hip pockets	$11 50
532.	Spring Bottom Pants, 2 hip pockets, ex. sizes	12 50
534.	Sack Coats, 4 pockets	10 75
535.	Vests	6 50

No. 2

9 Oz. Blue Denim

No.		Per doz.
201.	Overalls, 2 hip pockets	$7 50
202.	Overalls, 2 hip pockets, extra sizes	8 50
203.	Overalls, youths'	6 25
204.	Overalls, boys'	5 50
205.	Overalls, Engineers', 1 hip and 1 rule pocket, with plain strap	8 00
205A.	Overalls, Engineers', 1 hip and 1 rule pocket, with elastic strap	8 25
206.	Overalls, Engineers', 1 hip and 1 rule pocket, extra sizes, with plain strap	9 00
206A.	Overalls, Engineers', 1 hip and 1 rule pocket, extra sizes, with elastic strap	9 25
209.	Overalls, Engineers', 7 pkts., elastic suspenders	$10 00
210.	Overalls, Engineers', 7 pkts., elastic suspenders extra sizes	11 00
211.	Jumpers, closed front	7 50
211E.	Jumpers, closed front, extra sizes	8 50
212.	Jumpers, open front	7 50
212E.	Jumpers, open front, extra sizes	8 50
213.	Blouses, pleated front	7 50
213E.	Blouses, pleated front, extra sizes	8 50
214.	Sack Coats, 1 pocket	8 00
214E.	Sack Coats, 1 pocket, extra sizes	9 00
215.	Sack Coats, 4 pockets	9 00
215E.	Sack Coats, 4 pockets, extra sizes	10 00

8 Oz. Blue and Gold Mixed Denim

No.		Per doz.
241.	Spring Bottom Pants	$9 00
242.	Spring Bottom Pants, extra sizes	10 00

Prices subject to change without notice

（❸-❷❸①）1904년 봄여름호 카탈로그 일부. 1901년 카탈로그（❸-❷❶）와 비교해 10온스의 덕 제품이 급격하게 줄었다. 몇 년 뒤인 1906년에 나온 카탈로그에서 10온스 덕 아이템은 자취를 감춘다.

Copper Riveted Clothing

ALL MADE IN OUR OWN FACTORY WHERE ONLY WOMEN AND GIRL OPERATORS ARE EMPLOYED

Please Order all Goods by Lot Number

(List of Sizes on Page 5)

8 Oz. Black Denim

No.		Per doz.
225.	Overalls, 2 hip pockets	$ 7 75
226.	Overalls, 2 hip pockets, extra sizes	8 75
221.	Overalls, Engineers', 7 pockets, elastic straps	9 75
222.	Overalls, Engineers', 7 pockets, elastic straps, extra sizes	10 75
223.	Sack Coats, 4 pockets	8 75
223E.	Sack Coats, 4 pockets, extra sizes	9 75
250.	Boys' Bib Overalls, elastic straps	5 25
251.	Youths' Bib Overalls, elastic straps	6 25
252.	Boys' Overalls	5 50
253.	Youths' Overalls	6 50

Double and Twist, Blue and White Denim

(Best Made)

Light Weight, Durable, Fast Color, Easily Washed

Especially adapted for warm climates, and for Railroad Men and Mechanics, who are obliged to wash their clothes frequently.

No.		Per doz.
231.	Overalls, 6 pockets	$ 7 00
232.	Overalls, 6 pockets, extra sizes	8 00
233.	Overalls, Engineers', 7 pockets, elastic straps	9 00
234.	Overalls, Engineers', 7 pockets, elastic straps, extra sizes	10 00

No.		Per doz.
235.	Jumpers, closed front, full shape	7 00
235E.	Jumpers, closed front, full shaped, extra sizes	8 00
236.	Jumpers, open front, full shaped	7 00
236E.	Jumpers, full shaped, open front, extra sizes	8 00
237.	Blouses, pleated front, full shaped	7 00
237E.	Blouses, pleated front, full shaped, extra sizes	8 00
238.	Sack Coats, 4 pockets	8 00
238E.	Sack Coats, 4 pockets, extra sizes	9 00
229.	Boys' Overalls	4 75
230.	Youths' Overalls	5 75

8 Oz. Blue Denim

No.		Per doz.
271.	Boys' Bib Overalls, elastic straps	$5 00
272.	Youths' Bib Overalls, elastic straps	6 00

8 Oz. Mode Duck

No.		Per doz.
273.	Boys' Bib Overalls, elastic straps	$5 00
274.	Youths' Bib Overalls, elastic straps	6 00
276.	Engineers' Overalls, elastic straps	7 50
277.	Engineers' Overalls, elastic straps, extra sizes	8 50

Carpenters' Aprons

No.		Per doz.
571.	Mode Duck, 30 inches long	$ 3 25
572.	White Duck, 25 inches long	2 00
573.	White Duck, 46 inches long	3 75
577.	Mode Duck, 46 inches long	4 75
577.	Mode Duck, 42 inches long	4 75

Prices subject to change without notice

리바이스의 첫 품번 등장

이제야 리바이스에 처음으로 품번이 등장한다. "왜 품번이 필요했는가?"라는 물음에는 쉽게 대답할 수 있다. 특허 유효기간이 종료된 1890년 무렵의 제품수는 〔❸-❾〕(126~127쪽)의 가격목록을 참고로 하면 서른 점도 되지 않는다. 이 정도라면 품번이 없어도 그다지 큰 문제가 없었을 것이다.

그런데 1901년 카탈로그〔❸-❷⓿〕을 보면 스프링보텀 팬츠에 새로운 원단이 더해지고, 덕원단에는 낮은 온스의 제품이 등장한다. 게다가 점퍼도 한 종류 늘어나 있다. 다른 페이지에는 그전과 같은 워크웨어가 아니라 선셋이라 불리는 셔츠 등 캐주얼 라인이 추가되었다. 카탈로그 자체가 수십 페이지에 이를 정도로 두꺼웠으니 주문하는 쪽도 주문받는 쪽도 품번이 없으면 혼선이 생겨 일이 되지 않았을 것이다. 실제로〔❸-❷⓿〕상부에는 PLEASE ORDER ALL GOODS BY LOT NUMBER(품번으로 주문해주십시오)라고 눈에 잘 띄도록 기재해두었다.

501의 상표등록

501이라는 로트번호는 XX 데님팬츠에 부여한 이름인데 진에 별로 흥미가 없는 사람도 한 번쯤 들어본 유명한 품번일 것이다. 그렇지만 이 501은 사실 언제 어떤 경위로 탄생했는지 확실하게 알려지지 않았다. 자세한 내용은 나중에 이야기 하기로 하고 여기에서는 일단 상표등록 시기에 대해 아는 범위에서 밝히겠다.

처음 상표등록을 신청한 해는 의외로 늦은 1988년이었다. 당시 신청서에는 501이 처음으로 사용된 시점이 1969년 12월 31일이라고 되어 있다. 1901년에 이미 카탈로그에서 그 이름을 볼 수 있는데 당연히 1969년일 리는 없기에 2011년에 수정되었다.

수정 전의 설명문을 소개하겠다(❸-❷❹). 번역하면 "신청 당시에는 역사적 자료에 의한 근거가 없었으므로 잘못 적었다. 이하와 같이 수정한다. 최초로 사용한 해는 1893년, 상업적인 첫 사용은 1898년이다." 최초 사용연도의 근거는 알 수 없지만, 상업적으로 처음 사용했다는 1898년에 대해서는 린 다우니의 책『리바이스트라우스앤드컴퍼니: 미국의 이미지』에 그 근거로 삼았다고 보이는 청구서가 실려 있다. 1898년에 작성된 것으로, 품목란에서 확실히 501, overalls라는 글자를 확인할 수 있다. 이후 더 오래된 서류가 나온다면 갱신될 가능성이 있다.

EXPLANATION OF FILING

The following mistake is contained in this Registration: The dates of first use and of use in interstate commerce are incorrect. This should be corrected as follows: The date of first use is 1893; the date of use in commerce is 1898.

This mistake occurred inadvertently through the fault of the Registrant in the following manner: Archival evidence of earlier use was not available at the time of filing.

Registrant respectfully requests that the Director issue a certificate of correction or a new Certificate of Registration.

(❸-❷❹) 501의 상표등록 1552985의 수정문(2011)

501은 언제, 왜 탄생했는가?

그럼 어쩌다 501이라는 품번이 붙었을까? 이에 관해서는 1901년에 발행된 카탈로그의 별도 페이지에 있는 지급 조건에 관한 기술(❸-❷❺)이 실마리가 된다. 그 내용을 요약하면 다음과 같다.

- 품번 200~499는 할인 없음.
- 품번 500 이상은 할인 있음.

499번 이하는 제품의 위치상 염가판이다. 애초에 이익률이 낮은 제품이니 처음부터 저가로 책정해 할인 없이 판매할 요량이었을까?

다음으로 할인하는 500번대 팬츠를 번호가 낮은 순서대로 나열해보았다.

- 501XX 데님팬츠
- 511 스프링보텀팬츠(파란색)
- 521 스프링보텀팬츠(회색)
- 531 스프링보텀팬츠(검은색)
- 561 10온스 덕 코트(모포 안감)
- 571 덕원단의 목수용 앞치마

TERMS

Riveted Goods Lot Numbers 200 to 499: net 60 days, no discount for cash.

Riveted Goods Lot No. 500 and upwards; 6% 10 days, 5% 30 days, 3% 60 days, 11/2% 90 days, 4 months net.

(❸-❷❺) 1901년 카탈로그 일부를 옮겨 적었다. 품번 200~499는 할인 없음, 품번 500 이상은 할인 있음이라고 명확하게 구분되어 있다.

–　　581　10온스의 덕 팬츠

　　500번대가 주력상품인 점이나 501을 기점으로 품번이
정리되었다는 점을 알 수 있다. 가장 첫 번째인 501이라는
번호는 제이컵의 리베티드 XX 데님 오버롤스다. 리바이스의
주력상품임을 확실히 알 수 있다.

　　이 목록 가운데 초창기부터 제작해온 제품은 XX와 덕 팬
츠다. 하지만 두 번째는 덕 팬츠가 아니라 스프링보텀팬츠다.
나온 지 오래된 순서가 아니라 이 시점에서 우선순위로 삼던
제품 순서대로 늘어놓았다.

　　이들 품번이 도입된 시기를 묻는다면, 본래 두 가지 색
으로 시작한 스프링보텀팬츠에 세 번째 색인 검은색이 추가된
타이밍이라고 대답할 수 있다. 분명 같은 시기에 앞쪽이 다
열리는 점퍼 시리즈 등 회사가 밀고 싶은 주력 신제품이 일제
히 출시되었다.

　　상상을 잇자면 200번대는 이미 No. 2라는 염가판이 있
었으므로 이 라인에 200번대 번호를 붙이자고 바로 결정했
을 게 분명하다. "XX와 덕 팬츠가 가장 전략적인 상품이었
다면 품번 101로 해도 좋지 않았겠는가?"라고 묻는다면 내
머릿속에는 "XX에 염가판의 2보다 낮은 숫자를 붙이면 이상
하다. 5 정도로 할까?"와 같이 논의하는 경영진의 회의 풍
경이 펼쳐진다.

　　여기에서 조금 더 구체적인 연대를 끌어내기 위해 리바이
스가 신문에 낸 구인광고를 조사해보았다. 봉제공 모집이 자
주 나온 시기는 1897년부터다. 이때부터 몇 년 동안 구인광

고의 열기가 식지 않는다. 공장 규모가 한층 커지기 직전이라는 분위기로 충만하다.

광고 수로 따지면 구인 시기의 절정은 1899년이다. 봉제경험도 기재하지 않고 "걸스! 걸스! 걸스!" "16세 소녀도 가능" 등 일단 무조건 와보라는 광고가 꾸준히 게재된다〔❸-㉖〕〔❸-㉗〕. 실제로 얼마나 많은 인원이 고용되었는지는 알 수 없지만, 그전까지와는 차원이 다른 열기를 보인다. 결국 501까지 포함해 리바이스의 제품에 품번이 부여된 시기는 제조부분이 다루는 제품종류도 수도 폭발적으로 늘어났다고 여겨지는 1897년부터 1898년 무렵으로 볼 수 있지 않을까?

리바이 공장의 전기화

샌프란시스코에 전기화의 물결이 밀려와, 1892년 4월 28일에는 전기로 달리는 노면전철이 시내에 처음 등장한다. 6년 후 샌프란시스코는 금 발견 50주년을 맞이하면서 새로운 시대를 향한 기대와 고양감으로 충만했을 것이다.

이러한 상황 속에서 리바이스 공장에는 언제 전력이 공급

GIRLS! GIRLS! GIRLS! GIRLS!

LEVI STRAUSS & CO., at 32½ Fremont st., are putting in the very best sewing machines and will take in several hundred more operators on overalls; good wages. Apply to MR. DAVIS.

OPERATORS on shirts; a few apprentices taken. LEVI STRAUSS & CO., 36½ Fremont st.; take elevator.

GIRLS of about 16 years of age to rivet overalls in LEVI STRAUSS' factory, 32½ Fremont st.

〔❸-㉖〕 모집에서 "걸스!"를 연호한다(1899.8.27).
〔❸-㉗〕 리벳 부착 인력으로 16세 여성을 모집한다(1899.10.28).

되었을까? 당시 신문기사에 따르면 먼저 1896년 샌프란시스코 가스등회사와 에디슨 전기전력회사가 합병되면서 샌프란시스코 가스전기회사가 탄생한다. 리바이 스트라우스는 합병 전에 가스등회사의 이사를 맡고 있었으니 전력은 늦지 않게 도입되었을 것이다.

　　같은 시기의 오버롤스 제작공장을 위한 직공 모집공고를 조사하면 1898년 2월을 마지막으로 증기동력이라는 글자가 모습을 감춘다. 이후 동력에 대한 언급 없이 수백 명 단위의 대모집이 시작된다. 그리고 1898년 12월, 셔츠 공장에서 새로운 고속재봉틀을 다루는 기술자를 모집했고 이듬해 8월에는 '가장 좋은 재봉틀'을 도입한 오버롤스 공장에서 추가로 수백 명을 모집한다는 기사가 게재되었다.

　　이러한 급격한 증원이 전기를 사용하는 전동재봉틀의 도입을 시사하지 않을까? 앞서 이야기한 '고속재봉틀'이나 '가장 좋은 재봉틀'은 1880년대에 등장한 싱어의 전동 재봉틀을 가리키는 듯하다. 그런 최신 전동재봉틀이라면 경험자가 아니어도 다루기 쉬워 대규모 증원이 가능해졌을 것이다.

　　인력이 늘어나면서 생산효율이 크게 향상되고 제품의 폭이 넓어져 품번도 필요해졌다. 샌프란시스코의 전력도입이야말로 501을 탄생시킨 간접요인이다.

공장 확장과 전대미문의 대지진

　　프리몬트의 새 공장으로 이전한 이후 오버롤스 제조 부분과는 별도로 셔츠 제조가 추가되어 공장 확장이 이어졌다. 당시 신문에서 얻은 정보로는 1898년에 셔츠 전문 공장이 문을 열었고, 1900년에는 오버롤스 공장이 선박으로 접근이 가능한 오클랜드 지구(❸-❷❽)(❸-❷❾)에 생겼다. 나아가 1904년 무렵에는 시내에 있는 미션 거리(❸-❸0)에 공장이 문을 여는 등 생산거점이 꾸준히 늘었다. 공장마다 필요한 인원모집도 간헐적으로 이루어진다. 거센 기세로 확장을 밀어붙인 데는 전력공급의 힘이 클 것이다.

　　셔츠 공장을 제외한 다른 공장의 채용 담당자는 '미스터 데이비스'로 기재되었다. 리베티드 팬츠의 발명자인 제이컵 데이비스는 이때 일흔 살하고도 6개월로 상당히 고령이었다. 이러한 점을 고려하면 공장직원 모집은 서른 살 정도였던 아들 사이먼이 맡았다고 짐작할 수 있다.

　　주공장인 프리몬트 거리에서도 1904년 9월부터 몇 개월간 경험자를 모집하는 광고(❸-❸❹)를 낸다. 그러고도 인원이 부족했는지 반년 후에는 경험 불문 모집(❸-❸❷)이 4개월이나 이어졌다. 미경험자여도 바로 작업을 시작할 수 있는 사내교육 시스템도 자리 잡혔겠지만, 무엇보다 현장에 전동 재봉틀이 도입되었다는 점이 컸을 것이다. 분업제가 채택되어 초보자도 바로 작업에 투입할 수 있는 체제도 마련되어 있었을지 모른다. 공장의 체질은 장인의 프로 집단에서 미숙련

EMPLOYMENT FOR OAKLAND WOMEN.

Levi Strauss & Co. to Open a Factory Here.

IN OAKLAND, COR. 10TH AND CLAY STS.
SEWING MACHINE OPERATORS ON
OVERALLS; NO EXPERIENCE NECES-
SARY; STEADY WORK; GOOD PAY.
LEVI STRAUSS & CO.

AT OUR NEW FACTORY, 1873 MISSION ST.,
NEAR FIFTEENTH, SEWING MACHINE
OPERATORS ON OVERALLS WANTED;
INEXPERIENCED PAID SALARY WHILE
LEARNING; OPERATORS AND RIVETERS
ALSO WANTED AT OUR MAIN FAC-
TORY, 32½ FREMONT ST. LEVI STRAUSS
& CO. APPLY TO MR. DAVIS.

EXPERIENCED sewing machine operators on
overalls, coats and jumpers; steady work.
LEVI STRAUSS & CO., 32½ Fremont st.
Apply to Mr. Davis.

SEWING MACHINE OPERATORS ON OVER-
ALLS; NO EXPERIENCE NECESSARY;
GOOD PAY; STEADY WORK. LEVI
STRAUSS & CO., 32½ FREMONT ST. MR.
DAVIS.

（❸-❷❽）오클랜드 공장 개업 신문기사（1900.8.2）
（❸-❷❾）오클랜드 공장 직공 모집 기사（1905.1.16）. 경험 불문이라는 글자도 보인다.
（❸-❸❶）미션 공장 개업 공지（1903.4.28）. 신규 모집으로 경험 불문이라고 기재되어
있다.
（❸-❸❶）프리몬트 공장에서 몇 개월에 걸쳐 내놓은 경험자 모집 기사（1904.9.20）
（❸-❸❷）프리몬트 공장에서는 경험 불문 모집으로 변경（1905.8.24）

자도 대응할 수 있는 양산제조업으로 변화되고 있었다.

1906년 4월 18일 이른 아침, 대지진이 샌프란시스코를 덮친다. 추정 진도 7.8, 사망자는 3000명 이상이었다. 샌프란시스코 대지진은 현대까지 포함해 미국 대도시가 입은 최대 규모의 자연재해 가운데 하나라고 알려져 있다. 건조물의 붕괴 등 지진 자체에서 비롯된 피해와 더불어 이후 사흘간 이어진 대화재로 거리는 초토화되었다. 시내에 자리한 리바이스의 본사나 공장도 모조리 불에 타 자료나 서류 대부분이 재로 변했다.

(❸-❸❸) 1906년 지진에서 이어진 화재. 구 마켓 공장과 프리몬트 공장이 있던 구역이 불타는 모습. 소화전이 파손되어 그저 바라볼 수밖에 없었다.

제이컵은 재해 2년 후인 1908년 1월 20일 사망한다. 일흔일곱의 나이였다. 현재 알려진 자료에 따르면 1906년 무렵까지 리바이스에서 꾸준히 근무한 제이컵은 리베티드 팬츠의 특허권리를 회사에 매각한다. 지진 재해의 충격은 제이컵의 마음에 이루 헤아릴 수 없는 아픔을 안겼을 것이다. 고령이 된 장인이 부흥에 열정을 불태우기보다 무력감으로 기력을 잃었다고 해도 전혀 이상하지 않다.

이 장에서는 팬츠의 자세한 사양이나 제조라인의 변화를 검증했다. 그 가운데 제이컵이 관여하지 않은 부분은 하나도 없었을 것이다. 리바이스에서 일하기 시작한 뒤 그의 사생활은 잘 알려지지 않았고, 진 제조사에 있어서도 리바이스라는 거대한 이름의 그늘에 가려져 그 업적을 주목받는 일이 별로 없었다.

그런데 실제로는 제이컵 없이는 리벳이 달린 작업용 바지는 탄생할 수 없었으며, 그것을 현장에서 양산해 시장에 내놓은 일도 불가능했다. 그리고 무엇보다 제이컵 데이비스의 최대 위업은 캐주얼이라는 하나의 패션 장르의 기초를 닦았다는 점이다. 그의 자식 가운데 아들 사이먼은 일찍부터 리바이스에 들어가 나중에 2대 공장장으로 재해를 입은 공장개선에 힘쓰게 된다.

제이컵에서 아들 사이먼으로

제이컵 데이비스를 주요인물로 2, 3장의 원고를 작성한 뒤에야 발견한 것이 그의 부고기사다(❸-❸❹). 제이컵에 관한 정보는 극히 한정되어 있었는데 이 기사 덕분에 사망일과 인품 등 새로운 내용을 발견할 수 있었다. 또한 제이컵이 당시 샌프란시스코에서 부고기사가 나올 정도로 평가받는 인물이었다는 점도 명확해졌다.

그렇다고 해도 이 기사에서는 향년 78세라고 적혀 있는데 생일이 1830년 3월 14일이므로 정확하게는 77세다. 또한 제이컵이 리바이 스트라우스의 초청으로 샌프란시스코로 이사한 시기가 1871년이라고 적혀 있지만, 실은 1873년이다(주민등록대장에도 1874년까지 제이컵의 이름은 등장하지 않는다). 충분히 확인할 시간도 없이 쓰던 당시의 부고 환경의 분주함이 전해진다.

위에서부터 세 번째 줄 제목 부분에서 "리베티드 의류의 발명자inventor이자 창시자originator"로 소개되며, 기사 본문에서는 친절하고 관용이 있으며 지역사회에서도 직장에서도 사랑받았다는 인품이 그려져 있다.

가족은 아내와 아들 넷, 딸 둘이 있다고 나온다. 다른 자료에서 찾은 정보와 대조해서 생각하면 아들들의 이름은 위에서부터 메어Mare, 벤Ben, 모리스Morris, 사이먼

Simon이다. 4장에서 새로운 공장장으로 주목할 사이먼은 넷째 아들이다.

다음으로 제이컵에서 아들 사이먼으로 이어지는 공장

JACOB DAVIS, AGED MANUFACTURER, DIES.

He Was the Inventor and Original Patentee of Copper Riveted Clothing.

Jacob W. Davis, the inventor and originator of copper-riveted clothing, died yesterday at his home, 1791 Turk street, at the age of 78 years. He began the manufacture of the copper-riveted overalls while in Reno, Nev., and created a demand for his wares, which induced him to move to San Francisco in 1871. Two years later Levi Strauss & Co. established a factory in this city, under his supervision, and manufactured the articles for which Davis held the patent. The growth of that industry is part of the commercial history of San Francisco, and Davis continued his connection with that firm to the time of his death. He was a kind-hearted and generous man and was beloved by his neighbors and associates and by the vast number he had employed during the years of his activity in manufacturing. He leaves a wife, two daughters and four sons. The sons are engaged in business in this city and at Tacoma and are well and favorably known in business circles. The funeral will take place at 10 o'clock this morning from the family residence. The interment will be at Hills of Eternity Cemetery by electric funeral cars leaving Thirtieth street and San Jose avenue at 11 o'clock.

（❸-❸❹）《샌프란시스코 크로니클》(1908.1.22)

장 교체가 언제 이루어졌는지 검증해보자. 제이컵이 언제까지 공장장을 맡았는지 부고기사에는 쓰여 있지 않았지만, 주민등록대장에서 추론할 수 있었다. 1903년에는 자본가 capitalist, 1905년에는 주임fore man으로 등록되어 있었고, 그전처럼 제조업자manufacturer나 감독 manager과 같이 공장장임을 짐작하게 하는 표현은 사라져 있었다.

한편 사이먼은 마켓 공장이 궤도에 오르기 시작한 1877년 3월 12일에 태어났다. 아버지 제이컵이 공장장으로 일하는 모습을 보면서 자라서인지 몰라도 사이먼은 열일곱 살이었던 1894년 리바이스에 입사한다. 주민등록대장에 따르면 1900년에는 아직 사무직clerk/bookkeeper이었지만, 1901년에는 제이컵의 조수, 1903년에는 공장장으로 승진한다. 즉 1903년에는 적어도 직함상 교체가 이루어졌다. 4장(사이먼의 장)을 다 쓴 시점에서는 주민등록대장이 발견되지 않았기 때문에 단정할 수 없었다. 그렇지만 교체된 뒤 3년 후에 지진 재해와 화재가 샌프란시스코를 덮쳤을 때 공장 복구 시기에 진두지휘를 한 인물도, 그 후 프리몬트 외 지역에도 공장을 늘리며 끊임없이 사업을 확장한 주역도 사이먼이었다. ●

일러스트로 살펴보는 재해 이전의
리바이스 풍경

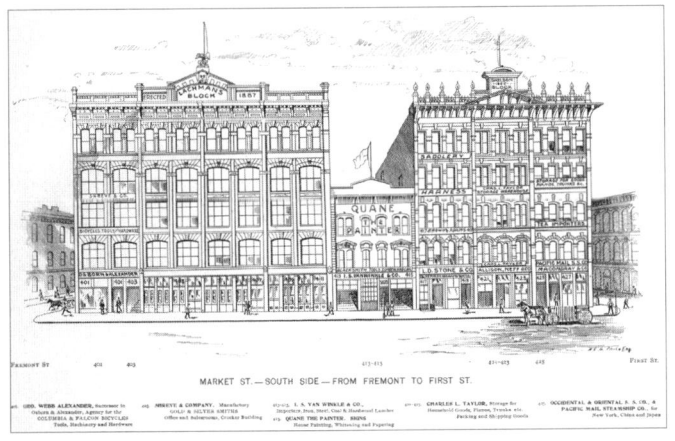

소실된 마켓 공장이 있던 건물(가운데). 1895년에 그린 일러스트이므로 이미 리바이스의 공장은 아니었지만, 좌우 건물과의 규모 차이가 흥미롭다. 구 공장은 이곳 2층에서 시작해 나중에 3층 부분까지 사용한 듯하지만 자세한 내용은 불분명하다. 출입구는 415라고 적혀 있는 계단이다. 진은 이렇게 좁은 곳에서 공장 생산이 시작되었다.

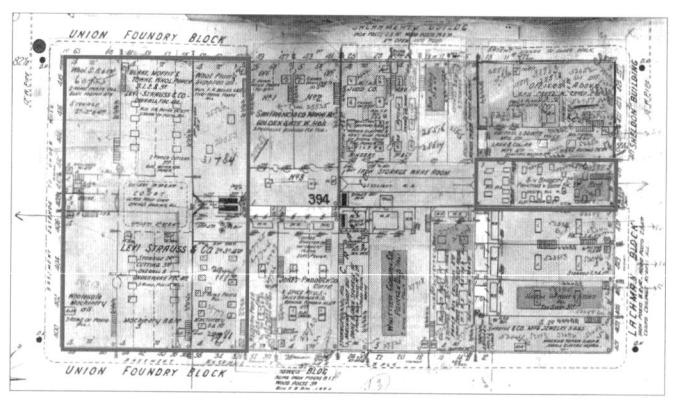

마켓 공장과 프리몬트 공장이 있던 지역의 도면 (1905). 오른쪽의 작은 구역이 구 공장이고, 왼쪽의 커다란 구역이 프리몬트 공장이다. 양쪽 규모가 어느 정도였는지 알 수 있어 흥미롭다. 전자의 도면에는 보일러가 없었으므로 증기동력은 없었을 것이다. 또한 도면 상부는 지진으로 인한 화재 흔적이 여실하다.

1906년에 일어난 지진의 여파로 발생한 화재로 샌프란시스코 시내의 많은 건물이 소실되었기에 리바이스의 공장 시설 모습은 지금까지 전해지지 않았다. 그런데 이번에 1895년 당시에 일러스트로 그린 건물 기록을 발견해 몇 군데 공장의 외관 등을 처음으로 파악할 수 있었다. 사람의 모습도 그려져 있으니 크기가 어느 정도였는지 쉽게 알 수 있다. 도면은 보험 등급 산정용 자료로 지진 재해가 일어나기 전해인 1905년에 그려졌다.

RATTERY ST.—EAST SIDE—FROM MARKET TO PINE ST.

소실된 리바이스의 본사 건물(가운데)로, 리바이스의 간판이 걸려 있다. 1층이 의류품, 2층이 모 제품, 3층이 수입품 쇼룸이다. 리바이 스트라우스가 이 건물을 세운 해는 1866년이다. 샌프란시스코 이주 13년째에 접어든 시점에 이렇게까지 훌륭한 건물을 건설하다니 놀라움을 금할 수 없다. 오래된 지도를 보고 판단하건대 이후에 왼쪽 건물도 소유했으며 지진 재해 후에는 이 왼쪽 옆 사각형 땅에 새로운 본사를 건설한다.

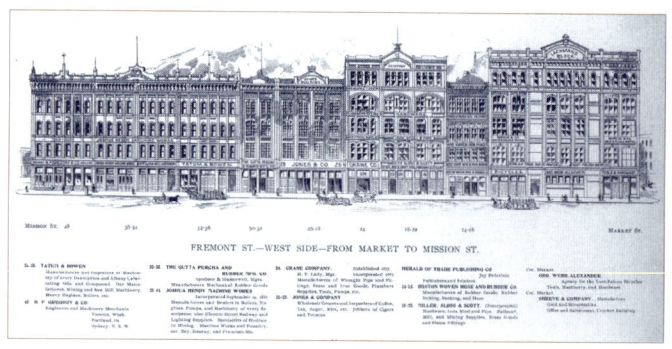

　　소실된 프리몬트 공장이 있던 건물(왼쪽 끝). 1905년 시점에서는 이 건물의 2층 절반을 창고로, 3층 절반을 재단 공정에, 4층 전체를 봉제 공정으로 활용했던 듯하다. 잘 보이지 않지만, 출입구는 1층의 32 ½ 이라고 쓰인 계단이다. 참고로 셔츠 공장도 당초에는 36 ½ 이라는 출입구로 올라간 층에 있었던 듯한데 몇 층이었는지는 확실하지 않다. 밖에 간판을 걸지 않는다는 선택은 리바이의 신중한 성격에서 나온 것이었을까. ●

CHAPTER 4

1906
~
1922

오클랜드 공장으로 피난

1906년 4월 18일에 일어난 지진으로 리바이스 본사도 프리몬트 공장도 대부분 붕괴했다. 피해가 비교적 적은 곳은 샌프란시스코 해안에 있던 오클랜드 공장(❹-❶)뿐이었다. 그곳에 급히 임시본사를 꾸리고 쇼룸을 열어 사업의 맥이 끊어지지 않도록 노력한다. 사진에 전선이 찍혀 있는 걸 보니 인프라 피해는 적었던 듯하다. 벽 일부는 붕괴했어도 작업공간만 확보되면 공장으로서 생산활동도 바로 재개할 수 있었다. 본사와 공장은 따로따로 재건해나갔는데 공장 복구는 제이컵의 아들 사이먼 데이비스가 진두지휘했다.

재해로부터 약 한 달 뒤, 오클랜드 공장에서 일할 직공 모집이 시작된다(❹-❷). 모집을 진행한 이는 사이먼 데이비스다. 광고 마지막에는 선언이라도 하듯이 샌프란시스코 시내에 새로운 공장을 지금이라도 재건할 수 있다고 자신하는 표현을 볼 수 있다. 이 공장 모집은 같은 해 8월까지 이어졌다.

참고로 지진에도 무사히 살아남은 이 건물은 2018년 현재도 존재한다. 동시대의 전형적인 건물에 지나지 않겠지만, 리바이·제이컵 시대를 떠올리게 하는 유일한 건축물이다.

No.27 LEVIE STRAUSS AND CO OVERHALL FACTORY 10TH & CLAY STS.
M.M.STEELE FOTO CO   OCEAN PARK CAL.

LEVI STRAUSS & CO.'S
OVERALL OPERATORS

Our Oakland factory will be ready for occupancy in about one week. Those living in San Francisco and wishing to work in our Oakland factory can have **Free Commutation Tickets.** Notice of the opening of our San Francisco factory will appear shortly. Apply to   MR. S. E. DAVIS.

Tenth and Clay sts., Oakland.

（❹-❶）재해를 입은 오클랜드 공장 건물（1906）
（❹-❷）지진 재해 후 첫 직공 모집 공고（1906.5.20）

단추 제조회사에 접촉

재해가 일어난 다음 달 1906년 5월, 공장을 새로 지은 리바이스는 유니버설버튼Universal Button Company에 처음으로 연락한다. 그전까지 단추는 아마도 스코빌Scovill Manufacturing Company이나 파렌트버튼Patent Button Company 제품을 사용했을 것이다. 재해 한 달 후라는 빠른 시기에 심기일전해 단추 부착에도 새로운 방식(이라고는 하지만 페달식)을 도입하겠다는 기세를 느낄 수 있다. 단추 내부구조는 보이지 않는 부분이니 부록에서 설명하겠지만 두 개의 발로 고정하는 투프롱식으로 변경된다. 유니버설버튼은 그 후 미국의 많은 작업복 제조회사에 단추를 제공했다.〔❹-❸〕은 그 주요부분의 특허이며,〔❹-❹〕는 1963년 당시 단추의 일종이다.

발렌시아의 새 공장

중심이 될 새 공장은 발렌시아 거리에 건설됐다. 사이먼의 분투가 빛을 발했는지, 이 공장은 재해가 일어난 지 반년도 지나지 않은 1906년 9월 다시 문을 연다. 2018년 현재 초등학교로 사용되고 있을 정도로 넓은 부지에 3층짜리 공장을 세웠다.

이 공장의 첫 직공 모집 기사는 8월에 나온다. 재해 후

(No Model.)

F. S. McKENNEY.
FASTENING FOR BUTTONS OR OTHER USES.

No. 565,388. Patented Aug. 4, 1896.

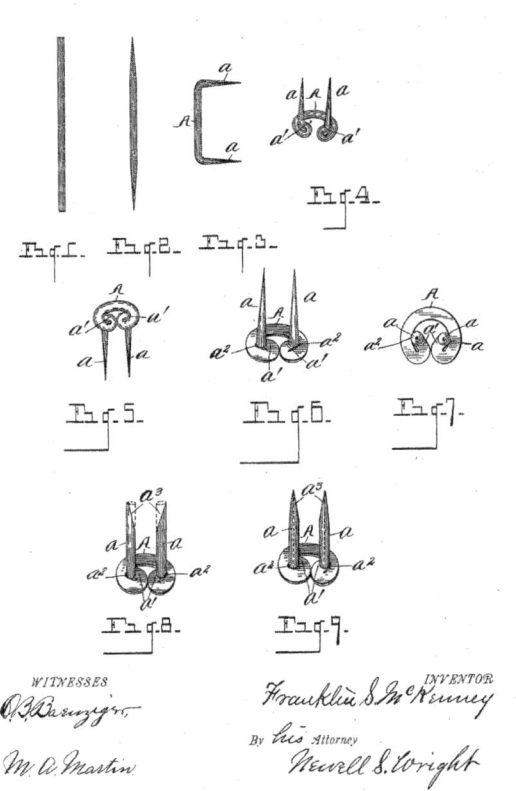

WITNESSES

O. B. Barnziger,

M. A. Martin

INVENTOR

Franklin S. McKenney

By his Attorney

Newell S. Wright

(actual size)

（❹-❹） 유니버설버튼에서 만든 단추들（1963）

4개월밖에 지나지 않았어도, 공장 골격은 거의 완성되어 있었다. 첫 모집에서는 공장 경험 불문이라는 글자가 보인다 (❹-❺). 9월에는 봉제공과 함께 리벳 및 단추 부착을 위한 조작공 모집을 개시한다(❹-❻). 유니버설버튼의 신식 기계가 도입되어 전용 인원이 필요해진 것이다. 12월에는 새로운 공장의 쾌적함을 강조하는 모집공고도 등장했다(❹-❼). 그리고 어느 시점인지는 확실하지 않지만, 제이컵 대신 사이먼이 새로운 공장장으로 취임한다. 2대 공장장의 탄생이다. 리바이의 조카로 2대 사장과 3대 사장이 되는 스턴 형제는 새로운 공장장인 사이먼을 절대적으로 신뢰해 제조에 일절 참견하지 않았다.

SEWING MACHINE OPERATORS ON OVER-
ALLS; NO EXPERIENCE NECESSARY;
GOOD PAY; STEADY WORK; FACTORY
WILL BE READY IN ABOUT 30 DAYS; AP-
PLICATION FOR MACHINES MAY BE
MADE ANY DAY BETWEEN 11:30 AND 12
AT OUR OFFICE ON LOT ON VALENCIA
ST., COR. CLINTON PARK. BETWEEN
13TH AND 14TH. LEVI STRAUSS & CO.
MR. DAVIS.

A—SEWING machine operators on overalls; also
riveters and buttoners: factory in operation.
LEVI STRAUSS & CO., Valencia, between
13th and 14th. MR. DAVIS.

OUR NEW FACTORY BUILDING, WHICH IS
THOROUGHLY LIGHTED, VENTILATED
AND HEATED, IS NOW READY FOR OC-
CUPANCY; EXPERIENCED AND INEXPE-
RIENCED SEWING MACHINE OPERATORS
WANTED ON OVERALLS; GOOD PAY;
STEADY WORK; PAID WHILE LEARNING.
LEVI STRAUSS & CO., VALENCIA ST., BET.
13TH AND 14TH. APPLY TO MR. DAVIS.

(❹-❺) 발렌시아 거리 새 공장의 직원 모집(1906.8.9)
30일 이내에 새로운 공장이 시작된다고 선언, 경험 불문이라고도 쓰여 있다.
(❹-❻) 새 공장에서 낸 흔치 않은 모집 사례(1906.9.14)
리벳과 단추 전용 직공 모집. 이때 신규기계를 도입하지 않았을까 싶다.
(❹-❼) 새 공장의 쾌적함을 강조한 모집 기사(1906.12.14)

새 공장에는 새 재봉틀을

새 공장에는 재봉틀을 모두 새로 들인 것으로 보인다. 이 시기에는 어떤 재봉틀이 제품화되었는지 싱어를 조사했다.

싱어는 재해 직전인 1905년에 100쪽이 넘는 재봉틀 전문 책자를 만들었다. 그 카탈로그에는 예순 대 이상의 공업용 재봉틀 일러스트가 실렸다. 〔❹-❽〕에 나와 있듯이 오버롤스용만 해도 상당히 많은 종류의 재봉틀을 구체적인 품명까지 언급하며 추천한다. 당연히 사이먼도 이 카탈로그를 참고했을 것이다.

쌍침 재봉틀이나 단춧구멍용, 바택☑1용 등 다양한 기능을 갖춘 재봉틀이 이 시기에 모두 존재했다는 사실을 알 수 있다. 오버에징over-edging 머신☑2이나 6침, 12침 스티치까지 가능한 기종까지 있어 제이컵이 첫 번째 리베티드 팬츠 한 벌을 재봉했던 무렵과 비교하면 격세지감이다. 참고로 1905년 당시 재봉틀을 〔❹-❾〕〔❹-❿〕에 소개했다.

☑ 1 다중 박음질을 말하며, 청바지 플라이 부분이나 벨트고리 등 힘을 많이 받는 부분을 튼튼하게 고정해야 할 때 촘촘하고 강하게 박음질 처리한다.

☑ 2 직물 가장자리를 효율적으로 마무리할 수 있도록 만들어진 기계섬유 도구

Overalls.

Stitching (plain) -	Nos. 31-15, 31-20, 55-11, 57-4.
" two rows,	" 31-53, 31-62, 55-12, 72-12, 73-12. Lap seam fellers.
Stitching, two rows,	Nos. 56-2, 57-2. Lap seam fellers.
Tacking, - - -	" 51-8, 51-9, 68-10 to 68-12.
Button-holes, -	Class 23 Machines. Class 71 Machines.
" Barring,	Nos. 51-6, 68-11, 68-12.
Sewing on Buttons, -	" 68-1, 68-4, 68-6, 68-7, 69-5, 69-6.
" " Buckles, -	No. 51-15.

No. 73-4 Machine.

（❹-❽）싱어에서 추천하는 오버롤스용 재봉틀의 용도와 기종（1905）

（❹-❾）이른바 오버로크용 재봉틀（1905）

（❹-❿）6침, 12침 재봉틀도 게재되어 있다（1905）.

유니언스페셜의 재봉틀

재봉틀 이야기를 한 김에 나중에 리바이스와도 깊게 연관이 되는 유니언스페셜머신Union Special Machine(이하 유니언스페셜)을 소개하겠다. 미국의 재봉틀 제조회사의 역사는 매우 복잡하다. 가지고 있는 자료를 바탕으로 할 수 있는 이야기는 유니언스페셜이 공업용 재봉틀에 특화되어 있었다는 점 그리고 그 후 미국의 작업복 제작에 있어 빼놓을 수 없는 제조회사가 되었다는 점이다.

유니언스페셜은 '더블록 스티치Double Locked Stitch'라고 불리는 특수재봉이 가능한 쌍침 재봉틀을 개발했다(최근에는 체인 스티치라고 불린다). 1905년 이 스티치 이름으로 상표등록을 했으므로 재해 복구 당시에는 이미 그러한 재봉틀이 유통되었을 게 분명하다. 리바이스가 마음만 먹으면 앞에서 나온 싱어의 재봉틀과 병행해 상당히 고성능인 재봉틀을 손에 넣을 수 있는 시대였다.

1911년 7월, 리바이스는 유니언스페셜의 쌍침 재봉틀을 다룰 수 있는 조작공을 모집하기 시작한다. 이 시기에 이미 유니언스페셜의 재봉틀을 도입했다는 말이 된다. 참고로 유니언스페셜의 샌프란시스코 지사는 재해 전인 1904년에 창립되어 뒤에 나올 1915년 파나마태평양 만국박람회Panama Pacific International Exposition, PPIE에서 두 회사 공동으로 전시 부스를 설치한다.

데님 작업복에 특화된 유니언스페셜의 재봉틀을 〔❹-

❶❹)에서 〔❹-❹❽〕까지 소개한다. 모두 이 회사의 1921
년 자료에서 인용했다. 더블록 스티치 이미지는 〔❹-❶❶〕
에 소개했다. 이것도 1921년 자료 일부다.

라벨에 생긴 작은 변화

지진이 일어나기 전 달인 1906년 3월 27일, 3장
에서 소개한 두 마리 말 로고 상표가 정식으로 등록되었다
〔❸-❺〕(115쪽). 아마도 이 시점 혹은 재해 복구 이후에
상표가 등록되었음을 알리는 TRADE MARK REG. U.S.
PAT. OFF라는 글자가 라벨에 표기되기 시작했다고 짐작된
다. 〔❹-❷⓪〕〔❹-❷❶〕에 소개한 라벨은 1914년 업계
잡지에 게재된 것인데 두 마리 말 로고 일러스트 아래에 아주
작게 이 문구가 적혀 있다.

이 시기에 제작된 실물 팬츠의 가죽 라벨은 검게 변색한
경우가 많아 내용을 판독할 수 있는 실물을 볼 기회가 좀처럼
없었다. 단 원단 라벨〔❹-❷❹〕이 달린 No.2 제품은 꽤 많
이 확인할 수 있다.

참고로 여기에서 소개한 가죽 라벨의 소재를 언급한
1917년 신문광고가 〔❹-❷❷〕다. 무려 양가죽이라고 쓰여
있다(lapel은 label의 오자인 듯). 이 광고는 리바이스
가 아닌 판매점이 낸 광고이므로 정보의 신빙성에는 의문이
남지만, 적어도 소가죽은 아니었다.

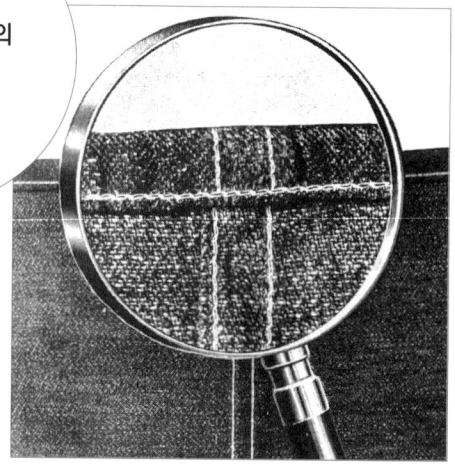

（❹-❶❶） 유니언스페셜의 더블록 스티치

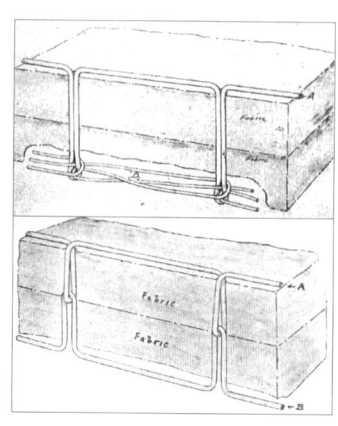

（❹-❶❷） 더블록 스티치 도해 . 별칭은
유니언스페셜 스티치 . 최근에는 체인
스티치라고 불린다 .
（❹-❶❸） 플레인 스티치 도해 . 별칭
록 스티치 . 일본에서는 싱글 스티치라고
불린다 .

（❹-❶❹） 포켓주머니 끝 등에 사용하는
오버로크용 재봉틀
（❹-❶❺） 오버로크 확대

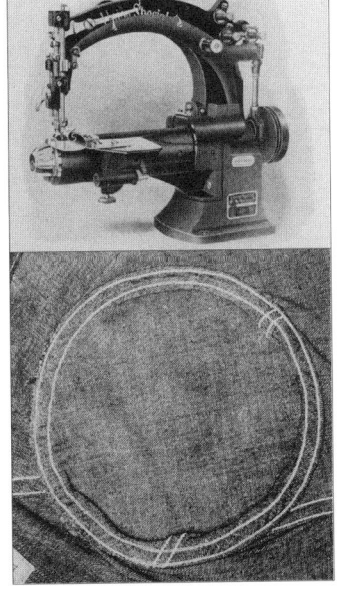

〔❹-❹❻〕 쌍침 더블록 스티치용 재봉틀

〔❹-❹❼〕 벨트고리 등 제조용 재봉틀

〔❹-❹❽〕 재킷 소매 바느질용 재봉틀

〔❹-❹❾〕 재킷 소매 바느질용 재봉틀로
소매 이음부의 안쪽을 봉제한 모습

〔❹-❷⓿〕 XX용 가죽 라벨(1914년 카탈로그)
〔❹-❷❹〕 No.2용 원단 라벨(1914년 카탈로그)

TRADE MARK

PATENTED MAY 20, 1873

THE "TWO HORSE" BRAND

A new pair
FREE
if they rip

INDIGO DYED

No. 201—LEVI STRAUSS WAIST OVERALL — Riveted pockets, indigo dyed. Price..........**$1.25**

No. 501-xx—LEVI STRAUSS NUMBER ONE — Extra heavy Denim Indigo dyed, sheep skin lapel, all sizes. Price **$1.25**

(❹-❷❷) 가죽 라벨의 소재는 양가죽이라고 적혀 있다(1917.5.24).

본사 빌딩의 재건

1908년 재해가 일어난 뒤 2년이라는 시간을 들여 드디어 본사 빌딩을 재건하기에 이른다. 〔❹-❷❸〕은 본사 빌딩을 건축하는 중에 찍은 사진이다. 이곳에서는 본사 업무와 쇼룸을 겸했다. 본사 위치는 재해 전과 거의 같았지만, 발렌시아거리의 신 공장과는 4킬로미터 이상이나 떨어져 있었다. 재해 전의 구 본사와 구 공장처럼, 걸어서 편하게 왕복할 수는 없었다.

〔❹-❷❸〕 완공 직전의 리바이스 신 본사 빌딩(1908)

신제품 커버롤스의 투입

1911년 무렵, 새 공장장인 사이먼이 새 제품의 아이디어를 떠올린다. 노동자용뿐 아니라 아이들이 놀 때 입을 수 있는 상하 일체형 옷이었다. 여기에 커버롤스Koveralls라고 이름 붙이고 대대적으로 판매하기 시작한다. 각종 박람회에 참가해 나중에는 미국 전역에 판매하게 된다. 의외로 미국 전역을 대상으로 한 판매는 리바이스로서는 커버롤스가 처음이었다. 그런데 후에 이 제품의 생산이 리바이스를 곤경에 빠뜨리리라고는 당시 그 누구도 알지 못했다.

사이먼은 자기 딸을 광고모델로 썼다〔❹-❷❹〕. 이쯤 되자 리바이스는 아동복에도 힘을 쏟기로 했는지 전에 볼 수 없던 아동복 광고를 내놓는다. 이외에도〔❹-❷❺〕에서 볼 수 있는 아동용 빕 오버롤스(가슴판이 있는 오버롤스) 광고가 등장하는데 이것도 리바이스 역사상 처음이었다.

이 커버롤스 시리즈에도 두 마리 말 로고 라벨이 부착되었다. 그렇지만 오버롤스와 같은 두꺼운 원단이 아니었으므로 "두 마리 말로도 찢을 수 없다."라는 문구는 과장광고가 되는 결과를 초래했다. 경영진도 다소 주저한 듯한데, 아이들은 금방 성장하니 그 정도로 오래 입지 않을 거라고 판단해 로고를 계속 사용했다.

커버롤스는 미국 전역에서 인기 상품이 되었다. 그러자 제이컵의 리베티드 팬츠와 마찬가지로 모조품이 등장한다. 이에 더는 모방이 일어나지 않도록 사이먼의 오른팔이었던

KOVERALLS

Made by Levi Strauss & Co. *S.F.*

Keep Kids Kleen

75¢ **the suit—Everywhere**
a new suit FREE if they rip
BEWARE OF IMITATIONS

Two-Horse Brand
OVERALLS
For BOYS

Are the best fitting, the longest wearing, and the strongest Overalls made, and—you get a new pair FREE if they rip.

They are manufactured by Levi Strauss & Co., who have made overalls for over 40 years —and <u>know how.</u>

You—who wear overalls, and are interested in getting the best—may not at first find the "Two-Horse" brand. Some dealers may not carry them —perhaps they handle a brand giving them a larger profit, and the salesman may try to switch you to this other brand, saying they are "just as good" or even "better."

You—who want **the best** —will of course, pass on and find the dealer who does **not** substitute, but who **does** carry the "Two-Horse" brand.

There's room to spare,
In every pair,
Plenty of pockets
And lots of wear.

TRADE MARK

Made and guaranteed by
LEVI STRAUSS & CO.
San Francisco
For sale by all dealers

— **Get what you ask for** —

（❹-❷❹）커버롤스 광고（1913.12.
12）. 모델은 사이먼의 딸.

（❹-❷❺）아동용 빕 오버롤스
（1913.2.5）

직원이 특허를 신청해〔❹-❷❻①〕 사이먼이 1915년 디자인특허〔❹-❷❻②〕를 등록했다.

한층 저렴해진 염가판,
No.3 시리즈

재해 후 카탈로그에 실린 데님 제품을 〔❹-❷❼〕에서 살펴보자.

3장에서 소개한 '스프링보텀팬츠'라는 이름은 완전히 사라졌다. 한편 No.3 시리즈라는 데님상품이 추가되었다. 가령 팬츠라면 상품 번호는 333으로 이 시기(1911~1915?)에만 볼 수 있는 시리즈다.

333 팬츠에는 아주 최소한의 리벳만 부착했기에 워치포켓이나 백스트랩에도 리벳은 달리지 않았다. 워치포켓은 리벳은커녕 접착식도 아니었으며, 리바이스가 트레이드마크로 소중하게 여겼던 아큐에이트 스티치도 없었다. 오렌지색 실도 사용하지 않았고, 백요크도 넣지 않았다. No.2 시리즈보다 저렴한 염가판이라고도 할 수 있는 극히 단순한 만듦새다. 지금까지 나온 501이나 201과는 현격히 다른 노선으로 변경했다는 점이 두드러지는 시리즈다.

1,390,010.

Patented Sept. 6, 1921.

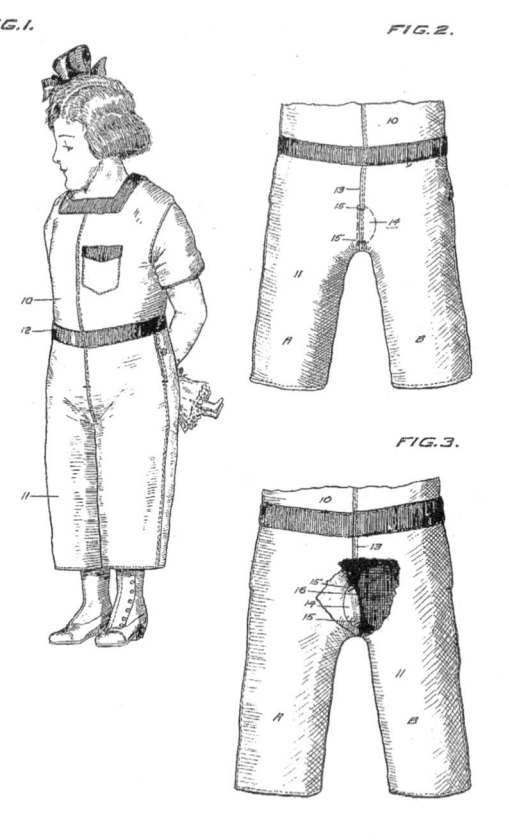

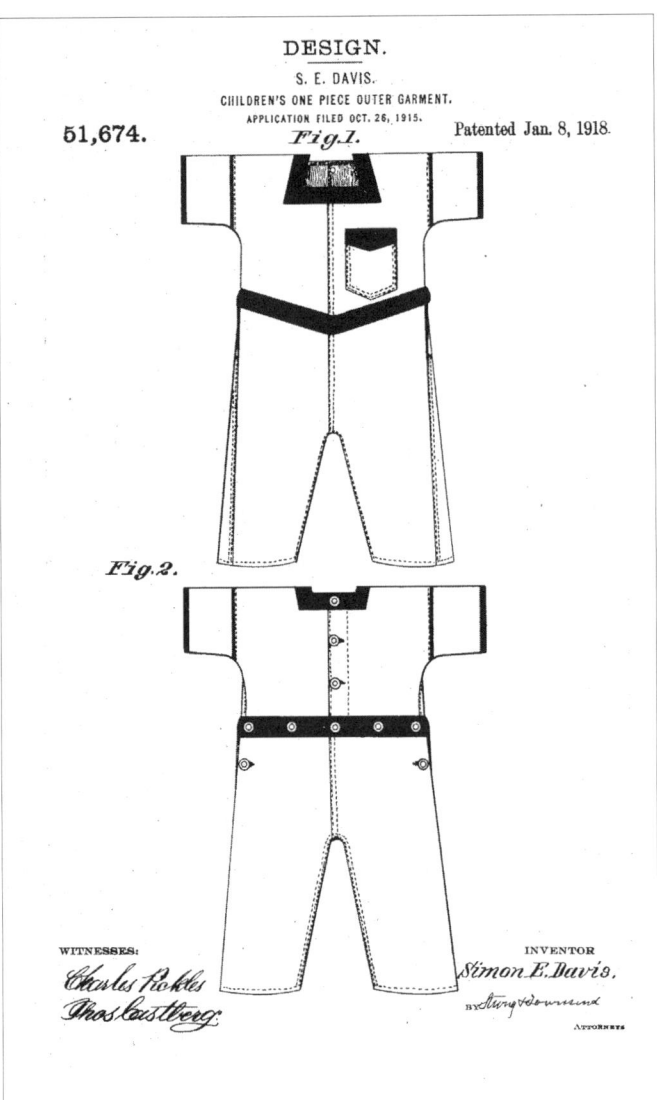

THE "TWO HORSE" BRAND OVERALLS

TRADE · PATENTED MAY 20. 1873 · MARK
THE "TWO HORSE" BRAND

A NEW PAIR
FREE
IF THEY RIP

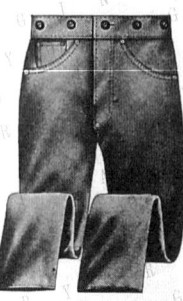

Men's Waist Overalls.   Boys' and Youths' Waist Overalls.

MEN'S WAIST OVERALLS

BLUE DENIM

No.	Lot	Per dozen	
3	333	$ 8.25..9 oz. denim, 2 hip pockets, riveted.
2	201	9.00..9 oz. selected denim, 2 hip pockets, riveted.
xx	501	11.00..9 oz. Amoskeag denim, 2 hip pockets, riveted; linen sewed.

BLACK DENIM

Lot	Per dozen	
225	$9.00..8 oz. denim, 2 hip pockets, riveted.

BOYS' AND YOUTHS' WAIST OVERALLS

BLUE DENIM ALL RIVETED

No.	Lot	Per dozen	
3	335	$6.25..Boys' 9 oz. denim, riveted.
3	336	7.50..Youths' 9 oz. denim, riveted.
2	204	6.50..Boys' 9 oz. denim selected, riveted.
2	203	7.75..Youths' 9 oz. denim selected, riveted.
xx	503	9.75..Youths' 9 oz. denim Amoskeag, linen sewed, riveted.

Extra Sizes, $1.00 per dozen additional.

Prices Subject to Change Without Notice.

〔❹-❷❼①〕1913년 봄여름호 카탈로그. 유스용과 보이용 팬츠의 백포켓 수는 적혀 있지 않은데 이 시기에는 아직 하나였다고 짐작된다.

The "Two Horse" Brand Jumpers and Blouses

Open Front Jumper.

Closed Front Jumper.

A NEW PAIR
FREE
IF THEY RIP

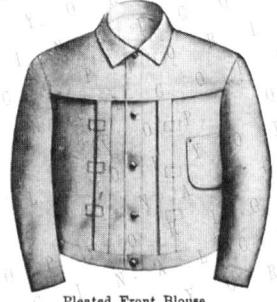

A NEW PAIR
FREE
IF THEY RIP

Pleated Front Blouse.

MEN'S JUMPERS AND BLOUSES
BLUE DENIM—RIVETED

No.	Lot	Per dozen	
3	339	$ 8.25	Closed front, 9 oz. denim, Jumpers.
3	340	8.25	Open front, 9 oz. denim Jumpers.
2	211	9.00	Closed front, selected denim Jumpers.
2	212	9.00	Open front, selected denim Jumpers.
xx	504	11.00	Closed front, Amoskeag denim Jumpers, linen sewed.
xx	505	11.00	Open front, Amoskeag denim Jumpers, linen sewed.
3	341	8.25	Blouses, 9 oz. denim.
2	213	9.00	Blouses, 9 oz. denim selected.
xx	506	11.00	Blouses, 9 oz. Amoskeag denim linen sewed.

Extra Sizes, $1.00 per dozen additional.

Prices   Subject   to   Change   Without   Notice.

아래에 XX, No.2, No.3의 상품설명만 써두었다.

- XX 9온스 아모스키그 데님, 리넨 실로 봉제
- No.2 9온스 선정 데님
- No.3 9온스 데님

모든 데님의 무게는 같았을 텐데도 실물을 만져보니 실제로는 더 가벼웠고, 앞에서 나온 아동용 커버롤스에 사용한 데님원단과 비슷하다는 인상이다. No.3는 '임시방편 데님' 같은 것이었을까? 도매가격은 No.2보다 다소 낮게 설정되었다. 이 시리즈에 관한 리바이스의 자료는 발견되지 않았으므로 그 연원은 알 수 없다.

커버롤스가 전국에서 판매에 성공하면서 판매원들은 이 기회를 놓치지 않고 오버롤스도 함께 판매하기 위해 기를 썼을 게 분명하다. 미국 전체 규모로 보자면 리바이스 제품은 다른 회사 제품보다도 비싼 셈이었다. 그러니 저렴한 제품의 폭을 넓히거나 1900년대보다 20퍼센트 높아진 도매가에 대응하려던 방책이었을지도 모른다.

어찌 되었든 비싸도 질이 좋은 제품을 제공하려고 한 리바이나 재봉에 공을 들인 제이컵이 살아 있었다면 리바이스의 라인업에는 절대로 추가될 일이 없을 상품이라는 생각이 든다. 이 No.3 시리즈는 수요가 없었는지 실물은 찾아보기 어렵다. 하지만 한 가지 깨달은 점이 있다. 이는 우연일 수도 있는데 내가 발견한 No.3 시리즈 모든 개체에 쌍침으로 박은 더블록 스티치가 있었다. 이는 유니언스페셜의 재봉틀로

만 가능한 기술이다. 1911년 무렵이라는 빠른 시기에 리바이스가 유니언스페셜의 재봉틀을 도입했다는 사실을 뒷받침한다.

파나마태평양 만국박람회(PPIE)

1914년 파나마운하가 개통하면서 태평양과 대서양을 대형선박이 왕래할 수 있게 된다. 이로써 파나마철도로 갈아타기 위해 화물을 싣고 내리거나 저 먼 남미의 끝으로 멀리 돌아갈 필요가 없어졌다. 미국 자본을 바탕으로 개통한 이 거대한 프로젝트는 군사 방위적으로도 산업적으로도 커다란 의미를 지녔다. 1915년 샌프란시스코에서 파나마태평양 만국박람회가 개최된다. 재해복구를 국내외에 알리자는 목적도 있었겠지만, 왜 파나마운하의 개통과 샌프란시스코가 연결된 것일까?

시간을 조금 거슬러 올라가보자. '영지 확대는 신의 뜻'을 의미하는 매니패스트 데스티니Manifest Destiny라는 콘셉트를 내걸고 서쪽으로 계속해서 영토를 넓혀간 미국이 1878년 멕시코에서 약탈한 토지가 캘리포니아 그리고 그다음은 태평양이었다. 해상에 있는 섬들이나 나라들을 이미 시야에 넣었던 미국에 그 거점이 될 만한 곳은 당시 태평양 연안의 최대 도시 샌프란시스코밖에 없었다.

대륙횡단철도가 완성되어 있었지만, 파나마운하의 완성 전까지는 진정한 의미에서 미국의 동쪽과 서쪽이 연결되었다고 할 수 없었다. 군함이 통과할 정도의 규모를 지닌 파나마운하의 개통은 미국이라는 나라로서는 서부가 가까워졌다는 차원 그 이상의 것이었다.

이 PPIE 박람회에서 리바이스는 재봉틀 제조회사인 유니언스페셜, 유니버설버튼과 함께 3사 공동으로 참가 부스를 만들어 리베티드 팬츠의 제조 시범을 보인다(❹-❷❽). 작업복용 공업 재봉틀을 만드는 재봉틀 제조회사와 최신설비를 갖춘 단추 제조회사까지 합세해 현장감 넘치는 근대적 제조 현장을 연출했을 것이다. 리바이스의 전시 모습이 담긴 책에는 그 모습과 감상이 다음과 같이 기재되어 있었다.

96장의 원단을 평평하게 펼친 다음 위쪽에 형지를 두고 표시한 뒤 1분 동안 3600회 진동하는 전동 커터로 한 번에 각 부위를 재단한 다음 즉석에서 바지로 봉제해 완성한다. 남은 원단 부분으로 다른 부위를 만들었는데 폐기부분이 많아 낭비를 피할 수 없었다.

이 박람회에서 리바이스의 오버롤스와 커버롤스는 제조산업부문에서 그랑프리를 수상한다.〔❹-❷❾〕는 상을 받은 지 몇 년이 지난 무렵의 광고인데 밑에서부터 세 번째 줄에 작

Union Special Machine Co., 7th St., bet. Aves. C and D. Chicago. (With Levi Strauss & Co.'s exhibit.)

Strauss, Levi & Co., San Francisco, Cal. Mfr., 7th & 8th Sts., bet. C & D. Overalls; Two Horse Brand; Koveralls; Two Horse Brand, (Children's Play Garment) Koverall Nighties; Two Horse Brand; Shirts; Sunset; Pants; Levi Strauss Make.

Universal Button Fastening & Button Co., Detroit, Mich. Buttons. Mfr., 7th & 8th Sts., bet. Aves. C & D.

〔❹-❷❽〕PPIE 관련 자료(1915). 리바이스, 유니언스페셜, 유니버설버튼의 전시가 같은 부스에서 이루어졌다.

게 이 사실이 표기되어 있다.

　이 수상 메달을 인쇄한 〔❹-❸⓪〕과 같은 택은 501이나 염가판인 201의 서스펜더 단추에 달렸는데 언제부터 부착했는지 불분명하다.

　〔❹-❸❹〕은 당시 내방객에게 배포한 선물을 겸한 광고다. 색종이로 접은 청바지인데 펼치면 뒤쪽에 컬러로 광고가 인쇄되어 있다. 연출을 좋아하는 사이먼다운 기념품이다.

〔❹-❷❾〕그랑프리 수상을 기재한 광고
(1918.8.24)

〔❹-❸⓪〕PPIE 그랑프리 메달을
보여주는 플래셔

이 박람회에서는 자동차 회사인 포드도 T형 포드 조립라인을 가지고 나왔다. 제조현장을 전시하는 일이 유행처럼 번지던 시절이다.

여담이지만, 일본에서도 부스를 내서 참가했는데 긴카쿠지절金閣寺을 본떠 만든 건물을 전시하고 입구 문 위에 대불 모형을 두는 등 여러모로 궁리했던 듯하다. 참가한 일본인 직원도 리바이스의 전시를 직접 보았을지 모른다고 생각하면 신기하고 흐뭇한 기분이 든다. 당시 세계는 불온한 시기에 돌입해 유럽에서 이미 1차 세계대전이 시작되고 있었다.

유니언스페셜의 PPIE 수상

파나마태평양 만국박람회에 리바이스와 공동 참가한 유니언스페셜은 다른 부스에서도 재봉틀을 전시했다. 그 전시물에는 쌍침 재봉틀이나 원단 끝단을 고정하는 오버에칭 재봉틀도 포함되어 있었다(❹-❸❷). 이들 재봉틀은 이 박람회에서 금메달을 받았고 그때의 증서(❹-❸❸)는 그 후 유니언스페셜이 발행한 책표지에도 담긴다.

유니언스페셜은 1893년에 이른바 '더블록 스티치'가 가능한 재봉틀을 만들어냈고, 작업복 제조회사는 앞을 다투어 이 새로운 재봉틀을 도입한다. 이 재봉틀로 만든 스티치는 유니언 스페셜 스티치라고도 불린다. 이 박람회가 계기가 되었는지 그 후 1917년 미국이 1차 세계대전에 참전하기 직전, 유니언스페셜 재봉틀은 미국 육군의 군수용 재봉틀로 인

Union Special Machine Company, of Chicago.
Sewing machines. 2nd St. & Av. Ga.
Double needle, flat-bed sewing machine for
felling; double needle, side-wheel sewing
machine for felling; double needle, flat-bed
sewing machine connected to pulling ma-
chine for attaching bib to bib-overalls. Over-
edging trimming machine for finishing poc-
kets; single needle, right-hand cylinder sew-
ing machine for hemming bottom of leg of
overalls. Various other styles in operation,
but not described. Branch office for Pacific
Coast, 682 Mission St., San Francisco, Cal.

〔❹-❸❶〕 PPIE에서 배포한 기념품
〔❹-❸❷〕 PPIE에 출품한 유니언스페셜의 전시물. 구체적으로 적혀 있는 전시 재봉틀
종류를 보면 1915년 시점에 상당히 많은 작업이 가능했음을 알 수 있다.

정받아 지명도가 비약적으로 상승했다.

1921년 유니언스페셜은 작업복과 신발, 속옷 등을 분야별로 해설한 수십 쪽에 이르는 책을 제조사용으로 발행한다. (④-⑭)에서 (④-⑱)은 그 책에서 발췌한 것으로, 당시 최신식 오버롤스나 재킷, 점프슈트 등의 대량생산 방식을 자세하게 소개한다.

공정별 사용 재봉틀은 물론, 제조라인 레이아웃에서 천장 들창 설계까지 1920년대에 재봉틀 제조회사가 만든 책이라고는 생각이 들지 않을 정도로 지침이 자세했다. 마치 '이 책을 보면 누구든 작업복을 대량생산할 수 있다.'라고 느낄 만한 정보가 누구나 볼 수 있는 형태로 공개되어 있어 놀랍다. 이 책에는 유니언스페셜의 최신제품으로 보이는 3침 재봉틀을 도입한 작업복 제조회사가 목록으로 나와 있다. 목록에는 예순네 곳의 공장이 열거되었는데 거기서 리바이스의 이름은 볼 수 없었다. 동종업계 타사가 새로운 기술을 흡수해 경쟁력

(④-㉝) 유니언스페셜의 PPIE 금메달 증서

을 키워가는 사이, 리바이스는 독자노선을 펼치며 소모적 경쟁이 일어나는 일을 피하려고 했는지 모른다.

올림픽 브랜드란

PPIE가 열린 다음 해인 1916년, 리바이스가 제작한 카탈로그를 살펴보면 No.3 시리즈는 모습을 감추고 가격이 낮은 '올림픽 브랜드olympics brand'라는 시리즈가 등장한다. 인디고 대신 로그우드logwood로 염색해 갈색으로 퇴색되는 데님원단으로 만든 특이한 제품이다. 제품은 팬츠, 재킷(점퍼와 블라우스), 코트, 이렇게 세 종류였다. (❹-❸❹)와 같은 리바이스의 이름도, 두 마리 말 로고도 들어가지 않은 원단 라벨이 붙어 있었다.

카탈로그에는 놀랍게도 퇴색 책임을 지지 않는다는 말이 명확하게 적혀 있는데 1차 세계대전의 영향이 있다.

1916년 신문기사 (❹-❸❺)를 보면 당시 미국에서 사용하던 합성인디고 염료는 독일 수입품이었다. 그런데 전쟁으로 운송이 지체되어 입수가 어려워지자 그 대체품으로 자메이카에서 초목염색 염료를 수입해 대응할 수밖에 없었다. 이것이 색이 빠지면 갈색이 되는 데님을 갑자기 도입한 이유다.

리바이스에 데님을 공급하던 아모스키그가 1915년 여름 로그우드 염색의 데님을 검토했다는 사실이 신문에 실렸다. 그 시점에 이미 인디고 염색의 데님이 곧 부족해질 것을

THE "TWO HORSE" BRAND OVERALLS

Awarded Grand Prize at Panama-Pacific International Exposition

TRADE MARK
PATENTED MAY 20, 1873
THE "TWO HORSE" BRAND

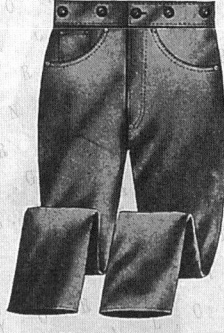

INDIGO
DYED

A NEW PAIR
FREE
IF THEY RIP

Men's Waist Overalls.　　Boys' and Youths' Waist Overalls.

MEN'S WAIST OVERALLS

BLUE DENIM

No.	Lot	Per dozen	
	230	$ 9.50	"Olympic" brand see page 12).
2	201	12.00	9 oz. denim, 2 hip pockets, riveted.
xx	501	13.50	9 oz. selected denim, 2 hip pockets, riveted.

BLACK DENIM

	Lot	Per dozen	
	225	$12.00	8 oz. denim, 2 hip pockets, riveted.

BOYS' AND YOUTHS' WAIST OVERALLS

BLUE DENIM ALL RIVETED

No.	Lot	Per dozen	
2	203	$11.00	Youths' 9 oz. denim, riveted.
xx	503	12.50	Youths' 9 oz. selected denim, riveted.
			Extra Sizes, $1.00 per dozen additional.

Prices Subject to Change Without Notice.

Brown and white will probably be the prevailing shades, although it is thought that even brown overalls will be difficult to obtain in a few months. Unbleached khaki is becoming popular for overalls, and white is setting a vogue much like that in hosiery.

Use of logwood vegetable dyes from Jamaica is being extended to goods of this character, with varying results. The best dyes, which come from Germany, produce the best indigo blue, which has long been popular for overalls. The war has made the shipment of dyes from Germany to the United States impossible.

"OLYMPIC" BRAND

OVERALLS, JUMPERS AND BLOUSES

OLYMPIC BRAND
DENIM CLOTHING
MADE TO FIT - GUARANTEED NOT TO RIP

LOGWOOD DYED — COLOR NOT GUARANTEED

While the "OLYMPIC" brand Overalls, Jumpers and Blouses do not bear the name of Levi Strauss & Co. or the "Two Horse" trade mark, these garments are nevertheless guaranteed in every respect the same as our regular goods except as to the fastness of the color.

Lot		Per doz.
230	Waist Overalls, 9 oz. blue denim, 2 hip pockets, riveted	$ 9.50
236	Jumpers, 9 oz. blue denim, closed front, riveted	9.50
237	Jumpers, 9 oz. blue denim, open front, riveted	9.50
238	Blouses, 9 oz. blue denim, pleated front, riveted	9.50
239	Sack Coats, 9 oz. blue denim, 4-piece, 5 pockets, riveted	12.00

Extra Sizes, $1.00 per dozen additional.

(❹-❸❺) 오버롤스의 색상 변경을 알리는 신문기사(1916.4.25)
시카고에 거점을 둔 백화점의 공지로, 머잖아 로그우드로 염색한 제품으로 바뀐다는 내용이
적혀 있다.
(❹-❸❻) 올림픽 브랜드 1916년 카탈로그

예측한 모양이다. 린 다우니가 쓴 책에는 리바이스가 1915년부터 아모스키그 외의 회사에서 생산되는 데님을 찾기 시작했다고 쓰여 있는데 그것도 전쟁의 영향일지 모른다.

올림픽 브랜드 시리즈로 내가 직접 유일하게 본 적이 있는 230 팬츠는 No. 2 시리즈 201팬츠와 색상만 다른 제품으로 라벨을 제외한 모든 부위와 세부가 같다. 스티치는 오렌지색이고, 아큐에이트 스티치도 있었으므로 333 팬츠처럼 생략된 부분은 없었다. 구하기 어려워진 인디고 염료를 사용하지 않아 결과적으로 비용은 절감되었다. 그렇다고 염가판을 노린 제품은 아니었고 전쟁 때문에 임시로 만들어낸 제품이었다고 추측한다. 어떻게 보면 이 올림픽 브랜드는 1차 세계대전 중에 제작한 '워모델'이다.

시리즈 이름에 있는 '올림픽'의 유래는 알려지지 않았는데 1916년 독일 베를린에서 개최될 예정이었던 올림픽을 의식한 것은 아닐까? 전쟁의 영향으로 취소되었지만, 전쟁이 빨리 종결되어 올림픽이 무사히 개최되었으면 하는 바람을 담았는지도 모른다.

1차 세계대전

1914년부터 유럽에서는 1차 세계대전이 시작되었다. 미국은 1917년부터 1918년, 약 1년 참전한다. 유럽에서 멀리 떨어진 곳에 있던 리바이스에는 어떠한 수요의 영향도 없었고, 전쟁에 의한 호경기의 혜택도 입지 않았다(군에 1500

벌의 상하 데님 작업복은 납품했다).

반면 다양한 물자의 가격이 상승했는데 이 문제가 해결되는 데 몇 년이 걸렸다. 참고로 501 진의 도매가격 추이를 (❹-❸❼)에 나타냈다. 전쟁 후인 1920년 근처가 아주 높은데 그 가격은 1950년대부터 1960년대의 도매가와 비슷한 수준이었다.

1차 세계대전 말기 리바이스의 가격목록이 (❹-❸❽)이다. 카탈로그가 아닌 소형 리플릿에 실렸다. 6장에서 자세히 소개하겠지만, 2차 세계대전 당시에는 정부로부터 다양한 규제가 내려왔는데 1차 세계대전 당시에는 특별한 제재가 없었다. 그 결과, 앞에서 이야기한 물가 급등이 일어났다. (❹-❸❽)에 나온 가격목록을 보면 이미 상품 도매가가 상당이 높아져 있다.

원단 제조사를 선택할 수 있는 상황이 아니었는지 목록에는 그전까지 반드시 표기했던 아모스키그의 이름이 없다. 또한 XX에 No.1이라는 글자가 병기되어 있다. XX는 본래 아모스키그에서 생산되는 최고 등급 데님이라는 의미였기 때문에 알기 쉽도록 No.1이라고 넣은 것일까?

참고로 유스용 데님팬츠(203과 503)란에 표기 공간이 있는데도 백포켓 개수가 쓰여 있지 않은 것을 보니 이 시기

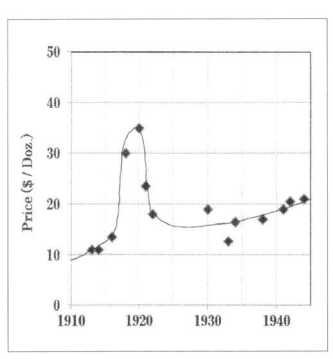

(❹-❸❼) 1차 세계대전 전후 501 진의 도매가격 추이

LEVI STRAUSS & CO.

TRADE MARK — PATENTED MAY 20, 1873

THE "TWO HORSE" BRAND
RIVETED GOODS

No. 2
WAIST OVERALLS AND JUMPERS

INDIGO DYED

Lot		Per doz.
201	Waist Overalls, 2 hip pockets	$28.00
203	Waist Overalls, Youths'	25.00
211	Jumpers, Closed Front	28.00
212	Jumpers, Open Front	28.00
213	Blouses, Pleated Front	28.00

XX No. 1
WAIST OVERALLS AND JUMPERS

INDIGO DYED

Lot		
501	Waist Overalls, 2 hip pockets	$30.00
503	Waist Overalls, Youths'	27.00
504	Jumpers, Closed Front	30.00
505	Jumpers, Open Front	30.00
506	Blouses, Pleated Front	30.00

Black Denim
WAIST OVERALLS

225	Waist Overalls, 2 hip pockets	$28.00

Extra Sizes, $3.00 per dozen Additional

Prices Subject to Change Without Notice.

LEVI STRAUSS & CO.

UNRIVETED GOODS
MEN'S BIB OVERALLS

INDIGO DYED

Lot		Per doz.
65	Blue Denim, 7 pockets (high back)	$31.50
66	Blue Denim, 7 pockets, 2-inch elastic suspenders	31.50
68	Express Stripe,7 pockets, high back, h'vywt.	30.00
44	Black Denim, 7 pockets, 2-inch elastic suspenders	31.50

Extra Sizes, $3.00 per dozen Additional

MEN'S COATS

INDIGO DYED

Lot		
67	Blue Denim, 5 pockets	$31.50
69	Express Stripe, 5 pockets, heavy weight	30.00
45	Black Denim, 5 pockets	31.50

BOYS' AND YOUTHS' BIB OVERALLS

INDIGO DYED

Lot		
38	Boys' Blue Overalls, sizes 2 to 8 inclusive	$17.00
	Youths' Blue Overalls, sizes 9 to 12 inclusive	19.50
39	Young Men's Blue Overalls, sizes 13 to 16	22.00
40	Boys' Mode Duck Overalls, sizes 2 to 8	17.00
	Youths' Mode Duck Overalls, sizes 9 to 12	19.50
41	Young Men's Mode Duck Overalls, sizes 13 to 16	22.00
42	Boys' Black Denim Overalls, sizes 2 to 8	17.00
	Youths' Black Denim Overalls, sizes 9 to 12	19.50
43	Young Men's Black Denim Overalls, sizes 13 to 16	22.00
46	Boys' Heavy Khaki Overalls, sizes 2 to 8	17.00
47	Youths' Heavy Khaki Overalls, sizes 9 to 12	19.50
48	Young Men's Heavy Khaki Overalls, sizes 13 to 16	22.00
62	Boys' Express Stripe Overalls, sizes 2 to 8	16.00
	Youths' Express Stripe Overalls, sizes 9 to 12	18.50
63	Young Men's Express Stripe Overalls, sizes 13 to 16	21.00

Prices Subject to Change Without Notice.

LEVI STRAUSS & CO.

KOVERALLS

Retail Selling Price, $1.50

Lot		Per doz.
28	Light weight, fast color stripe, Dutch neck, elbow sleeves	$12.00
29	Light weight, fast color stripe, High neck, long sleeves	12.00
32	Light weight, fast color stripe, Dutch neck, elbow sleeves	12.00
33	Light weight, fast color stripe, High neck, long sleeves	12.00
34	Light weight, fast color stripe, Dutch neck, elbow sleeves	12.00
35	Light weight, fast color stripe, High neck, long sleeves	12.00
36	Light weight, fast color stripe, Dutch neck, elbow sleeves	12.00
37	Light weight, fast color stripe, High neck, long sleeves	12.00
74	Genuine Hickory Stripe, Dutch neck, elbow sleeves	12.00
75	Genuine Hickory Stripe, High neck, long sleeves	12.00
72	Heavy Blue Denim, Dutch neck, elbow sleeves	13.50
73	Heavy Blue Denim, High neck, long sleeves	13.50
78	Khaki fast color, Dutch neck, elbow sleeves	12.00
79	Khaki fast color, High neck, long sleeves	12.00

All trimmed with fast color Galatea.

Prices Subject to Change Without Notice.

LEVI STRAUSS & CO.

FREEDOM-ALLS

PATENTED APRIL 9, 1918

ONE-PIECE SUIT FOR WOMEN
HIKING SUIT STYLE—DROP SEAT

Lot		Per suit
1	Light-weight Khaki	$5.00
9	Heavy Khaki	6.00

FREEDOM-ALLS

PATENTED APRIL 9, 1918

ONE-PIECE SUIT FOR WOMEN
HOUSE AND GARDEN STYLE—DROP SEAT

Lot		Per doz.
2	Solid green blouse	$36.00
	Green stripe trousers to match	
6	Solid light blue	36.00
	Blue Stripe trousers to match	
8	Solid pink	36.00
	Pink stripe trousers to match	

When ordering give bust measurement only

KOVER-UPS

ONE-PIECE SUIT FOR MEN

Lot		
90	Made in Blue Denim, 8 pockets	$50.00
91	Express Stripe, heavy weight	48.00
92	Khaki, heavy weight	60.00

Prices Subject to Change Without Notice.

LEVI STRAUSS & CO.

LEVI STRAUSS MAKE

BOYS' CORDUROY PANTS

5060	Narrow Wale Dark Drab, cuff bottom	$39.00
5061	Wide Wale Dark Drab, cuff bottom	42.00
5062	Narrow Wale Army Drab	39.00

Sizes 26 to 30 Waist

BOYS' KNICKERBOCKERS

Lot		Per doz
5011	Army Drab Khaki	$18.00
5012	Narrow Wale Corduroy, Dark Drab	24.00
5010	Wide Wale Corduroy, Dark Drab	27.00
5008	Wide Wale Corduroy, Army Drab	27.00

Sizes 6 to 16 Years

MEN'S MILITARY SUITS

5026	Army drab khaki pants, lace bottom, double seat	$34.50
6121	Army drab khaki coats, military collar, four pockets	39.00

BOYS' MILITARY SUITS

5021	Army drab khaki pants, lace bottom	$27.00
5022	Army drab khaki coats, military collar, four pockets	33.00

TERMS

Denim Clothing, "Koveralls" and "Freedom-Alls"

Levi Strauss Make—Pants and Coats

Net 60 Days

Price List

DENIM CLOTHING
"KOVERALLS"
KHAKI, FUSTIAN AND
CORDUROY CLOTHING

SEPTEMBER 21, 1918

LEVI STRAUSS & CO.
SAN FRANCISCO
CALIFORNIA

LEVI STRAUSS & CO.

LEVI STRAUSS MAKE

MEN'S KHAKI PANTS

Lot		Per doz.
5039	Bronze Khaki, cuff bottom	27.00
6077	Heavy Weight Tan Khaki, cuff bottom	30.00
6389	Heavy Weight Beaver Khaki, cuff bottom	30.00
6310	Heavy Weight Army Drab Khaki, cuff bottom	30.00
5009	Extra Heavy Weight Olive Khaki, cuff bottom	33.00

Sizes 30 to 42 Waist. Extras 44-46 are $3.00 add'l.

MEN'S PANTS

5032	Black and White Khaki, cuff bottom	$30.00
5046	Black and White Moleskin, cuff bottom	39.00
5047	Black and White Moleskin, cuff bottom	39.00
5035	Heavy Weight Beaver Moleskin, cuff bottom	39.00
5036	Heavy Weight Army Drab Moleskin, cuff bottom	36.00
5043	Heavy Weight Fancy Bronze Fustian, cuff bottom	30.00

Sizes 30 to 42 Waist. Extras 44-46 are $3.00 add'l.

MEN'S CORDUROY PANTS

5051	Narrow Wale, Walnut, cuff bottom	42.00
5053	Wide Wale, Dark Drab, cuff bottom	45.00
5054	Wide Wale, Walnut, cuff bottom	45.00
5063	Narrow Wale, Army Drab, cuff bottom	42.00
5065	Narrow Wale, Dark Drab, cuff bottom	42.00
5055	Wide Wale, Dark Drab, cuff bottom	48.00
5058	Wide Wale, Bronze, cuff bottom	48.00
5064	Wide Wale, Army Drab, cuff bottom	48.00

Sizes 30 to 42 Waist. Extras 44-46 are $3.00 add'l.

Prices Subject to Change Without Notice.

LEVI STRAUSS & CO.

LEVI STRAUSS MAKE

MEN'S KHAKI COATS

Lot		Per doz.
6115	Tan Khaki, 4 pockets, Norfolk style	34.50
6114	Beaver Khaki, 4 pockets, Norfolk style	34.50
6399	Army Drab Khaki, 4 pockets, Norfolk style	34.50

Sizes 36 to 44. Extras 46-48 are $3.00 Additional

MEN'S RIDING SUITS

5038	Army Drab Khaki Pants, lace bottom, double seat	$34.50
5037	Fine Olive Whipcord Pants, lace bottom, double seat	45.00
6120	Fine Olive Whipcord Coats, military style	45.00

Sizes 30 to 46

MEN'S DUSTERS

5400	Tan Chambray, Light Weight	$27.00
5401	Tan Khaki, Medium Weight	39.00
5402	Olive Khaki, Heavy Weight	42.00

Sizes 36 to 46

BOYS' KHAKI PANTS

6116	Olive Drab Khaki, Medium Weight	$22.50
6113	Army Drab Khaki, Heavy Weight	28.50
6117	Tan Khaki, Heavy Weight	28.50

Sizes 26 to 30 Waist

Prices Subject to Change Without Notice.

에는 백포켓이 아직 하나였음을 알 수 있다.

이 목록에는 전쟁 중이라는 사실을 의식했다고 여겨지는 프리덤올스freedom-alls라는 여성용 점프슈트, 커버 업스kover-ups라는 남성용 점프슈트, 리바이 스트라우스 메이크levi strauss make 시리즈에 속하는 튼튼한 캐주얼 팬츠에 더스터 코트duster coat까지 폭넓게 게재되어 있다. 게다가 이 시기에만 볼 수 있었을 미국 육군용 제복 상하까지 실려 있다(아동용 치수도!).

다음 인기를 노린 신제품 601

1922년 8월 리바이스의 신제품이 신문광고에 등장한다(❹-❸❾). 품번은 601. 601XX라고 불러야 할까? 공장 노동자를 타깃으로 한 듯하다.

디테일을 살펴보면 소재는 501과 같은 XX 데님 제품이다. 벨트고리는 있지만, 백스트랩은 없다. 백요크도 없었는데 그 대신 뒤쪽 중심부가 높아져 있다. 이는 벨트를 하고 주저앉았을 때 옷이 아래쪽으로 당겨지지 않도록 배려해 나온 결과다.

포켓의 바느질을 보면 시작점에 리벳이 부착되어 있었는데 포켓 모양은 그전까지와 전혀 달랐다. 프런트포켓은 사이드스윙잉side swinging 포켓이라고 불리는 긴 슬릿식 포켓으로, 옆쪽에 들어가 있었다. 백포켓은 플리츠가 들어간 대형 포켓으로 아큐에이트 스티치는 확인할 수 없었다. 앞쪽 서스펜더 단추는 바지 안쪽에 달려 있었다. 시선을 끄는 점은 두 마리 말 로고의 라벨인데 금색과 검은색 자수로 돼 있다. 백요크가 없는 점을 보아 1910년대 전반에 등장한 333 팬츠가 연상된다.

이 디자인을 승낙한 공장장 사이먼은 아버지 제이컵의 감각과는 전혀 다른 감각을 지녔을 것이다. 혹은 미국 전체에 통용되는 인기상품을 만들어낸 실적을 지녀 자신감이 생긴 사이먼이 아버지의 디자인을 넘어 자신만의 신제품으로 내놓은 결과물인지도.

이 601은 리바이스의 데님팬츠 가운데 처음으로 벨트고리가 달린 제품이었으니 벨트 사용을 고려해 전체 디자인을 수정했다고 보인다. 그랬기에 백스트랩은 불필요해졌고, 서스펜더 단추는 남기기는 했어도 앞쪽 단추는 안쪽으로 옮겼

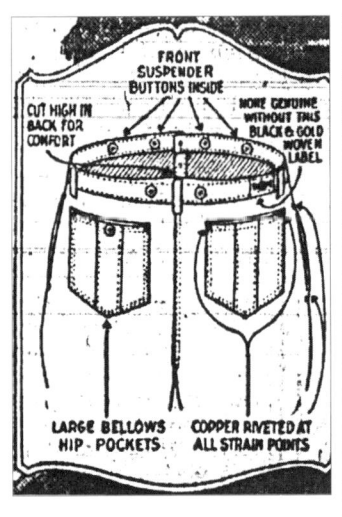

다. 벨트를 착용할 때 걸리적거릴 것을 염려한 결과다.

상품으로서 어떤 평가를 받았는지는 알 수 없지만, 초기의 제품 모양에서 크게 벗어났다는 점만은 명백하다. 실물은 한 벌도 본 적이 없으니 사이먼스Simon's라는 복각판이 나오면 참고가 될 듯하다.

리바이스의 대전환기

여기에서 다시 26쪽에 게재한 리바이스의 매출그래프를 살펴보자. 1922년 엄청난 하락세를 보이며 매출이 급감한다. 이때 도대체 무슨 일이 일어났을까?

1919년 3대 사장의 데릴사위가 리바이스에 입사한다. 이름은 월터 하스Walter Haas St.로 경리 전문가였다. 월터야말로 경영이라는 의미에서 창업자 다음으로 아주 중요한 인물이라고 생각한다. 그의 분투가 없었다면 21세기에 우리가 리바이스 진을 보는 일은 없었다고 단언할 수 있다.

공장장 사이먼 데이비스는 재해 후 공장을 재건한 뒤 비록 아동용이지만 처음으로 미국 전 지역에 판매된 커버롤스라는 인기작을 창조했다. 사이먼 데이비스는 밝고 친근한 한편, 다른 사람이 의견을 내는 일을 극단적으로 싫어하는 완고한 인물이었다. 그리고 원가계산을 전혀 신경 쓰지 않았다. 원료인 면의 가격이 상승하든 하락하든 개의치 않았다는 점은 공장장으로서는 치명적이었다.

이전까지의 사장들, 즉 스턴 형제는 제조현장에 일절 참견하지 않았다. 그런 상황에서 미루어보면 이익률 등도 거의 살펴보지 않았다고 추측할 수 있다. 모든 것은 공장장 사이먼의 지휘 아래 운영되었다.

이때 조금 떨어진 곳에 자리한 본사에 비용분석이 가능한 월터가 공장에 자주 모습을 드러낸다. 현장에 의문을 품었던 월터의 존재는 사이먼의 신경을 거스른다. 실제로 사이먼이 시작한 커버롤스는 팔면 팔수록 적자를 면치 못했으며 그것이 사실이라는 점은 전 은행가였던 직원을 통해서도 증명되었다. 하지만 문제를 지적받은 사이먼의 분노는 갈수록 커져 양자의 대립은 깊어만 갔다.

상황이 이렇게 되자 사이먼은 나름대로 타개책을 모색했다. 1922년 1월 16일자 리바이스의 가격목록을 보면 헤드라이트Headlight라는 작업복 브랜드를 제조하던 런드카터Larned Carter & Co의 제품이 자매사처럼 당당하게 목록에 올라가 있다.

이 무렵 리바이스에 무슨 일이 일어났을까? 당시 노동조합에 가입하지 않은 리바이스의 제품과 노동조합에 가입한 제조회사의 제품이 함께 판매점에 들어가기는 어렵다는 사정이 있었다. 판매점에서는 노동조합에 가입한 회사의 제품을 우선적으로 들였다고 보이는데 노동조합원이었던 런드 제품을 목록에 포함해 리바이스의 제품을 들여놓기 쉽게 하려고 했을 법하다. 이는 사이먼이 독단적으로 진행했던 듯, 나중에 월터의 회고록에 따르면 경영진은 이러한 사정을 전혀 파악하고 있지 못했다. 또한 월터의 인터뷰를 보면 사이먼과 런드카터의 사장인 애브너 런드Abner Larned는 친분이 두

터웠다. 즉 사이먼은 사이먼대로 열심히 궁리해 새로운 판로를 개척하려던 것이다.

사이먼의 경영방침에 의문을 품었던 인물이 또 한 사람 있었다. 셔츠 제조 부문에서 어시스턴트로 일했던 밀턴 그룬바움Milton Grunbaum이다. 밀턴은 경영면에서가 아니라 공장현장에서 직접 눈으로 보고 문제를 느껴 사이먼에게 개선을 제안하지만 바로 거절당한다. 사장인 스턴 형제로부터 절대적 신뢰를 얻었던 공장장 사이먼과 사장의 데릴사위이자 경리의 전문가였던 월터의 대립. 양자가 양보할 조짐은 전혀 보이지 않아 경영진도 곤란에 빠져 있었다.

1920년에 면 가격이 폭락하기 시작했고, 실제로는 이익이 나지 않는 생산을 지속해왔기 때문에 사업은 송두리째 무너지며 공장 폐쇄를 향해 직진했다. 이것이 숫자로 드러난 것이 26쪽의 그래프에서 확인할 수 있는 급격한 매출부진이다.

결국 두 사람의 평행선이 교차하는 일은 일어나지 않았고 사이먼은 리바이스를 떠나게 된다. 경영진이 결과적으로 월터를 선택한 셈이다. 회사는 1922년 11월 29일을 휴무일로 지정해 공장을 쉬고 사이먼의 송별파티를 성대하게 연다. 음악이나 춤 등으로 흥을 북돋운 모습이 당시 신문기사에까지 실렸다(❹-❹⓿). 리바이스는 28년에 걸친 사이먼의 노고를 치하해 기념품으로 순금시계를 선물했다. 사이먼은 자발적 퇴사라는 형태로 리바이스를 떠난다.

리바이스는 회사 규모가 엄청나게 커졌지만, 그 내부를 들여다보면 아직 가족경영의 연장에 지나지 않았다. 후에 전 세계가 열광하는 '리바이스'의 탄생은 이후에 등장하는 경영

진의 노력으로 만들어진 것이다. 1922년까지 제작된 501
에 대해서는 발명자에게 경의를 표해 제이컵스 Jacob's라
부르고 싶다.

　　사이먼의 퇴사로 현장도 경영방침도 크게 개선할 수 있
게 되었다. 실제로 이때를 기점으로 제이컵의 팬츠도 크게 개
량된다. 경영재건에 큰 역할을 한 월터는 1928년 4대 사장
으로 취임한다.

Factory Employes Honor Workers

Employes of Levi Strauss & Co. factory, Valencia, near Fourteenth street, this city, had a holiday yesterday. The occasion was the retirement of Simon E. Davis and Fred Beronia, who are embarking in the wholesale dry goods business in this city.

Davis has been production manager for twenty-eight years and Beronia his assistant for ten years.

Milton Greenbaum, Kate Deagan and Margaret Faber, the committee appointed by the employes, presented Davis and Beronia solid gold watches as tokens of their esteem and regard.

The presentation was followed by music, dancing, entertainment and refreshments.

〈❹-❹⓿〉 사이먼의 송별파티 신문기사 (1922.11.30)

CHAPTER 5

1922 ~ 1941

재편을 위한 인사

1922년 사이먼 데이비스의 퇴사로 리바이스의 제조 부문은 처음 경영진의 통제 아래에 놓인다. 그전까지 사이먼에게 오버롤스 관련 제조를 일임하다 보니 원가계산이 제대로 되지 않아 회사는 위기에 빠졌다.

2대에서 3대 사장으로의 교체 시기는 자료마다 달라 정확하게 파악할 수 없다. 그렇지만 적어도 이 시점에서는 시그먼드 스턴이 3대 사장을 맡고 있었다. 부사장은 그의 사위인 월터 하스였으니 실질적으로 사장 업무를 처리한 이는 월터였다고 보인다(참고로 6대 사장은 월터의 아들인 월터 하스 주니어다).

회사 경영 상태에 이전부터 강한 문제의식을 지녔던 월터는 먼저 사촌 동생이자 전 은행가인 대니얼 코시랜드Daniel Koshland를 재무 책임자로 발탁하는 등 굳은 각오로 회사 재정비를 꾀한다.

한편 사이먼이 떠난 후 공장장으로 발탁된 이는 셔츠 제조 부문 출신의 젊은 밀턴 그룬바움이었다. 밀턴은 1922년 말까지 수습기간을 거친 뒤 501 오버롤스 제조의 서른다섯 공정을 개편하는 등 전폭적인 개선을 진행한 주요인물이다.

리바이 스트라우스의 핏줄을 잇지 않은 이 세 사람이 새로운 리바이스의 중심이 되어 개선을 추진한다. 여기에서부터 드디어 리바이스의 기업다운 행보가 시작되었다.

원점 회귀

리바이스의 신문광고를 보면 1922년을 기점으로 커버롤스 등 아동복 광고가 모습을 감춘다. 아동복 제조를 아예 그만두지는 않았지만, 어른용 작업복 제조회사로 원점회귀를 꾀한 듯한 인상을 받는다. 아동복을 강력하게 추진하던 공장장 사이먼이 그해 그만두었다는 점도 당연히 작용했을 것이다. 1923년 5월 오버롤스 광고(❺-❹)를 보면 이전과는 다른 특징을 바로 찾아볼 수 있다. 501 등에 벨트고리가 추가된 것이다. 앞 장에서 벨트고리가 달린 601이라는 데님팬츠를 소개했는데 그 시점에서 501이나 201(No.2 데님)에도 벨트고리가 달렸는지는 알 수 없다. 밀턴이 생각한 501의 첫 개선점은 이 벨트고리의 추가였다(❺-❸). 이 광고에는 그전까지 기재되지 않던 정보가 곳곳에 실려 있다.

- 특별하게 봉제한 9온스 데님원단
- 특별한 실로 봉제
- 힘이 가해지는 곳은 모두 구리 리벳으로 고정
- 단추도 리벳 고정

- 벨트도 서스펜더도 불필요
- 편의를 위해 벨트고리 추가
- 개수가 많고 크기도 넉넉한 포켓
- 재단사의 손을 거친 듯한 팬츠(입었을 때 편하도록 크게 재단되었으며 허리 주변은 조여 있다.)

특히 마지막 부분의 "재단사의 손을 거친 듯한" 같은 표현은 처음이다. 고 제이컵 데이비스가 가장 중요하게 여겼던 부분을 리바이스가 재인식한 듯 보인다. 또한 "벨트도 서스펜더도 불필요"와 같은 그전까지는 볼 수 없던 신선한 표현도

(⑤-①) 오버롤스 광고(1923.5.31)
(⑤-②) 9온스 원단임을 강조하고 있다
(1923.8.16).

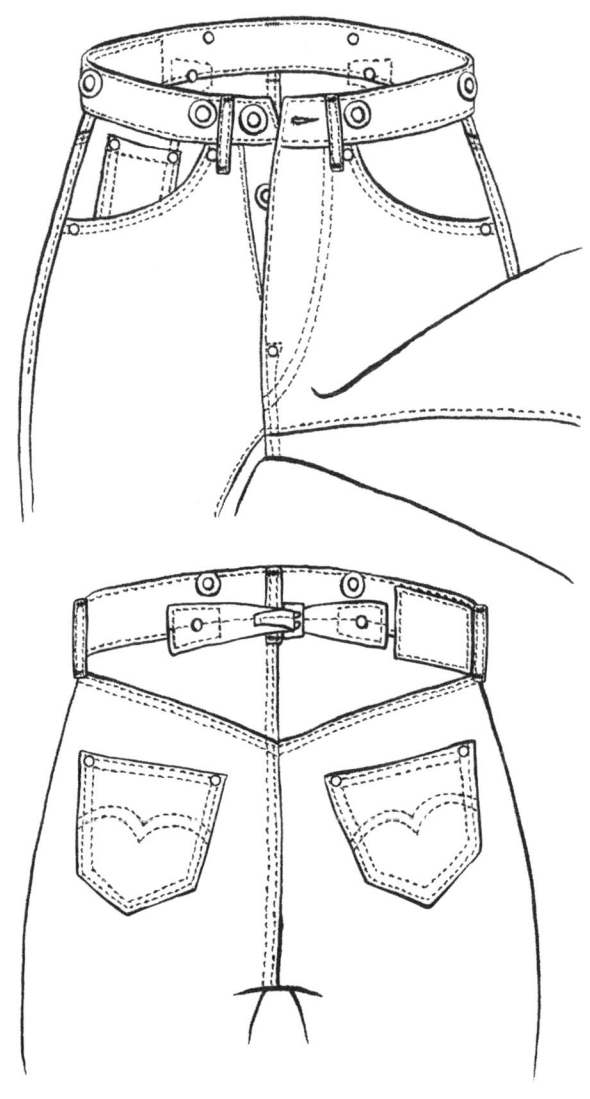

（❺-❸）1923년 모델．광고（❺-❹）로 짐작하건대 1923년에는 확실히 벨트고리가
달린 모델로 바뀌어 있다．

놀랍다. 다른 분야에 종사했던 밀런이기에 가능했던 객관적 관찰력을 발휘해 고객에게 더 중점적으로 전할 내용을 고안했을지 모른다.

〔❺-❷〕는 판매점 광고인데 이전까지는 볼 수 없던 "대목장ranch에서의 작업"이라는 표현이 등장한다. 새로운 시장이 대두하고 있음을 시사하는 문구다.

듀드랜치의 유행

1926년 리바이스에 새로운 시장이 열리기 시작한다. 같은 해 9월, 미국 서부 목장주와 철도회사가 연계해 듀드랜치협회DRA, Dude Ranchers Association를 발족한다. 듀드랜치는 관광목장을 말하는데 손님이 카우보이를 연기하며 즐기는 테마파크 같은 곳이다. 카우보이 콘테스트나 로데오 대회와 같은 이벤트가 빈번하게 개최되었다. '듀드'는 본래 로키 산맥 주변의 지역주민이 외부인을 칭하는 비속어였는데 완전히 의미가 바뀌어 목장에 오는 동부인을 칭하게 되었다.

듀드랜치 자체는 1900년 무렵부터 존재했다. 그런데 철도 이용객이 늘지 않고 정체되어 고민에 빠졌던 철도회사와 서부 곳곳에 흩어져 있던 목장에 손님을 끌고 싶었던 목장주의 야심이 절묘하게 맞물려 새로운 국민적 오락으로 발전했다. 듀드랜치는 이른바 리조트 투어와 비슷한데 기차를 타고 서부로 외출해 목장에서 머물며 시간을 보내는 '상품'으로 발전한다. 철도회사도 직접 광고를 내서 관광객 유치에 힘쓴다. 〔❺-❹〕는 1928년 4월 광고인데, 다큐멘터리 잡지 《내셔널 지오그래픽》에 처음 듀드랜치 광고가 게재된 시기는 1927년 5월이다.

이 듀드랜치와 데님팬츠는 상성이 아주 좋아 목장에 오는 모든 사람이 데님팬츠를 입었다. 그 배후에는 할리우드에서 촉발된 웨스턴 무비, 즉 서부극 영화의 큰 영향이 있었다고 하겠다. 1923년 무성영화인 「포장마차The Covered Wagon」로 막을 연 서부극은 그 후 미국 국민의 인기 오락으로 발전했다. 리바이스 입장에선 거대한 시장이 제 발로 걸어 들어온 셈이나 다름없었다.

각축을 벌이는 경쟁사들

이 새로운 시장을 경쟁사들도 놓칠 리 없었다. 1927년 무렵이라는 이른 시기부터 바로 각 회사는 비주얼 이미지로 카우보이를 등장시킨 데님팬츠 광고를 내놓는다.

그중에서도 캔자스를 중심으로 미국 전역에서 작업복을 판매하며 나중에 경쟁사가 되는 리H.D. Lee Mercantile Company, Lee는 자신들의 팬츠에 일찌감치 지퍼를 부착한다(❺-❺). 지금의 진과 비교해도 전혀 손색이 없는 형태로 리가 신제품으로 내놓은 팬츠 101과 지퍼가 달린 1010을 본 리바이스는 간담이 서늘했을 것이다. 이들 제품이 미국 전역에 퍼진다면 미국 내 모든 시장을 석권할 테

(❺-❹) 철도회사가 듀드랜치를 추진한 광고(1928.4)

(❺-❺) Lee(1928). 지퍼가 달린 Lee 101 광고(1928.5.10)

"BOSS OF THE ROAD"
No. 70

Copper King Special

THE HEAVIEST OVERALL MADE

Here is what the guarantee says that appears on every pair of these overalls sold:

"This is the Boss of the Road Copper King Riveted Overall and is our very best. Give it the hardest wear you can—don't spare it. You will find it is the best fitting, longest wearing overall you ever owned. You must be satisfied, or the dealer will give you back your money."

Remember, it isn't hot air if a fellow means it—and both the manufacturer and ourselves do mean it. These overalls are made of a special 9 3/4 ounce blue denim—the heaviest weight used in overalls. Washing does not fade them, but rather makes them a deeper blue, due to the way the fabric is woven. Have plier pocket and watch pocket. There are a lot of good points we could mention about them, but you will see them for yourself as soon as you get yours. Price per pair, delivered...................... **$2.50**

Please give waist measure in ordering.

No. 70

Leatherbuck

Overalls that are Overalls

No. 68

Hirsch-Weis Leatherbuck Overalls are made from fine quality, heavy nine-ounce blue denim, and will stand up under an enormous amount of hard use and hard wear.

Every pair of Leatherbucks is copper riveted by hand at all points of strain. Pockets are cross-stitched to prevent ripping. Front pockets cut with curved top. Belt loops extra wide and strong. In the saddle you'll appreciate the extra high cut back and the extra full cut throughout in proportion to waist measurement.

We recommend Hirsch-Weis Leatherbuck Overalls as a good buy. They are worth what they cost in any man's money. Price, delivered........................... **$2.00**

No. 68

[125]

니. 그런데 이 리의 101은 1929년 세계 대공황을 겪으며 한 동안 가격목록에서 모습을 감춘다. 이에 리바이스는 가슴을 쓸어내렸을 것이다.

다른 제조회사의 팬츠 사례를 (❺-❻)에 소개했다. 위 쪽에 게재된 것은 뉴스태드터브러더스에서 내놓은 보스오브 더로드의 코퍼킹copper king이라는 팬츠로, 신제품임 을 강조한다. 아래쪽은 허시웨이스Hirsch Weis의 '레 더벅Leatherbuck' 광고다. 두 제품 모두 1927년 무렵 부터 카우보이 계열 카탈로그에서 광고가 게재되었다.

모두 리바이스의 501을 그대로 빼닮았고 포켓은 구리 리 벳으로 보강되어 있다. 이 사진에서는 잘 보이지 않지만 서스 펜더 단추, 벨트고리, 백스트랩, 워치포켓이 당시 카우보이 팬츠의 전형적인 사양이었음을 알 수 있다.

새로운 사장과 리바이스의 탄생

1927년에서 1928년은 듀드랜치가 새로운 시장의 뜨거 운 열기를 보여주던 시기였다. 그렇지만 리바이스는 불행이 계속 이어졌다. 은퇴한 2대 전 사장이 사망한 지 1년도 지나 지 않아 3대 전 사장도 사망한다(❺-❼)(❺-❽). 스턴 형 제라고 불리던 이 두 사장에 대해서는 기록이 적어 경영진으로 서의 수완은 파악하기 어렵다. 2대 사장 제이컵 스턴은 사망 한 해조차도 자료마다 달라 확정지을 수 없을 정도다.

두 사람의 부고기사는 극히 담담한 내용이었다. 사업에

관한 구체적인 공적 등은 특별히 보이지 않아 경영자로서 어딘지 존재감이 약하다는 인상을 준다.

따라서 두 사람이 사망했다고 해서 회사가 경영적으로 타격을 입는 일은 없었다. 단지 시기적으로 흥미로운 점은 리바이스Levi's라는 상표등록을 신청하던 중이었다는 사실이다. 1927년 5월 3일 3대 사장인 시그먼드 스턴이 신청했는데 정식허가가 떨어진 때는 4대 사장 월터 하스 취임 후였다. 리바이스라는 새 상표와 새 사장이 동시에 탄생했으니 마치 새로운 시대의 서막이 열리는 느낌마저 든다. ☒

THE DEATH OF JACOB STERN

Jacob Stern, one of the oldest pioneer wholesale merchants of San Francisco, well known capitalist and philanthropist and chairman of the board of directors of the old time wholesale firm of Levi Strauss & Co. of San Francisco, died suddenly at the home of his son-in-law, Mr. Haas at Atherton, San Mateo county on Thursday, at the age of 76 years.

Mr. Stern was well known in this city, especially to the dry goods dealers and years ago was a visitor in this city on occasions. He was prominently known throughout the state and was the last of a noted coterie of old time settlers.

Jacob Stern to Be Buried on Sunday

SAN FRANCISCO, July 29. — Jacob Stern, 76, San Francisco financier and philanthropist, who died suddenly while visiting his son-in-law, Charles Haas, at Atherton. Wednesday night, will be buried Sunday morning at 11 o'clock at the Home of Peace cemetery.

Stern was chairman of the board of directors of Levi Strauss & Co., with which he had been connected for more than 50 years. For more than 20 years he was a member of the board of directors of Wells-Fargo Bank and Union Trust Co., the Bank of California and the London and Globe Insurance Co. Surviving him are his widow and a brother.

Passed Away At Bay City

Sigmund Stern, philanthropist and leading pioneer citizen of San Francisco, for years an official of Levi Strauss & Co., leading wholesalers of San Francisco, passed away at that city Wednesday at an advanced age. He had many friends among the old-timers in this city, where he was well known, and was a big man in San Francisco, where he has resided for over half a century.

(❺-❼) 2대 사장 부고기사(1927.7.29)
(❺-❽) 3대 사장 부고기사(1928.4.26)

1928년 12월 4일 '리바이스'라는 단어가 상표등록된다(❺-❾). 이 새로운 상표는 그전까지 사용하던 상표 '두 마리 말 브랜드'를 대체하기 위해 고안된 것이었다. 등록 자료를 보면 처음 사용한 시점은 1927년 4월 14일로 되어 있다. 에드 크레이는 리바이스가 501의 닉네임이라고 본다. 이 시기의 리바이스는 어디까지나 501을 의미했다. 단 염가판인 201도 슬쩍 끼워져 있었을 것이다.

상표와는 별도로 1927년 8월 23일 This is a pair of Levi's라는 저작권도 등록된다(❺-⓫)(❺-⓬). 공개 날짜는 상표 정보와 동일한 4월 14일이다. 품질보증서(❺-⓰)가 변경된 날짜일지도 모른다. 당시 품질보증서 왼쪽 아래에 COPYRIGHT 1927이라고 기재되었는데, 1927년 저작물로서 등록 완료되었다는 사실을 말해준다.

품질보증서는 거슬러 올라가면 1892년부터 사용되었는데도 1926년에서야 마치 유행처럼 갑자기 신청이 줄을 이었다. 사이먼이 그만둔 뒤 그전까지 손을 대지 못하던 상표류를 재검토한 게 분명하다. 그리고 이를 제안한 이들은 당연히 개혁자인 월터와 밀턴이리라.

☑ 간단히 부르면서도 인물과 구분하기 위하여 편의상 '리바이스'라고 표기했지만, 이때까지 회사명은 리바이스트라우스앤드컴퍼니였다.

Renewed, December 4, 1948, to Levi Strauss & Company, of San Francisco, California.

UNITED STATES PATENT OFFICE.

LEVI STRAUSS & COMPANY, OF SAN FRANCISCO, CALIFORNIA.

ACT OF FEBRUARY 20, 1905.

Application filed May 3, 1927. Serial No. 248,368.

STATEMENT.

Commissioner of Patents:

Levi Strauss & Company, a corporation duly organized and existing under the laws of the State of California, and having its principal place of business at 98 Battery Street, San Francisco, California, has adopted and used the trade-mark shown in the accompanying drawing, for OVERALLS, in Class 39, Clothing, and presents herewith five specimens showing the trade-mark as actually used by applicant upon the goods, and requests that the same be registered in the United States Patent Office in accordance with the act of February 20, 1905, as amended. The trade-mark has been continuously used and applied to said goods in applicant's business since April 14th, 1927. The trade-mark is applied or affixed to the goods or to the packages containing the same by placing thereon a printed label on which the trade-mark is shown.

The undersigned hereby appoints Miller & Boyken, a firm composed of John H. Miller and A. W. Boyken, (register No. 12,147) of 723 Crocker Building, San Francisco, California, its attorneys to prosecute this application for registration, with full powers of substitution and revocation, to make alterations and amendments therein, to receive the certificate and to transact all business in the Patent Office connected therewith.

San Francisco, Calif., April 22, 1927.

[L. S.]

LEVI STRAUSS & COMPANY,
By SIGMUND STERN,
President.

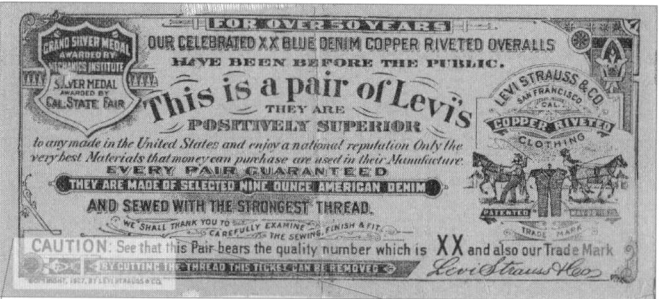

(**5-⑩**) 'This is a pair of Levi's' 저작권 등록을 보여주는 자료
(1927.4.14)

(**5-⑪**) 신문광고(1929.10.27). 리바이스(Levi's)는 리바이스의
오버롤스에만 사용할 수 있는 표현이라고 소개한다.

(**5-⑫**) 1927이 들어간 품질보증서

5

품질보증서의
over ○○ years가 의미하는 것

두 마리 말 로고 브랜드를 대신할 상표로서 1928년 '리바이스'가 등록되었다. 이에 맞추어 광고가 어떻게 변해갔는지 그 모습을 (❺-❸)에서 (❺-❽)까지 나열했다. 1930년을 기점으로 Levi's라는 글자가 전면에 등장했음을 알 수 있다. 두 마리 말은 사라지지 않았지만, 상당히 소극적으로 보여준다.

그런데 품질보증서 최상단이나 광고 등을 보면 over ○○ years라는 표현이 나온다. 광고 안에서 이들 숫자만 따로 가져와 일람표를 만들었다(아래 표). 일부는 4장에서 소개한 광고 (❹-❷❺)(184쪽)에서 가져왔다.

광고 게재연도	over ○○ years	기준연도	광고
1913	40	1873(=1913~40)	(❹-❷❺)
1923	50	1873(=1920~50)	(❺-❸)
1928	55	1873(=1925~55)	(❺-❹)
1929	56	1873(=1929~56)	(❺-❺)
1933	60	1873(=1933~60)	(❺-❻)~(❺-❽)

이들 숫자는 오버롤스 판매실적 연수를 나타낸다고 알려져 있는데 1873년을 기준으로 했다고 생각하면 표와 계산이 딱 맞아떨어진다. 1873년은 제이컵의 리베티드 팬츠 특허가 등록된 해다.

단 이 표와 맞지 않는 숫자가 적힌 광고도 있어 절대적이라고는 할 수 없다. 게다가 훨씬 뒤인 1960년대에 들어서면 회사 존속 연수와 혼동했는지, 이 법칙이 맞지 않게 된다. 그

(❺-❹❸) (1923.6.14) 50 years라고 적혀 있다.
(❺-❹❹) (1928.8.24) 55 years라고 적혀 있다. 9온스라는 문구도 있다.
(❺-❹❺) (1929.11.7) 56 years라고 적혀 있다. 2500만 벌이라는 숫자는 당시 미국 인구의 약 20퍼센트에 해당한다.

렇지만 적어도 이 장에 소개한 시기의 경영진은 1873년을 기점으로 계산했다고 말할 수 있다. ●

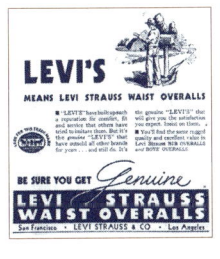 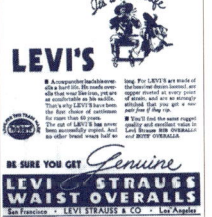 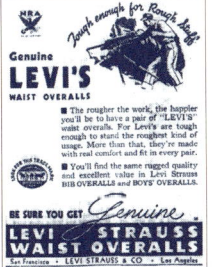

〔❺-❹❻〕(1933.7.22) 연도에 관한 정보는 없지만 리바이스가 무엇을 의미하는지 기재되어 있다.

〔❺-❹❼〕(1933.8.17) 60 years라고 적혀 있다.

〔❺-❹❽〕(1933.8.31) '리바이스 웨이스트 오버롤스(LEVI'S WAIST OVERALLS)'라고 한정했으며, NRA 마크가 보인다.

세계대공황, 암흑의 시대에 돌입하다

사내개혁을 추진한 월터가 사장으로 취임하고 듀드랜치라는 천재일우의 사업기회가 찾아온 차였다. 이에 리바이스는 '리바이스'라는 새로운 브랜드를 내걸고 의기양양하게 재출발할 요량이었다.

그런데 월터가 취임한 다음 해 1929년 10월 24일, 주가가 대폭락하고 미국은 세계대공황에 따른 암흑의 시대에 돌입한다. 불황은 리바이스의 고객을 피하는 법 없었고 제품은 전혀 팔리지 않게 됐다. 26쪽의 매출그래프를 다시 살펴보자. 1929년부터 1932년까지 줄곧 하향곡선을 그리며 매출이 반토막 난 모습을 보여준다.

도매가를 한계치까지 내려도 재고를 처리하지 못해 본사 창고에는 12만 벌이나 되는 팬츠가 그대로 쌓여 있었다. 공장은 생산라인을 어쩔 수 없이 멈추었고 급여를 지급할 명분으로 공장 바닥 교체와 같은 '일'을 억지로 만들어냈다.

판매점도 연이어 도산해 회수 불가능한 불량채권이 급증했고, 흡수나 재편으로 모습을 감추는 동업자도 나왔다. 리바이스는 언제 폐쇄되어도 이상하지 않을 상태였다.

시련 속에 있던 월터는 사업가 명문 집안인 하스 가문의 재산을 쏟아부어 겨우 버텼다. 이때 마치 도박과도 같았던 월터의 안간힘이 없었다면, 오늘날의 빈티지 진은 존재하지 않았을 것이다.

대공황 당시의 주문서와 광고

세계대공황으로 밑바닥까지 떨어진 시기, 허버트 후 버Herbert Clark Hoover 대통령 시대 말기였던 1932년 판매점에 배포된 주문서 겸 전단(❺-❹❾)을 가져 왔다. 이 독특한 형식은 1932년판에서만 볼 수 있다. 이 시기에만 제작된 주문서일지 모른다.

먼저 다섯 종류의 라벨이 눈길을 끈다. 각각 제품별로 나뉘어 설명되어 있다. 신기하게도 XX용 가죽 라벨의 소재 가 적혀 있는데 buckskin(수컷 사슴 가죽)이다.

오른쪽 끝 라벨에는 No.1이라고 표기되어 있다. 리바 이스에서 처음으로 리벳을 부착한 빕 오버롤스인 550, 560 전용 라벨이다. XX는 일반적으로 가죽 라벨인 데 반해 이들 제품은 원단 라벨로 아주 예외적이다. 501의 재고만이 쌓여 가는 상황에서 부유층을 겨냥해 사양을 바꾸어 빕 오버롤스 치고는 고가인 제품을 꾸역꾸역 만들어낸 느낌이다.

중간 부분의 제품 설명을 보면 501 등 웨이스트 오버롤 스와 빕 오버롤스의 제품 특징이 좌우 항목별로 기재되어 있 다. '바택 처리된 벨트고리'나 '오버스티치 처리한 플라이 내측'은 당시 이미 표준이었는데도 이러한 내용을 일부러 강 조할 만큼 다급한 상황이었다는 게 전해진다. 개인적으로는 '조정 가능한 백스트랩adjustable back strap' 이나 '헤비드릴 스윙잉 사이드포켓heavy drill swinging side pocket' 같은 명칭이 신선하다.

오른쪽에 있는 빕 오버롤스의 제품 특징을 살펴보면 여러 개의 포켓에 관한 설명이 적혀 있는데 자, 펜, 책, 시계, 성냥 등을 각각 넣는 용으로 디자인했다고 쓰여 있다. 또한 4번의 '플렉시블 버튼flexible button'은 무엇을 칭하는지 무척 궁금하다.

거의 같은 시기에 카우보이 관련 카탈로그에 게재된 501 광고도 〔❺-❷⓪〕에 소개했다. 이 광고도 제품 특징 열거형으로 비슷하게 자세한 특징을 들고 있다.

앞에서 나온 경쟁사의 광고 〔❺-❻〕처럼 501과 비슷한 제품은 그 차이를 활자로 확실하게 드러내는 경향이 강했다. 이에 리바이스도 타사에 질세라 자사제품의 매력을 글로 강조한 모양이다.

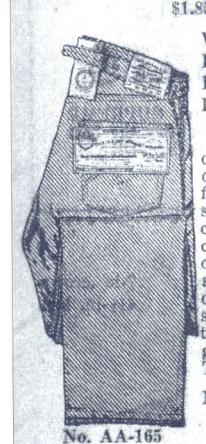

LEVI STRAUSS
XX NO. 1 LEATHER TICKET
WAIST OVERALLS

$1.85 per pair, Delivered

WHEREVER HARD WORK AND HARD WEAR GO HAND IN HAND, THERE YOU WILL FIND LEVI STRAUSS OVERALLS.

The principal features are: Made of tested selected heavy weight denim; perfect in cut and fit five pockets; copper riveted at all strain points; do not bind at the crotch; belt loops 'tacked on; the curved waist band gives a perfect fit over the hips; adjustable back strap, suspender buttons riveted; heavy drill swinging side pockets; over-stitched inside fly. So well made that the manufacturers make this sweeping guarantee: "A New Pair FREE If They Rip."

NO. AA-165—As above. Delivered to You, price, per pair **$1.85**

No. AA-165

〔❺-❷⓪〕 카우보이 카탈로그 광고(1930)

실제 주문서를 살펴보자. 〔❺-❷❶〕은 1932년 3월, 〔❺-❷❷〕는 11월 주문서다. 왼쪽 위의 표가 501과 201, 그 아래가 재킷인 504, 505, 506, 그리고 211, 212, 213용이다. 가운데 표는 빕 오버롤스용이다. 약자인 H.B.와 S.B.는 각각 하이 백과 서스펜더 백을 나타낸다.

그리고 오른쪽 끝의 표는 유스용, 보이즈용인 503과 203이다. 유스용인 503은 허리 치수가 30까지 있으며 501과 겹치는 치수가 있다는 사실을 알 수 있다. 두 주문서를 비교하면 아래 11월 주문서에서는 표 가장 아래쪽에 38인치 이상의 길이도 포함되어 있다. 이와 같은 규격 외 치수도 주문 가능하다는 사실을 강조한다.

이렇게 표로 된 주문서는 어떤 치수가 어떤 길이로 만들어졌는지를 알 수 있게 하는 귀중한 자료다. 또한 어떤 제품이 재고를 많이 떠안고 있는지도 한눈에 알 수 있다. "이 제품 재고가 많으니까 어떻게든지 방법을 찾아!"라는 비명이 들려오는 듯하다.

1933년 가격목록

앞서 나온 내용과 마찬가지로 프랭클린 루스벨트가 대통령으로 취임하기 직전, 미국 경제가 바닥을 치던 시기의 리바이스 가격목록이 〔❺-❷❸〕과 〔❺-❷❹〕다. 해당 날짜의 가격목록에 있는 501의 도매가는 1차 세계대전 이후 가장 낮았다는 사실이 회의록에 적혀 있었다. 가격목록에는 "단추가

LEVI STRAUSS & CO.

94 Battery Street, San Francisco   1108 S. Los Angeles St., Los Angeles

Makers of Two-Horse Brand Waist and Bib Overalls
for Men and Boys

Koveralls and Playsuits for Children
Reliable Merchandise Since 1853

Our Order No.

Ship Goods to.

Town.

When to Ship.

How to Ship.

Date.

State.

TWO-HORSE BRAND MEN'S WAIST OVERALLS
No. 2 Lot 201   XX No. 1 Lot 501

TWO-HORSE BRAND MEN'S BIB OVERALLS
Lot 50, Blue H.B.   Lot 60, Blue Sus. B.   Lot 51, Xpress Stripe H.B.
Lot 550, Blue XX Copper Riv. H.B.   Lot 560, Bib Copper Riv. S. B.

TWO-HORSE BRAND
Youths' Waist Overalls
No. 2, Lot 203
XX No. 1, Lot 503

PRICES ON EXTRA SIZE
OVERALLS

44 to 48 waist inclusive, $2.00 per dozen, extra. 50
waist, $4.00 per doz. extra. 52, 54 waist, $6.00 per
doz. extra. Inseams on overalls longer than 36 in.,
$2.00 extra. Size 44x38 in. $4.00 doz. extra.

ADVERTISING MATTER

Check what is wanted
☐ Counter and window signs, Waist Overalls.
☐ Electros for newspapers, Waist Overalls.
☐ Counter and window signs, Bib Overalls
☐ Electros for newspapers, Bib Overalls
☐ Counter and Window signs, Koveralls.
☐ Electros for newspapers, Koveralls.

Two-Horse Brand Coats, Jumpers and Blouses
No. 2 Lots 211, 212 Jumpers. XX No. 1, Lots 504, 505 Jumpers
No. 2, Lot 213 Blouses.   XX No. 1, Lot 506 Blouses
Lots 70, 71 Coats.

Two-Horse Brand Boys Bib Overalls
Lot 48, Blue Denim

Lot 4C, Mode Duck

*36x38 and 40x38. $2.00 doz. extra. 44x38. $4.00 doz. extra
TWO-HORSE BRAND YOUTHS' BIB OVERALLS
Lot 41, Mode Duck   Lot 49, Blue Denim

KOVERALLS — PLAYSUITS

Please Note: Write sizes in pairs. Special sizes, if wanted, must be
referred to in quantities of at least 9 pairs of each size.

FREE CIRCULARS — We can supply Overall Circulars, imprinted with your name.
QUANTITY WANTED WITH ABOVE IMPRINT.

FORM 10   3-32 1BM

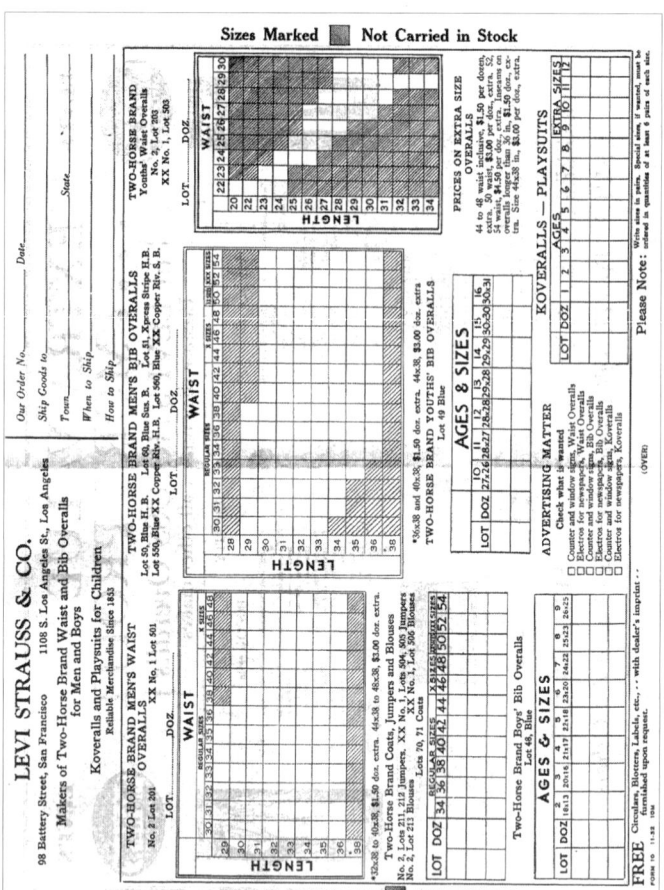

Levi Strauss
Bib Overalls and Coats

THE "TWO HORSE" BRAND

LOT		PER DOZ.
	FOR IMMEDIATE DELIVERY	
50	High Back Overall, made of Indigo Dyed, 2.20 weight, Tested Denim, 8 pkts.	$10.00
60	Suspender Back Overalls, made of Indigo Dyed, 2.20 weight, Tested Denim, 8 pkts.	$10.00
70	Coats, made of Indigo Dyed, 2.20 weight, Tested Denim, 6 pkts.	13.50
51	High Back Overalls, made of heavy weight express stripe material, 8 pkts.	13.50
71	Coats, made of heavy weight express stripe material, 6 pkts.	13.50

Extra sizes, per doz., $1.50 additional. Double Extra sizes $3.00 additional. Triple extra sizes $4.50 additional.

This Guarantee affixed to every pair:
A New Pair FREE If They Rip,
or, If Buttons Come Off.

Men's Combination Suits

301	Heavy weight Khaki, 7 pkts., sizes 34 to 44	$21.00
	Extra sizes, 46 to 48, made in mediums and longs	24.00
302	Heavy weight Blue Denim, as above	21.00
	Extra sizes, 46 to 48	24.00

Levi Strauss
Boys' and Youths' Bib Overalls

FIVE POCKETS

LOT		PER DOZ.
48	Boys' Blue Overalls, sizes 2 to 9 inclusive .	$ 8.00
49	Youths' Blue Overalls, sizes 10 to 16 inclusive	9.00

AIR LINE

BOYS' AND YOUTHS' BIB OVERALLS

105	Boys' Standard 2.20 Denim, ages 4 to 9. .	$ 7.00
106	Youths', ages 10 to 16.	7.50

Levi Balloon Pants

42	Boys'—2.20 Blue Denim, ages 4 to 10, 20-inch bottoms	8.50
43	Youths'—2.20 Blue Denim, ages 11 to 16, 21-inch bottoms	9.50
44	Men's—2.20 Blue Denim, sizes 27 to 36, waist, 22-inch bottoms	10.50
54	Men's—8-oz. Black Standard Jean, waist 27 to 42, 22-inch bottom	11.00

Men's Khaki and Moleskin Pants

LOT		PER DOZ.
6311	Army Drab Standard 8-oz. Khaki, 20-inch bottoms, 27/42.	$12.50
6311X	44/46.	14.00
6311XX	48/50.	16.50
6077	Light Tan, heavy weight, peg top, 27/42.	12.00
6316	Black and White Stripe Heavy Moleskin, 27/42.	18.00
6316X	44/46.	19.50

Men's Outing and Hiking Pants

LACE BOTTOM
Med. 26½

5038	Khaki, Army Drab, heavy weight, Double Seat, Reinforced Knee, 28/42 waist	$18.00
5038X	44/46 waist	19.50

Men's Outing and Hiking Pants

BUTTON BOTTOMS
Med. 26½—Long 28½

5034	Khaki, Army Drab, 28/42 waist.	$18.00
5099	Vat-Dye Khaki, Stripe, med. only, 28/42 waist.	18.00
5037	Cardinal Cord, Olive Drab, 28-42 waist.	24.00
5079	Dark Drab Corduroy, narrow wale, 28/42 waist	24.00
5032	Bedford Cord, Olive Drab, 28/42 waist.	30.00
5086	Bedford Cord, Shantung Color, 28/42 waist.	30.00

Levi Strauss
RIVETED GOODS

THE "TWO HORSE" BRAND

No. 2 Waist Overalls, Jumpers and Blouses

INDIGO DYED

LOT		PER DOZ.
201	Blue Denim Waist Overalls, 5 pockets	$11.00
203	Blue Denim Waist Overalls, Youths', 5 pkts.	
201 A	Waist 22 to 26 inclusive	$ 8.00
203 B	Waist 27 to 30 inclusive	$ 9.50
211	Blue Denim Jumpers, Closed Front, 1 pkt.	12.00
212	Blue Denim Jumpers, Open Front, 1 pkt.	12.00
213	Blue Denim Blouses, Pleated Front, 1 pkt.	12.00

All No. 2 Waist Overalls now made with Belt Loops

XX No. 1 Waist Overalls, Jumpers and Blouses

INDIGO DYED

501	Blue Denim Waist Overalls, 5 pockets . .	$12.75
503	Blue Denim Waist Overalls, Youths', 5 pkts.	
503 A	Waist 22 to 26 inclusive	$10.25
503 B	Waist 27 to 30 inclusive	$11.50
504	Blue Denim Jumpers, Closed Front, 1 pkt.	13.75
505	Blue Denim Jumpers, Open Front, 1 pkt.	13.75
506	Blue Denim Blouses, Pleated Front, 1 pkt.	13.75

All XX No. 1 Waist Overalls now made with Belt Loops

Extra Sizes $1.50 Additional

XX No. 1 Copper Riveted Bib Overalls

550	Extra Heavy Blue Denim, High Back Overalls	$14.50
560	Extra Heavy Blue Denim, Suspender Back Overalls	14.50
570	Extra Heavy Blue Denim Coat, 6 pockets.	14.50

Dividend Rebate

On purchases of 25 to 75 dozen of any or all of these items from October 1, 1932 to March 31, 1933. . . . . **2½%** or

On purchases of more than 75 dozen. **5%**

Price List

JANUARY 10, 1933

LEVI STRAUSS & CO.'S

OVERALLS

Khaki and Corduroy Pants

—

Prices herein subject to our

DIVIDEND REBATE

This price list quotes current prices effective January 10, 1933

Prices Subject to Change Without Notice

TRADE [MARK] MARK

PATENTED MAY 20, 1873

THE "TWO HORSE" BRAND

LEVI STRAUSS & CO.

98 Battery St.   1108-12 So. Los Angeles St.
San Francisco   Los Angeles

These well known lines are produced in our own factories:

"LEVI'S TWO HORSE" Brand Copper Riveted Waist Overalls.

"TWO HORSE" Brand Bib Overalls

HOME RUN Blouses and Shirts
(Fruit of the Loom Fabrics)

HOME RUN KHAKI FAMILY Garments

HOME RUN COVERT FAMILY Garments

KOVERALLS, the original Playsuit

CALIFORNIA SUN GARMENTS

MENLO SHIRTS (Fruit of the Loom Fabrics)

We are DISTRIBUTORS of the following nationally known brands of merchandise:—

B. V. D. Underwear and Union Suits

RICHMOND Union Suits

CHALMERS Underwear

20th CENTURY Hosiery and Underwear

BIG YANK Work Shirts

20th CENTURY Sweaters

PEQUOT Sheets and Pillow Cases

Blankets, Comforters, Robes

Table Linen, Towels, etc.

TERMS: 1% 10 days; or 60 days net.

Men's Corduroy Pants

19-INCH BOTTOMS

LOT		PER DOZ
5088	Dark Drab, narrow wale, 28/42 waist	$21.00
5088X	44/46 as above	22.50

20-INCH BOTTOMS

LOT		PER DOZ
5094	College Color, narrow wale, 27/38 waist	22.50

22-INCH BOTTOMS

LOT		PER DOZ
5071	Brown Color, narrow wale, 27/36 waist	21.00
5072	Tan Color, narrow wale, 27/36 waist	21.00
5095	Castor Color, narrow wale, 27/42 waist	21.00
5097	College Color, narrow wale, 27/42 waist	21.00
5077	College Color, narrow wale, 27/36 waist	33.00
5078	Castor Color, narrow wale, 27/36 waist	33.00
5082	College Color, narrow wale, 27/36 waist	42.00

Youths' Corduroy Rodeo Pants

HIGH WAISTED

LOT		PER DOZ
5075	College Color, narrow wale, 27/36 waist	18.00

Boys' Corduroy Rodeo Pants

HIGH WAISTED

LOT		PER DOZ
5065	Castor Color, narrow wale, 6/18	$15.00
5067	College Color, narrow wale, 6/18	15.00

Dividend Rebate

on purchases of 25 to 75 dozen of any or all of these items from October 1, 1932 to March 31, 1933.

2½%

On purchases of 75 dozen.

or more than 75 dozen. **5%**

Boys' Full Length Wide Bottom Corduroy Pants

	Ages 4/5—17-inch	Ages 10/12—20-inch
	Ages 6/9—19-inch	Ages 13/18—22-inch

LOT		PER DOZ
5061	College Color, narrow wale, 4/12	$13.50
5061X	As above, 13/18	16.50
5062	Castor Color, narrow wale, 4/12	13.50
5062X	As above, narrow wale, 13/18	16.50
5046	Dark Drab, narrow wale, 4/12	16.50
5046X	As above, narrow wale, 13/18	19.50
5047	Castor Color, narrow wale, 4/12	16.50
5047X	As above, narrow wale, 13/18	19.50
5201	College Color, narrow wale, 4/12	16.50
5201X	As above, narrow wale, 13/18	19.50
5203	Brown Color, narrow wale, 4/12	16.50
5203X	As above, narrow wale, 13/18	19.50
5204	Navy Color, narrow wale, 4/12	16.50
5204X	As above, narrow wale, 13/18	19.50

Boys' Outing and Hiking Pants

LOT		PER DOZ
5021	Army Drab, Khaki, heavy weight, lace bottom, ages 6 to 18 years	$13.50

떨어지면 새 제품으로 교환해드립니다."라고 적는 등 기업으로서 필사적으로 노력한 모습을 엿볼 수 있다.

이 책에서 소개할 수 있는 가격목록 가운데 처음으로 유스용과 보이용 팬츠 항목에 포켓이 다섯 개라는 내용이 보이는 것을 알 수 있다. "웨이스트 오버롤스에도 이제는 벨트고리가 붙어 있습니다."라는 표현도 이 책에 소개한 가격목록 가운데 처음 등장했다.

그 외에 301, 302라고 이름 붙은 콤비네이션 슈트나 데님, 진으로 만든 벌룬 팬츠 등 실물을 확인하고 싶은 제품이 눈길을 끈다. 코듀로이 제품은 개수가 꽤 많은데 당시 유행이었던 걸까?

도매상품 목록을 보면 빅양크Big Yank 브랜드의 워크셔츠가 게재되어 있다. 이 시기의 리바이스는 자체적으로 워크셔츠를 제조하고 있지 않았음을 추측할 수 있다.

대불황 대책으로 탄생한 NRA 라벨

세계대공황으로 미국 전체가 궁핍함에 시달리는 가운데 1933년 3월 4일 프랭클린 루스벨트가 새로운 대통령으로 취임한다. 전임자인 후버 대통령은 세계대공황의 불황을 불식하지 못했다는 이유로 국민의 분노를 사서 화이트하우스를 떠난다. 새 대통령은 불황 대책을 위한 새로운 법을 계속해서 내놓는다. 그 가운데 가장 중요했다고 여겨지는 것이 뉴딜정책[☑]이다. 리바이스도 이 정책의 영향을 받았다.

☑ 1933년 미국 32대 대통령 프랭클린 루스벨트가 세계 대공황에 대처하기 위해 시행한 경제 부흥 정책이다. 기존의 무제한적 경제자유주의를 수정해 정부가 경제 활동에 적극적으로 개입해 경기를 조정한다는 기본 방침을 세우고 정부가 은행 통제를 확대했고, 관리 통화제를 도입했으며, 농업 생산 제한제를 시행했다. 이 정책을 통해 미국은 대공황을 극복하고 초강대국으로 부상했다.

1933년 6월 16일 전국산업부흥법NIRA, National-al Industrial Recovery Act이 제정되었고 이를 실행할 행정기관으로 전국부흥청NRA, National Recovery Administration이 등장했다. 산업별로 자금 등 협정을 만들고, 노동시간을 주당 최소 40시간 확보한다는 점이 결정되어 최저임금 등이 설정되었다.

이는 빈곤층 구제의 일환이었는데 그 속을 들여다보면 일이 없어도 일을 만들어 임금을 지불해야 한다는 공산주의적 내용이라고도 볼 수 있다.

또한 1933년 11월 17일 발행된 루스벨트 대통령령〔❺-❷❺〕에 적힌 내용을 해석하면 면직의류 사업은 1934년 5월 1일부터 NRA 라벨 첨부가 의무화된다. 리바이스도 제품에 NRA 라벨인 블루이글〔❺-❷❻〕을 강제적으로 붙여야 했다.

단 NRA는 대법원에서 헌법위반이라는 판결이 내려져 1935년 5월 해산된다. 따라서 이 라벨의 첨부 의무는 1년 남짓이었다. 다른 업종, 가령 모자나 가죽제품 등은 발효일이 달랐기에 NRA 라벨을 모든 제품에 일제히(5월 1일부터) 붙이지는 않았다.

（❺-❷❺）면 의류업계에 내려진 대통령령（1933.11.17）

（❺-❷❻）NRA 라벨 사례. 리바이스의 제품은 아니다.

여성용 리바이스의 탄생

듀드랜치는 대공황 시대에 의외로 크게 융성해 듀드랜치 협회에 가입한 가맹 목장 수가 급증한다. 1926년 설립 초기에는 가맹 목장이 마흔일곱 곳이었는데 1932년까지 430곳이 넘을 정도로 가맹 목장이 늘어난다. 여기에는 식용육이 잘 팔리지 않게 된 여파로 왜소한 소도 팔리지 않게 되는 악순환이 일어나 철도회사의 제안으로 식용육 목장이 관광목장으로 전환할 수밖에 없었다는 배경도 있다.

한편 할리우드 영화, 이른바 서부극의 인기도 듀드랜치의 열기에 한층 불을 붙였다.

참고로 듀드랜치가 인기를 잃기 시작한 것은 2차 세계대전 후였다. 견인차 구실을 했던 철도가 자동차에 밀렸기 때문이다. 2차 세계대전이 벌어지는 중에도 해외여행이 금지되었기에 국내관광이 발달하며 그 인기가 식을 줄 몰랐다.

1934년 듀드랜치의 대인기에 힘입어, 그전까지 데님 제품이라면 남성 작업복만 고집하던 리바이스도 드디어 여성용 진을 개발한다. 그 이름이 레이디 리바이스LADY LEVI'S다. 상표등록 정보에 따르면 1934년 9월부터 이 이름을 사용했고〔❺-❷❼〕, 팬츠는 같은 해 8월 광고에 등장했다〔❺-❷❽〕. 바로 앞에서 등장한 NRA의 라벨을 부착하던 시기와 때를 같이한다.

제품번호는 당초 401로 시작했다고 보이는데, 그 후 바로 701이라는 품번으로 변경된다. 이 701이 리바이스에

Registered Dec. 16, 1952   **Registration No. 568,027**

UNITED STATES PATENT OFFICE

Levi Strauss & Company, San Francisco, Calif.

Act of 1946

Application December 10, 1951, Serial No. 622,316

LADY LEVI'S

STATEMENT

Levi Strauss & Company, a corporation duly organized under the laws of the State of California, located at San Francisco, California, and doing business at 98 Battery Street, San Francisco, California, has adopted and is using the trade-mark shown in the accompanying drawing, for OVERALLS, in Class 39, Clothing, and presents herewith five specimens showing the trade-mark as actually used in connection with such goods, the trade-mark being applied to labels affixed to the goods, and requests that the same be registered in the United States Patent Office on the Principal Register in accordance with section 2(f) of the act of July 5, 1946.

The mark is claimed to have become distinctive of the applicant's goods in commerce which may lawfully be regulated by Congress through substantially exclusive and continuous use thereof as a mark by the applicant in commerce among the several States, for the five years next preceding the date of the filing of this application.

The trade-mark was first used in September, 1934, and first used in commerce among the several States which may lawfully be regulated by Congress in September, 1934.

Applicant is the owner of Trade-Mark Registrations No. 250,265, dated December 4, 1928; No. 413,386, dated April 24, 1945; and No. 516,561, dated October 18, 1949.

LEVI STRAUSS & COMPANY,
By D. A. BERONIO,
Secretary.

Now ..
**LEVI'S for
the LADIES!**

Here's something new! The famous Levi's Waist Overalls made especially for women. Tailored with proper hip and crotch measurement. Smart and trim-looking. You get Genuine Levi's when you buy this overall!

**LEVI'S
waist overalls**
Levi Strauss & Co., San Francisco-Los Angeles

（❺-❷❼）레이디 리바이스 상표등록(1952)
（❺-❷❽）광고(1934.8.11)

LEVI'S FOR LADIES
"Lady Jeans"

No. 401—Many's the lady who prefers to wear overalls while riding on the ranch. We are in a position to supply genuine Levi's, for ladies. They are patterned especially for the lady who rides. Copper riveted, and constructed of heavy 9-oz. specially woven denim just as are the regular Levi's for men. Neat in appearance because they are tailored like a pair of tailor made pants—fit everywhere. Sizes 25″ to 33″ waist measure. Pair, delivered...... **$1.75**

WHAT *is this* SANFORIZED PROCESS?

Briefly, it is a new mechanical process of pre-shrinking fine fabric . . . a process discovered, perfected and patented by Arrow.

So perfect is this process that Arrow Shirts made from Sanforized shrunk fabrics will be *guaranteed for permanency of fit throughout the life of the shirt.*

And furthermore, the process shrinks the fabric without using water, so that its original lustre is fully retained.

The Sanforized shrunk fabric produces a shirt that is non-shrinkable in collar size, sleeve length and body length.

This process is now being applied to the three well-known shirts listed at the left.

（❺-❷❾）401이라 적힌 판매점의 카탈로그（1936?）
（❺-❸⓪）방축가공에 대한 해설（1930.6.11）

서 처음으로 등장한 서스펜더 단추가 없는 데님 소재 바지다. 참고로 판매점 광고(❺-❷⓿)에는 '레이디 진Lady Jeans'이라는 글자가 보이는데 리바이스의 표현 같진 않다. 데님의 무게는 9온스라고 쓰여 있다.

이 여성용 701이 XX냐 No.2냐 묻는다면 후자에 속한다. 단 No.2 시리즈라고 해도 아주 드물게 디테일에 신경을 쓴 제품이었다. 1937년 무렵부터 뒤에서 다룰 컨실드 리벳이나 레드탭red tab, 새로운 플래셔flasher☑ 등을 적용해 XX 시리즈와 동일하게 취급한다.

또한 리바이스에서는 첫 시도였던 샌퍼라이즈드Sanforized 가공이 된 데님, 즉 수축방지 가공된 원단이 사용되었다.

샌퍼라이즈드 가공(❺-❸⓿)이란 애로우ARROW 브랜드의 셔츠 제조회사인 큐렛피보디Curett Peabody & Co.가 1920년대 후반에 개발한 면직물 방축기술로, 샌퍼드 큐렛Sanford Curett이라는 개발자의 이름에서 따왔다. 원단을 직조한 뒤 스팀을 가해 압축과 건조를 하면 방축가공된 원단이 완성된다.

리바이스는 데님처럼 두꺼운 면에도 효과가 있는지 알 수 없어 처음에는 회의적이었기 때문에 XX의 데님에는 이 가공방법을 도입하지 않았다. 그렇지만 미국 육군에서도 1937년부터 방축데님원단을 작업복으로 사용했으므로 기술적으로 충분히 실용성이 있었다.

☑　　가볍게 박음질되어 있어 떼어낼 수 있는 태그로, 보통 청바지의 오른쪽 뒷주머니에 부착돼 있다.

레드탭이 생긴 경위

1937년 무렵부터 대공황에서 벗어나 회복의 조짐이 보이기 시작한다. 이때부터 공장장 밀턴이 주축이 되어 501의 개선 작전이 거센 기세로 시작된다. 누가 보아도 알 수 있을 큰 변화를 비롯해, 팬츠의 요크 중첩 방식같이 작업공정 변화에 따른 작은 개량까지 제이컵의 팬츠가 대변신을 꾀한다.

가장 먼저 이루어진 개량은 포켓 한쪽에 바느질되어 부착된 레드탭(❺-❸❹)이다. 상표 신청은 1937년 6월 30일, 등록은 1938년 5월 10일(❺-❸❷)이다. 자진신고였지만, 처음에 사용 개시한 시기는 '대략' 1936년 9월 1일이라고 되어 있다.

상표 설명문에 따르면 "빨간 표시나 탭을 피복의 일반 바늘땀에 끼워 바느질로 고정한다."라는 내용으로 부착 위치는 포켓에 특정되어 있지 않다.

탭의 글자 표기와 관련된 상표등록은 이보다 훨씬 뒤인 1943년에나 이루어지는데(❻-❺❹)(343쪽) 당시 등록 내용에서는 "바지에 처음 탭을 단 날은 1936년 9월 1일"이라고 되어 있고 '대략'이라는 표현은 사라졌다.

재킷에는 1937년 7월 1일부터 사용을 개시했다고 신고되었다. 첫 상표 신청일의 다음 날이다. 단 이렇게 자진신고한 내용에 등장하는 1936년이라는 연도에는 개인적으로 커다란 의문을 가지고 있다. 이에 대해서는 칼럼에서 다루겠다.

이 탭이 생겨난 계기는 리바이스의 간부 사원이 듀드랜치

Registered May 10, 1938   **Trade-Mark 356,701**

Republished, under the Act of 1946, April 27, 1948, by
Levi Strauss & Company, San Francisco, Calif.

Affidavit under Section 8 accepted.
Affidavit under Section 15 received, Aug. 31, 1953.

UNITED STATES PATENT OFFICE

Levi Strauss & Company, San Francisco, Calif.

Act of February 20, 1905

Application June 30, 1937, Serial No. 394,734

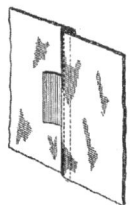

STATEMENT

To the Commissioner of Patents:

Levi Strauss & Company, a corporation duly organized under the laws of the State of California and located at city and county of San Francisco, State of California, and doing business at 98 Battery Street, San Francisco, California, has adopted and used the trade-mark shown in the accompanying drawing, for MEN'S, WOMEN'S, AND CHILDREN'S OVERALLS OF THE PATCH-POCKET TYPE, in Class 39, Clothing, and presents herewith five specimens showing the trade-mark as actually used by applicant upon the goods, and requests that the same be registered in the United States Patent Office in accordance with the act of February 20, 1905.

The trade-mark consists of a small marker or tab, of textile material or the like, colored red, appearing on and affixed permanently to the exterior of the garment in a position that the red tab is visible while the garment is being worn.

The trade-mark has been continuously used in the business of the applicant since on or about September 1, 1936.

In practice the trade-mark is applied to the goods by stitching an end of a red marker or tab into one of the regular structural seams of t'e garment so that the stitching of said seam secures one end of the red tab to the garment with a portion thereof extending visibly from the edge of the seam.

No claim is made herein for the representation of a portion of the garment or seam shown in the drawing, these being shown merely to illustrate one manner in which the red marker or red tab may be applied to a garment. The drawing is lined for the color red.

The undersigned hereby appoints Chas. E. Townsend, whose address is 908–917 Crocker Building, San Francisco, California, its attorney with full power of substitution and revocation to prosecute this application, to make alterations and amendments therein, to receive the certificate of registration, and to transact all business in the Patent Office connected therewith.

LEVI STRAUSS & COMPANY,
By D. A. BERONIO,
Secretary.

(❺-❸❹) 레드탭

(❺-❸❷) 레드탭 상표등록(1938)

에서 리바이스의 제품을 뒷모습만으로 구분하지 못했다는 일화라 전해져 온다. 이 말이 납득이 가기는 하지만, H.D. 리의 신제품 101에 큰 위협을 느껴 짜낸 아이디어이지 않을까 싶다.

뒷모습만으로 리바이스의 바지를 구분하지 못한 건 이 시기 리바이스가 아직 포켓의 아큐에이트 스티치를 상표등록하지 않았기 때문이다. 경쟁사들도 자사 팬츠에 같은 패턴의 스티치를 넣어 뒷모습이 모두 똑같아 보였던 것이다.

리사의 101과 비교하면 리바이스 팬츠의 뒷모습은 너무 수수하고 개성이 없었다. 벨트를 하면 라벨도 가려졌다. 엄청난 위기의식을 느낀 리바이스가 겨우 대응책을 찾아낸 결과 탄생한 것이 백포켓의 레드탭이지 않았겠는가? 이 탭은 센추리우븐라벨CENTURY WOVEN LAVEL에서 제조했다.

컨실드 리벳의 탄생

공장장 밀턴의 개량 시리즈 제2탄이다. 리바이스의 시그니처인 백포켓의 리벳을 손봐야 하는 상황이 발생한다. 리벳 때문에 말의 안장이 손상을 입는다며 듀드랜치에서 문제 삼은 것이다. 그 외에도 자동차나 가구 등에 상처를 입힐 가능성도 지적받았다. 다른 회사는 이미 리벳 대신 촘촘한 지그재그 스티치로 고정하는 바택을 도입하기 시작한 시점이었다(❺-❸❸). 하지만 리바이스는 튼튼함을 장점으로 내세워온 리벳을 포기할 수 없었다.

1934년 이 문제를 해결하기 위해 밀턴은 리벳을 데님으로 덮자는 방법을 고안해 특허를 신청한다(❺-❸❹). 등록은 1935년 4월 30일에 이루어졌다. 신청 이유를 읽으면 말의 안장, 자동차, 가구 등의 표면에 상처를 입히는 문제를 해결하고자 했다는 사실을 알 수 있다. 특허는 밀턴 개인 이름으로 신청했고 리바이스의 이름은 없었다. 그렇지만 발명과 그 권리는 별개의 이야기이므로 특허에 회사명이 들어가지 않는 일은 자주 있다.

이 특허는 "포켓을 달기 전에 리벳으로 포켓 일부를 고정하고 그 위를 덮어 포켓 전체를 바느질한다."라는 방법에 관한 것이다. 이렇게 하면 리벳이 숨겨져 금속이 노출되지 않았다. 단 그전처럼 포켓을 단 뒤에 리벳을 박는 방식과 비교하면 엄청나게 까다롭다. 덮개 아래쪽이 어떤 상태인지 관찰한 것이(❺-❸❺)의 사진이다. 수작업으로 리벳 머리를 뭉갰다는 사실을 알 수 있는데 덮개를 뚫고 리벳 머리가 나오지 않도록 하기 위해서였다. 이 방식은 추가적인 작업공정과 노동

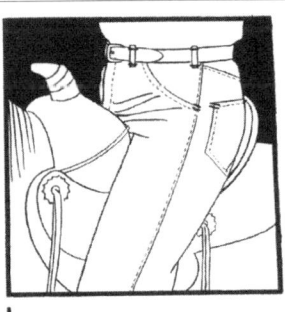

Hirsch-Weis

Ton-Tested
OVERALLS

Made for Men . . .
Who're tough on
OVERALLS

Yes sir...Bill, I decided my Ton-Tested Overalls never would wear out...So I just bought an extra pair for dress..... **$1.75**

fellows, here's Why:

1. No metal rivets to scratch your saddle.
2. Bar-tacked double thread rivets.
3. Pre-shrunk 9-oz. denim.
4. Reinforced cross-taped crotch.
5. Multiple stitched throughout.
6. Extra heavy belt loops.
7. All pockets double thickness.
8. Rustproof buttons.
9. Shoe thread seams.

(❺-❸❺) 허시웨이스의 바지 '톤테스티드' 광고(1931). '이중 바택 원사 리벳'이라 적혀 있다.

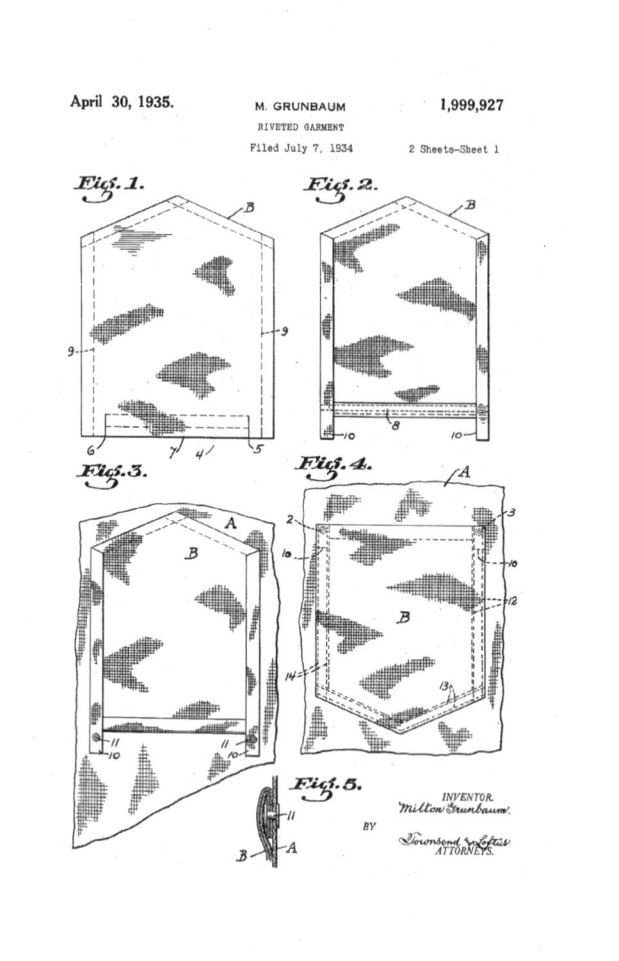

April 30, 1935.　　M. GRUNBAUM　　1,999,927

RIVETED GARMENT

Filed July 7, 1934　　2 Sheets—Sheet 1

Fig. 1.　　Fig. 2.

Fig. 3.　　Fig. 4.

Fig. 5.

INVENTOR.
Milton Grunbaum.

BY

Townsend & Loftus
ATTORNEYS.

（❺-❸❹①）백포켓 등을 덮는 특허（1935）

Fig.6

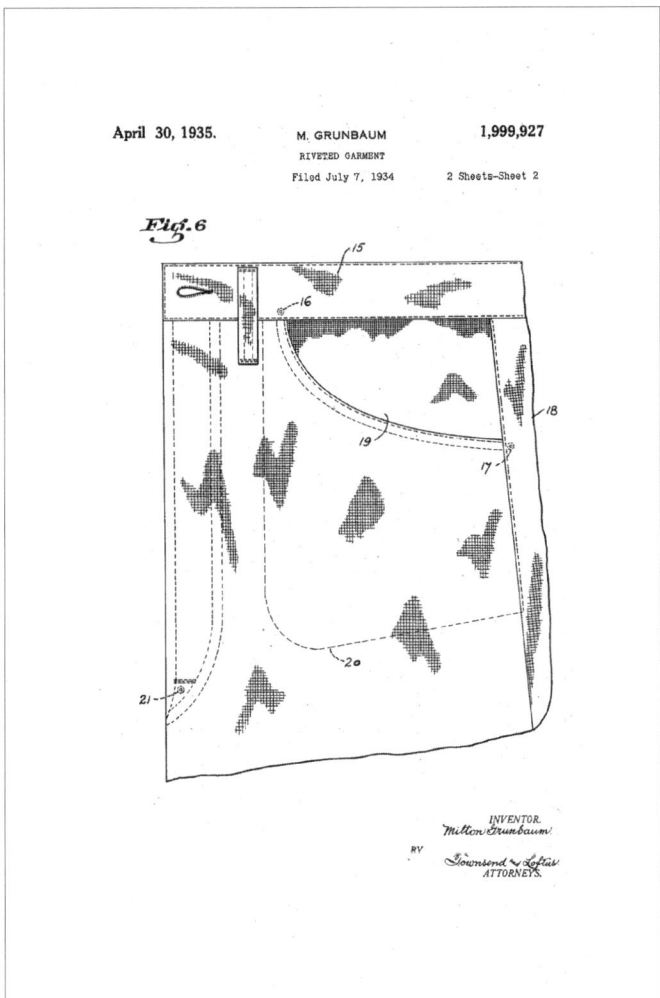

INVENTOR.

Milton Grunbaum

BY

Townsend & Loftus

ATTORNEYS.

(5-342)

Patented Apr. 30, 1935

1,999,927

UNITED STATES PATENT OFFICE

1,999,927

RIVETED GARMENT

Milton Grunbaum, San Francisco, Calif.

Application July 7, 1934, Serial No. 734,073

3 Claims. (Cl. 2—247)

This invention relates to riveted garments and especially to improvements in the construction and assembling of the fabric forming the garments whereby the rivets become covered and concealed.

In the manufacture of garments, such as overalls and the like, it is common practice to reinforce and strengthen such garments at the points subjected to the greatest strain; for instance, at the corners of the pockets, at the crotch of the pants, and so on, by placing copper rivets at these points.

Overalls are worn by many people and among them cattlemen, farmers, and many outdoor workers. In the case of cattlemen, the projecting rivets often scratch or mar the saddle leather. In the case of farmers and other outdoor workers who use automobiles more than horses, there is a chance that the rivets may scratch the finish of the car, the upholstering, the furniture in the home, and so on, and besides that the rivets are unsightly and do not add but rather detract from the finish and general appearance of the garment.

The object of the present invention is generally to improve the construction and operation of garments of the character described, and especially to so construct and arrange the fabric during the assembling and sewing thereof that the reinforcing rivets will become covered and concealed and thereby improve the appearance of the garment, and more important avoid scratching or marring of the objects with which the garments may contact.

The garment and the method of applying the reinforcing rivets thereto is shown by way of illustration in the accompanying drawings, in which—

Fig. 1 is a plan view of a pocket blank such as used in forming a patch pocket.

Fig. 2 shows the blank hemmed along the top and two side edges and ready for application to the garment.

Fig. 3 shows the manner in which the corners of the pocket patch are riveted to the garment.

Fig. 4 shows a completed patch pocket.

Fig. 5 is an enlarged section taken on line V—V of Fig. 4, showing the manner in which the rivets are covered and concealed.

Fig. 6 shows a portion of a garment having an insert pocket formed therein, this view also showing the position of the reinforcing rivets.

Referring to the drawings in detail, particularly Fig. 4, A indicates the body of the material forming the garment and B a patch pocket attached thereto.

Patch pockets are usually reinforced at the corners, indicated at 2 and 3, by passing rivets through the material forming the patch of the pocket and also through the body material but as previously stated such rivets project from the fabric or material and as such are liable to scratch and mar objects with which the material comes in contact.

To cover and conceal the rivets the following method of construction and assembly is resorted to. By referring to Fig. 1, which is a plan view of the blank forming the patch or the pocket, it will be noted that the end indicated at 4 will, when the pocket is finished, form the upper edge or entrance to the pocket. This edge is cut at the points indicated at 5 and 6 to a suitable depth so as to permit the material indicated at 7 to be folded upon itself to form a finished hem such as shown at 8 in Fig. 2. The sides of the patch are then folded along the dotted lines indicated at 9—9 and these side folds form the side hems of the patch and they also form two projecting tabs, such as indicated at 10—10. When a blank has been cut, folded, and hemmed, it is placed on the body material A of the garment, as shown in Fig. 3, and the tabs 10—10 are riveted to the body material by rivets 11—11. The pocket or patch is then folded back upon itself so as to cover and conceal the rivets and to lie flat against the body material of the garment, and when so folded will assume the position shown in Fig. 4; the pocket being finally completed by stitching it along the sides and the bottom as indicated by dotted lines at 12, 13 and 14.

Fig. 5 clearly shows the manner in which the rivet is covered and concealed and so does Fig. 4.

The manner of covering and concealing the rivet is not limited to the construction of patch pockets alone. It is equally applicable to other parts of the garment, for instance to an insert type of pocket such as shown in Fig. 6. In this instance the strip of material forming the waistband and indicated at 15 is folded over the rivet indicated in dotted lines at 16, and thus covers one of the rivets. A second rivet indicated in dotted lines at 17 is covered by the section of body material indicated at 18, which is folded over. The opening to the insert pocket is indicated at 19, and the pocket material is indicated by dotted lines at 20.

In forming the crotch of the pants the rivet is placed as indicated by dotted lines at 21, and when so placed, becomes covered with the material.

Suffice it to say that rivets, or other reinforcing means employed, may be placed wherever desired and when placed in the manner described will become covered and concealed with material, thus avoiding scratching or marring of objects with which the garment comes in contact, and furthermore, improving the general appearance of the garment.

While the garment here illustrated has been described as reinforced at several points by means

력을 필요로 했다. 게다가 리벳에 재봉틀 바늘이 닿으면 틀림없이 바늘이 끊어지므로 리벳을 피해 포켓을 달아야 했다.

특허에는 백포켓뿐 아니라 프런트 포켓이나 플라이 하단의 리벳까지 숨기는 방법이 소개되었다. 밀턴이 마음만 먹으면 모든 리벳을 천으로 덮었을지 모른다.

이 컨실드 리벳이 언제 도입되었는지는 확실하지 않지만 광고를 보면 1937년 6월부터다. 제이컵의 리벳 특허에 버금가는 대발명이라고 강조한다 (❺-❸❻).

이 신상품, 즉 컨실드 리벳이 달린 팬츠에는 (❺-❸❼)처럼 새롭게 종이로 만든 플래셔가 달렸다. 좌우에 그려진 화살표 끝에 실제로 컨실드 리벳이 있다. 그리고 한가운데에는 THE RIVET'S STILL THERE(리벳은 여전히 있다)라는 문구가 들어갔다.

이 플래셔에는 앞에서 소개한 '레드탭the red-white pocket tab'이라는 말이 등장한다. 시기상으로 레드탭의 상표 (❺-❸❷)를 신청한 시기인 1937년 6월 30일과 일치한다. 기존의 PPIE 태그 (❹-❸❶)(193쪽)의 정보를 갱신한 리뉴얼 디자인이라고 하겠다. 레드탭, 서스펜더 단추, 백스트랩, 플래셔 등 작은 소재들이 북적북적하게 모인 팬츠다 (❺-❸❽).

(❺-❸❻) 컨실드 리벳(왼쪽). 컨실드 리벳의 머리가 망치로 평평하게 눌러 있다. 오른쪽은 같은 바지에 달려 있던 일반적인 리벳.

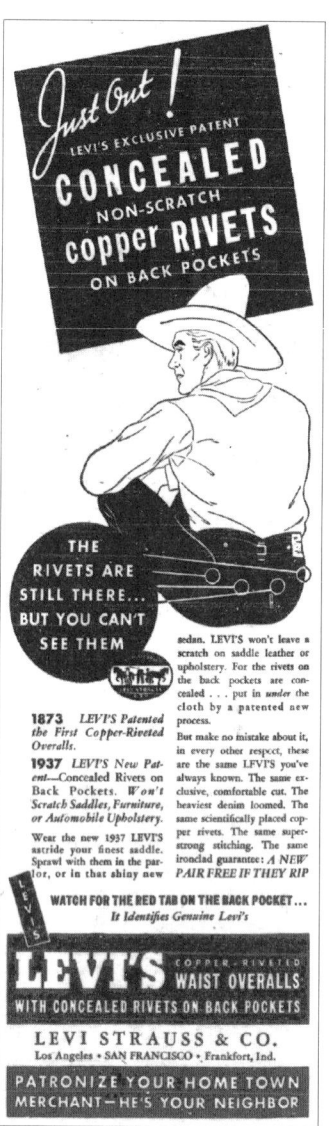

〔❺-❸❻〕컨실드 리벳 도입에 관한 광고(1937.6.3)

〔❺-❸❼〕처음으로 주머니에 달린 종이 플래셔

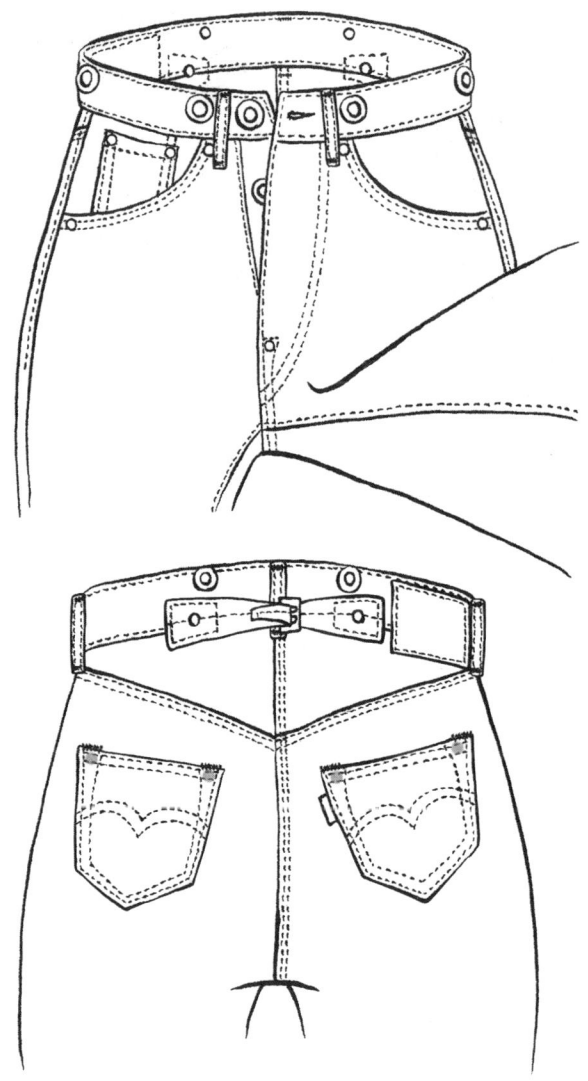

（❺-❸❾）1940년 카우보이 카탈로그 광고. 트레이드마크로 모처럼 만든 가죽 라벨이
벨트에 가려 보이지 않는다. 레드탭을 활용한 차별화는 필연적이었다.

서스펜더 단추 제거

밀런의 개량 시리즈 제3탄이다. 이번에는 제거된 디테일에 관련된 이야기다.

레드탭, 컨실드 리벳 도입과 거의 비슷한 시점에 리바이스의 팬츠에서 서스펜더용 단추 여섯 개가 제거되었다. 벨트를 착용할 수 있는 바지에(벨트고리가 달려 있으므로) 서스펜더를 사용하는 사람은 소수였을 것이다.

1930년대 할리우드 서부 영화를 보면 서스펜더를 사용하는 배우는 애초에 찾아볼 수 없는 데다가 묵직한 벨트가 보이도록 옷을 입었다. 이것이 서부의 작업복 차림을 실제로 반영했다고는 생각되지 않지만, 영화로서는 이렇게 하는 편이 눈길을 끌었을 것이다.

서스펜더 단추는 동종업계 타사의 팬츠에서는 일찍이 제거되었다. 그렇지만 리바이스 입장에서 보면 제이컵이 처음 바지를 만들었을 때부터 쭉 달려 있었으니 제거하는 데 망설임이 있었다.

서스펜더 단추는 1937년 어느 시점부터 사라지는데 서스펜더를 사용하는 소수를 위해 나중에 부착할 수 있는 단추가 준비되었다(❺-❹❶). 이는 '프레스온 버튼press-on button'이라 이름 붙어 판매점 등에서 바지를 판매할 때 배포했다.

1937년 판매점용으로 배포한 전단이나 포스터에는 다음과 같은 문구가 적혀 있었다.

서스펜더 단추…… 리바이스(501)는 (서스펜더 단추 없이) 허리에 잘 맞아서 많은 분들이 단추를 떼어 내고 입는다고 업자 분들에게서 자주 들었습니다. 조사해보니 대다수가 단추를 사용 하지 않고 입는다는 사실을 알았죠. 따라서 새로운 팬츠는 서스 펜더 단추 없이 납품하기로 했습니다. 서스펜더 사용자에게는 휴대용 상자에 담은 '프레스온 버튼'을 판매점에서 배포합니다. 이 단추는 엄지로 누르기만 해도 간단하게 부착되며 그대로 고 정됩니다.

이 단추는 뺄 수 없는 압정과 비슷해 약한 힘으로도 간단 하게 달 수 있었기 때문에 상자에는 "망치 사용 금지"라고 쓰 인 것도 있었다. 단추 제조사는 특허번호로 추측하건대 스코 빌의 제품으로 보인다. 특허는 1931년 신청해(❺-❹❹) 등 록도 같은 해에 완료되었다. 즉 리바이스를 위해 만든 신제품 은 아니었고 이미 시장에 유통되던 단추 가운데 고른 듯하다.

단추 내부는 판스프링으로 끼워 넣어 바늘 모양의 다리를 간단하게 걸 수는 있어도 뺄 수는 없는 구조다. 단추를 고정하 는 발은 이 시기에 리바이스가 사용한 투프롱이 아니라 원프롱 식이었다.

(❺-❹⓪) 리바이스의 프레스 온 버튼

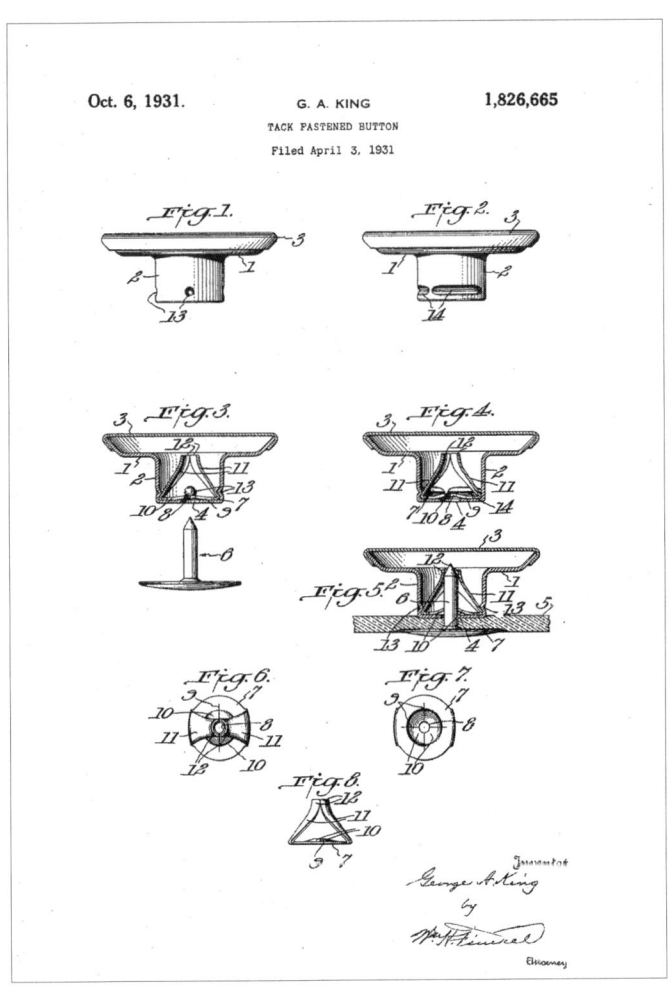

Oct. 6, 1931.   G. A. KING   1,826,665

TACK FASTENED BUTTON

Filed April 3, 1931

Fig.1.

Fig.2.

Fig.3.

Fig.4.

Fig.5.

Fig.6.

Fig.7.

Fig.8.

Inventor

George A. King

by

Attorney

(❺-❹❹) 스코빌의 특허. 위에 나온 단추의 특허 도면인데 내부가 이 도면 그대로인지는 확인할 수 없다.

이 단추가 얼마나 배포되었는지는 알 수 없다. 미사용으로 상자째 남아 있는 일은 흔할지라도, 바지에 달린 경우는 아주 드물 것이다.

LEE · 신생 101의 위협

리바이스에 엄청난 영향을 끼쳤을 리의 101 카우보이 팬츠를 간략하게 짚고 넘어가자. 〔❺-❺〕(218쪽)에서도 소개했지만 1920년대 리는 101이라는 데님팬츠를 제품목록에 추가했다. 리의 1927년 9월 12일 가격목록에는 전 세계 처음으로 지퍼를 단 1010이라는 데님팬츠가 게재되어 있다. 1010은 버튼 프런트인 101과 함께 완성도가 아주 높아 리바이스도 상당히 놀랐을 터다. 참고로 이 1010은 1년 정도로 단명한 제품이었다.

리는 작업복 제조회사로는 후발주자였지만, 유니언올 UNION ALL이라는 점프슈트 시리즈를 미국 전역에 판매하기 위해 '유나이티드가먼트워커스UGWA, The United Garment Workers Of America'라는 거대한 조직 연합에 가입한다. 따라서 가입하지 않았던 리바이스와 맞붙었을 때 판매점으로서는 리를 우선할 수밖에 없었다. 상황이 이러했으니 리바이스로서는 아무래도 불리했다.

그런데 세계대공황 뒤 리의 가격목록을 보면 101은 모습을 감추고 카우보이용은 131이라는 염가판 팬츠로 완전히 뒤바뀐다. 리바이스와 다르게 상품 수가 엄청나게 많았기 때문에 때와 장소에 따라 제작하거나 제작하지 않거나 했을까?

이 101은 1936년 무렵 형태가 완전히 바뀌어 리 라이더스Lee Riders라는 이름으로 재등장한다. 〔❺-❹❸〕이 그 신생 팬츠의 판매 당시 포켓에 붙어 있던 플래셔다. "개량된 리 라이더스"라는 표현을 비롯, 신제품의 제품 특징이 빼곡하게 적혀 있다. 501과 다른 부분만 소개하면 데님은 11과 1/2온스의 방축가공품을 사용했고, 백포켓은 이중 범포◪였으며, 표면을 평평하게 한 구리 리벳이 부착되었다. 여기에 '헤어 온 하이드Hair On Hide'라고 각인되어 모두를 경악하게 한 라벨이 달려 있었다. 헤어 온 하이드는 털가죽에 찍은 라벨을 말한다. 벨트고리도 겸하고 있어 벨트를 해도 가려지지 않는다.

'망했다!' 리바이스는 이렇게 생각했을 것이다. 줄지 않는 데님. 무게도 리바이스의 데님보다 숫자상으로는 위다. 리벳은 상처를 입히지 않도록 고려되었으며 결정적으로 Lee라는 낙인이 찍힌 털가죽 라벨이 멋있고 신선했다. 무엇 하나 승산이 없었다.

이 신생 101이 언제부터 유통되었는지는 알 수 없다. 리 라이더스의 상표등록(❺-❹❹) 정보에는 첫 사용 시점이 1935년 12월 31일이라고 자진신고되어 있다. 신문광고에서는 1937년부터 볼 수 있다. 리바이스가 501의 대개량을 진행한 시기와 일치한다.

리바이스의 컨실드 리벳의 특허가 1935년에 등록되었다고 앞에서 이야기했는데 바로 실행에 옮기지 않은 이유는 성가신 작업을 주저했기 때문일지 모른다.

◪　질긴 천으로, 돛을 만드는 데 주로 쓰여 돛천이라고도 불린다.

（⑤-㊷）카우보이 카탈로그（1939）. 벨트고리도 겸한 리사의 헤어 온 하이드 라벨은
벨트로 가려지지 않아 매우 신선했다.

NEW IMPROVED BRANDED LEE RIDERS

AS the purchaser of this pair of "Branded" Lee Riders, you are entitled to the best. Lee Riders are made of special extra-heavy coarse weave denim for hard wear and are Sanforized-Shrunk. You can wash your Lee Riders—they are guaranteed not to shrink. Insist upon Branded Lee Riders—the only Riders overalls with all these features:

1. **11½ oz. Special Coarse Weave Denim,** for hard wear.
2. **Sanforized-Shrunk.** Lee Riders may be washed. Guaranteed not to shrink.
3. **Waist Band.** Wide, 4-ply double stitched at top and bottom.
4. **Belt Loops.** Wide, turned ends, thread riveted. Will not pull loose.
5. **Buckle-Straps.** Both stitched and riveted. Strong buckle. V-shaped ends.
6. **Back Riser.** Made for saddle comfort, tailored to fit the body.
7. **Hip Pockets.** Shield shape, crimped, always uniform. Lined with extra-heavy boatsail cloth. Double thread rivets on hip pockets will not scratch.
8. **Saddle Crotch.** Comfortable, tailored to fit the saddle.
9. **Legs.** Tailored for comfort to fit right and look right.
10. **Rivets.** Special. Solid copper, smooth finish. Will not scratch. (Hip pockets double thread riveted, therefore will never mar or scratch saddle or furniture.)
11. **Bull-Strong Seams.** No raw edges.
12. **Match Pocket.** Wide and deep. Copper riveted.
13. **Side Pockets.** Extra deep of Genuine Boatsail Cloth. Rounded bottoms. Serged and double stitched. Smooth inside.
14. **Fly.** Non-gaping, double stitched, Rust-proofed buttons. Corded button holes.
15. **Hair on Hide Label.** (Trade Mark Registered.) The label is genuine leather, tanned with the hair on the hide, then branded with a hot branding iron just as cattle are branded.
16. **Guarantee.** "Better in every way or a new pair free."

Union Made and Guaranteed by

THE H. D. LEE MERC. COMPANY

SAN FRANCISCO, CALIF.	MINNEAPOLIS, MINN.	KANSAS, CITY, MO.
SALINA, KANSAS	SOUTH BEND, IND.	TRENTON, N. J.

Manufacturers of Overalls, Union-Alls, Coats, Shirts, Pants, Play Suits.

(⑤-❹⑧) Copyright 1937이라고 적힌 플래셔

하지만 신생 101의 등장으로 무조건 추진할 수밖에 없었다. 컨실드 리벳, 레드탭, 여기에 서스펜더 단추의 폐지, 여성용 701의 방축가공 데님으로의 전환. 어쩌면 플래셔가 등장한 것도 같은 맥락인지 모른다. 이것들 모두 리 101의 위협에서 기인했다고 밖에는.

United States Patent Office

694,288
Registered Mar. 8, 1960

PRINCIPAL REGISTER
Trademark

Ser. No. 78,292, filed July 23, 1959

Lee Riders

The H. D. Lee Company, Incorporated (Kansas corporation)
20th and Wyandotte
Kansas City, Mo.

For: WAISTBAND OVERALLS AND UTILITY TROUSERS FOR LADIES, MEN, GIRLS, AND BOYS, in CLASS 39.
First use Dec. 31, 1935, on waistband overalls; in commerce Dec. 31, 1935; June 16, 1935, as to "Lee."
Owner of Reg. Nos. 130,792, 631,361, and others.

〔**5-44**〕 리 라이더스 상표등록(1960)

컨실드 리벳과 레드탭의 관계성

일반적으로 레드탭을 부착하기 시작한 해가 1936년, 컨실드 리벳을 도입한 해가 1937년이라 알려져 있다. 하지만 나는 의문스럽다. 그렇다면 레드탭은 달려 있되 리벳은 감추어져 있지 않은 과도기의 팬츠가 존재할 렌데 지금까지 한 번도 본 적이 없기 때문이다. 인터넷이 상당히 보급된 2017년 현재, 사진조차 입수하지 못했으니. 레드탭 상표 등록은 '자진 신고'에 따른 것이었다. "레드탭이 1936년부터 사용되었다."라는 정보의 근거는 상표등록 문헌밖에는 없다.

그렇다면 레드탭과 컨실드 리벳은 동시에 등장한 게 아닐까. 품이 많이 드는 컨실드 리벳을 부착한 신제품에만 새로운 상표인 레드탭을 달았다거나? 여성용 팬츠 701의 경우 컨실드 리벳을 부착한 신제품에만 레드탭이 달려 있다. 어느 쪽이든 일시적으로 라벨 품번이 501XXC나 701C라고 적힌 시기가 공통으로 존재한다.

컨실드 리벳은 그전과는 공정이 크게 달랐기에 판매가도 달랐을 것이다. 이전에 나온 제품과 구별하기 위해 신상품 품번 뒤에 C를 붙이지 않았을까? C의 의미는 확실하지 않지만 컨실드의 약자라고 생각한다.

자, 그렇다면 여기에서 의문이 생긴다. 염가판인 201의 리벳도 컨실드였을까? 컨실드 리벳이 달린 201,

203(유스용)은 본 적도 들은 적도 없다. 201은 리벳을 감추지도 않았고 이후 제조되는 일조차 없었을지 모른다. 품이 많이 드는 리벳 부착을 염가판에까지 확대했다고는 추론하기 어렵다. 물론 1941년 가격목록에 201이 실려 있다는 모순이 있지만, 그저 재고품을 포함해둔 것이라 생각하면 이해가 수월하다.

상상하는 김에 하나 더. 컨실드 리벳과 레드탭이 적용된 시점에 서스펜더 단추도 제거된 게 아닐까? 단 컨실드 리벳과 레드탭이 있으면서 서스펜더 단추도 있는 501XX는 존재한다. 하지만 그 수가 너무 적다.

여기에서 처음 가설로 돌아가보자. 레드탭과 컨실드 리벳이 1937년에 동시에 달렸다고 치자. 그렇다면 서스펜더 단추는 극히 일부 판매점에서 특수주문을 받아 공장에서 달았다고 보는 게 자연스럽다. 단추 마니아에게 의견을 물어보았는데 그 역시 단추를 나중에 달았다는 설을 지지했다(물론 실물을 관찰하고 내놓는 의견이다). 252쪽〔❺-❸❻〕의 광고에 the NEW 1937 LEVI'S라는 표현이 있다. 세 가지 개선점을 거쳐 탄생한 새로운 제품을 말한 것으로 읽는다면 전후 사정이 모두 맞아떨어진다.

1941년 가격목록

〔❺-❹❺〕는 미국이 2차 세계대전에 참전하기 반년 전인 1941년 6월의 가격목록이다. 유럽에서는 이미 전쟁이 시작된 시점이었다. 미국이 참전할 것이라는 사실을 예측이라도 한 듯 상품 수가 꽤 줄어 있다. 이 시기가 되면 샌퍼라이즈드라는 글자는 당연하다는 듯이 등장하며 XX와 No.2 시리즈 외에 대부분 방축가공한 데님을 사용했다.

점퍼는 지금으로 치면 재킷에 해당하는데 어느새 504와 505 등은 보이지 않는다. 한편 그전까지는 없던 블랭킷 안감이 들어간 재킷 219라는 제품이 등장한다. 이미 안감이 있는 재킷을 판매하던 경쟁사 제품에 대항해 내놓은 제품일 것이다. 안감이 달리면 가격이 올라가므로 조금이라도 저렴하게 내놓기 위해 No.2 시리즈에만 넣었을까? 또한 이 목록에는 201 팬츠가 포함되어 있는데 오래된 재고였을 가능성도 높다.

광란의 시대에서 살아남은 리바이스

에드 크레이가 쓴 책 『리바이스』는 1969년 밀턴 그룬바움를 인터뷰한 기록을 바탕으로 했다는 일화가 적혀 있다. 에드 크레이에 따르면 이들 내용은 리바이스의 자료실 정보를 바탕으로 했기 때문에 확인하지 못했다.

PATENTED MAY 20, 1873

TRADE ☆ MARK

THE "TWO HORSE" BRAND

RIVETED GOODS

XX No. 1 Waist Overalls and Blouses

LOT	INDIGO DYED	PER DOZ.
501	Blue Denim Waist Overalls, 5 pockets	**$19.00**
503	Blue Denim Waist Overalls, Youths', 5 pkts.	
503 A	Waist 22 to 26 inclusive	$16.25
503 B	Waist 27 to 30 inclusive	$17.50
506	Blue Denim Blouses, Pleated Front, 1 pkt.	20.00
506Y	Youths' Blue Denim Blouses, sizes 26/32	18.00

Extra Sizes $1.50 Additional

XX No. 1 Copper Riveted Bib Overalls

550	Extra Heavy Blue Denim, High Back Overalls	$24.00

Extra Sizes $2.00 Additional

No. 2 Waist Overalls and Blouses

INDIGO DYED

201	Blue Denim Waist Overalls, 5 pockets	**$17.25**
203	Blue Denim Waist Overalls, Youths', 5 pkts.	
203 A	Waist 22 to 26 inclusive	$14.25
203 B	Waist 27 to 29 inclusive	$15.75
213	Blue Denim Blouses, Pleated Front, 1 pkt.	18.25
213Y	Blue Denim Blouses, sizes 26/32	16.25

Levi Strauss
SANFORIZED
Bib Overalls and Coats
AUTOMATIC FIT

LOT		PER DOZ.
35	High Back Overalls, made of selected 8 oz. sanforized denim	
45	Suspender Back, made of selected 8 oz. sanforized denim	**$19.50**
55	Coats, made of selected 8 oz. sanforized denim	

Extra sizes, per doz., $1.50 additional. Double extra sizes $3.00 additional. Triple extra sizes $4.50 additional.

This Guarantee affixed to every pair

"THIS GARMENT is unconditionally guaranteed to give you absolute satisfaction in every way — or your money back".

BLANKET LINED BLOUSES

219	Blue Denim, sizes 36/44	$28.00
219E	Pleated Front, one pocket, sizes 46/48	$30.00

Boys' and Youths' Bib Overalls

FIVE POCKETS

48	Boys' Blue Overalls, sizes 2 to 9 inclusive	$12.00

LADY LEVI'S

SANFORIZED

701	Ladies' Blue Denim Waist Overalls, sizes 24/36 waist, 28 to 34 length	$18.00

Dividend Rebate on purchases of 25 to 75 dozen of any or all of these items from April 1, 1941 to October 1, 1941. **2½%** or on purchases of more than 75 dozen. **5%**

THE NEXT REBATE PERIOD IS FROM OCTOBER 1, 1941 TO APRIL 1, 1942

TERMS: 1% 10 days; or 60 days net.   Prices subject to change without notice.

These well known lines are produced in our own factories:

LEVI'S "TWO HORSE" Brand Copper Riveted Waist Overalls
"TWO HORSE" Brand Bib Overalls
MEN'S and BOYS' CORDS and Jeans
MEN'S KHAKI PANTS
Ladies' and Men's FRONTIER RIDERS AND JACKETS
Men's DE LUXE 100% WOOL LORRAINE GABERDINE SHIRTS
Ladies' and Men's LORRAINE RAYON/WOOL GABERDINE SHIRTS
Men's and Boys' WOVEN SPORT SHIRTS
Ladies' and Men's GABERDINE SKI PANTS
MEN'S, BOYS' and LADIES' WEATHERTITE JACKETS
BOYS' and MEN'S WOOLEN JACKETS and SLACKS
BOYS' and MEN'S LEATHER COATS
LEVI STRAUSS RODEO SHIRTS, FRONTIER PANTS and AUTHENTIC WESTERN WEAR

We are DISTRIBUTORS of the following nationally known brands of merchandise:

CHIPMAN Hosiery
CHALMERS Knit Sport Shirts
CHALMERS Underwear
RICHMOND Union Suits
20th CENTURY Hosiery and Underwear
BAY MEADOWS Sweaters
MEDLICOTT Sweaters
LEVI STRAUSS "Sportswear" Sweaters
UNCLE SAM WORK SHIRTS
PEQUOT, PAGE and STANDARD Sheets and Pillow Cases
Blankets, Comforters, Bed Spreads, Robes
Table Linen, Towels, etc.

Price List

LEVI STRAUSS & CO.'S

OVERALLS

All Items herein subject to our

DIVIDEND REBATE

This price list quotes current prices effective June 30, 1941

Prices Subject to Change Without Notice

TRADE   MARK

PATENTED MAY 20, 1873

THE "TWO HORSE" BRAND

LEVI STRAUSS & CO.

98 Battery St.	754 So. Los Angeles St.
San Francisco	Los Angeles

(⑤-㊺) 2차 세계대전 직전의 가격목록(1941.6.30)

『리바이스』에 따르면 밀런이 공장장이 된 1922년 이후 501의 클레임 반품 수량을 요인별로 분석해 원인을 조사한 결과, 첫 번째로 리넨 실이 습기로 부식되어 바늘땀이 끊어지는 점, 두 번째로 예리한 리벳이 데님을 뚫고 나와 손상이 일어나는 점이 주요했다. 이러한 점들이 언제 개선되었는지 연대를 특정하고 싶지만, 아쉽게도 알 수 없다.

먼저 리넨 실 문제. 리넨 실은 신발용 면사로 변경되었는데 애초에 그 차이를 알 수 없다. 다음으로 불량 리벳. 리벳은 정확하게는 리벳과 발이라는 두 가지 부품으로 구성된다. 발은 받침쇠와 같은 모양으로 두께가 균일하다. 리벳은 바닥이 평평한 삼각추 모양이다. 오래된 리벳을 늘어놓고 보면 테두리가 예리한 것도 있다(❺-❹❻의 왼쪽에서 두 번째). 단 리벳은 제품에서 떼지 않으면 그 상태를 눈으로 관찰할 수 없으므로 확인할 수 있는 개수에도 한계가 있어 머리가 둥근 리벳(❺-❹❻ 오른쪽 끝)으로 바뀐 뒤부터 테두리가 약간 두꺼워졌을 가능성이 있다는 사실만 확인했다. 그 변경 시기는 불확실하지만, 세계 대공황 중에 이루어지지 않았을까 추측한다.

1920년대와 대불황에 빠져 있던 1930년대 그리고 2차 세계대전. 경영부진과 함께 미국 역사상 유례를 찾아볼 수 없는 '광란의 시대'가 이어졌다. 그런 시기에 리바이 스트

(❺-❹❻) 리바이스의 오래된 리벳. 왼쪽부터 특허가 유효했던 1880년대, 1910년대(?), 1937년부터 생산된 컨실드 리벳, 머리가 둥근 1940년대. 왼쪽에서 두 번째에 있는 리벳 하단만 예리해 보인다.

라우스의 피를 잇지 않은 정예 부대인 수뇌부 3인이 모여 있었다는 점도 기적이다. 그런데 501의 역사 그 자체에 주목한다면 그 어려운 시대에 자신이 할 수 있는 최선의 개선을 악착같이 밀고 나간 밀런의 건투에 박수를 보낸다.

CHAPTER 6

1942 ~ 1946

두 정부기관 WPB와 OPA

이 장에서는 2차 세계대전이 일어났을 당시, 정부의 규제로 세부를 변경한 데님팬츠에 대해 자세하게 알아보려고 한다. 그전까지도 리바이스는 제품 사양을 변경할 때가 있었지만, 이는 자사의 의지로 결정한 일이었다. 그런데 전쟁이 일어나면서 정부 규제로 팬츠 디테일을 변경할 수밖에 없었다. 정부 규제는 크게 두 곳의 정부기관에 의해 실시되었다.

1. 군수생산위원회
   WPB, The War Production Board
   물건(물자)에 관한 규제

2. 가격관리국
   OPA, The Office of Price Administration
   돈(물가)에 관한 규제

이 두 조직의 목표는 무엇보다 전쟁에서 이기는 것이었

고, 국내 자원을 조절하고 국내 경제에 끼치는 영향을 최소한에 그치도록 하는 다양한 규제를 시행했다. 이 장에서는 이들 규제 아래에 놓였던 1942년부터 1946년 말까지의 이야기를 다룬다.

규제의 시작

2차 세계대전은 세계사적으로 1939년 나치 독일이 폴란드를 침공하며 시작되었는데 미국이 전쟁에 참전하는 시기는 훨씬 뒤다. 당시 미국 국내 여론의 80퍼센트가 전쟁 참가를 반대했다. 그런데 그 여론을 단번에 뒤집는 사태가 일어난다. 1941년 12월 7일 일본군이 하와이 진주만을 공격한 것이다. 이 사태를 계기로 미국 국내 분위기가 참전으로 돌아섰고, 군수 대응으로 미국 국내의 다양한 규제가 시작된다. 시민 생활의 혼란을 피하고자 생산과 가격을 정부에서 조정할 수 있도록 WPB와 OPA 두 기관이 법령을 발행해 생산과 가격을 조절해간다. 의류품 분야에서는 종류별로 워모델 프로그램War Model Program을 실행했다.

먼저 WPB의 의류품에 관한 법령 내용을 나열해보았다. 괄호 안의 기호는 WPB가 만든 법령번호다.

1. 1942년 3월 남성용 슈트(M-73A)
2. 1942년 4월 여성복(L-85)
3. 1942년 5월 여성용 란제리(L-116, L-118)

4. 1942년 8월 남성용 작업복(L-181)

데님팬츠는 네 번째에 해당한다. 자원 절약을 목적으로 한 이 법령으로 각 의류 제조사는 최소한의 재료로 데님팬츠를 만들기 위해 사양을 변경할 수밖에 없었다. 이것이 간소화모 델Simplified Garment이다.

또 다른 기관인 OPA는 가격인하 정책roll back을 꺼내 상품별로 상한 가격을 설정했다. 특히 작업복에 엄격한 규제를 실시했다. 그도 그럴 것이 1차 세계대전 당시, 물가가 엄청나게 요동쳤기 때문이다. 가령 빕 오버롤스는 통상 가격이 82센트였는데 3달러까지 치솟아 군수품 생산에 지장을 불러왔다. 또한 전쟁이 끝난 뒤에도 작업복 가격이 끊임없이 상승했다는 기록이 남아 있다(❻-❶). 의류업계에서는 리바이스의 501 가격이 세 배까지 상승했다(❹-❸❼)(201쪽).

이러한 혼란이 두 번 다시 일어나지 않도록 전쟁 중은 물론 전쟁이 끝난 후 몇 년 동안은 눈을 부릅뜨고 주시할 필요가 있었다.

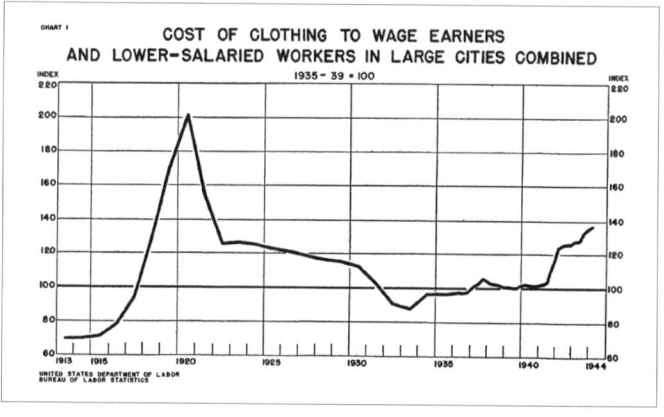

（❻-❶）1913~1944년 워크웨어 가격 추이. 그래프 오른쪽 끝을 보면 2차 세계대전 중 가격이 상승하는 양상을 보이지만, 1차 세계대전 때보다 억제되어 있다.

OPA는 먼저 작업복의 상한 가격을 설정하는 법령 MPR-208Maximum Price Regulation-208을 내놓았다. 단 이 법령의 목적은 어디까지나 가격인하였으며, 작업복의 디자인 변경을 강제한 것은 아니었다. 가격을 내리기 위해 "이런 부분의 삭제를 허가한다", "이런 부분의 변경은 허용하지 않는다"와 같은 기준을 확실하게 제시했다. OPA와 WPB 사이의 의사소통이 제대로 이루어졌는지는 의문스럽다. 양 조직에서 비슷한 법령을 내놓아 제조현장에 혼선을 일으킨 적도 있다니 말이다.

작업복위원회의 발족

정부에서 실시하는 규제라고 하면 무리한 요구를 할 것처럼 들린다. 하지만 사실 그 토대는 해당 업계의 주요 제조회사가 함께 조직한 위원회에서 마련했다. 이 정도 선까지는 어떻게든 삭감할 수 있다는 자신들의 한계선을 제시했으리라 짐작한다.

1942년 1월, 나중에 WPB의 전신에 해당하는 조직이 작업복 제조사들을 소집해 작업복위원회를 발족한다. 이를 다룬 기사가 (**6-②**)다. 서두에 "작업복은 전쟁 프로그램에 꼭 필요한 것"이라고 쓰여 있다. 즉 작업복은 필수품이다. 그렇다고 해서 작업복이 군수품이라는 의미는 아니고, 민간인이 군수품을 만들 때 입는 작업복을 칭한 것이다.

위원회 구성원의 목록을 보면 리바이스 외에도 H.D. 리나 디키즈Dickies 등 제조사가 보인다. 어떻게 보면 군에 납품 실적이 있는 작업복 제조사가 목록에 올라와 있다는 인상이다. 흥미로운 점은 금속 단추 제조사인 스코빌이나 유니버설버튼 등 작업복 외 제조사도 소집되었다는 거다. 이러한 부자재 제조사의 조정도 프로그램의 실행에는 필수 불가결했다는 사실을 알 수 있다.

작업복에 대한 규제는 같은 해 8월부터 실시해야 했으므로 각 제조사를 대상으로 한 사전 안내는 3월에 이루어졌다. 준비기간으로 반년이 주어졌으니 제조현장의 혼란은 크지 않았으리라 짐작된다.

이 위원회에 리바이스의 대표로 참가한 인물이 뉴욕 구매 오피스 매니저 오스카 그뢰블Oscar Groebl이다. WPB에서 발효한 간소화모델에 관한 법령 L-181의 원안에 관여한 인물이자 이후에 501이 사라질 가능성조차 있었던 OPA의 법령 RMPR-208의 위기에서 벗어날 수 있게 한 인물이다.

리바이스의 이름은 작업복위원회 목록(❻-❷)의 가장 마지막에 있는데 이 순서는 어떻게 매겨졌을까? 알파벳순이나 지역별은 아니다. 회사 규모 혹은 정부와 맺은 계약 규모나 납품실적에 따라 순서가 매겨졌을까?

먼저 리바이스가 군에 납품한 실적이 있었는지 조사해보자. 찾아보니 전쟁 전인 1941년 4월 미국 육군 알래스카 부대용으로 시범으로 제작한 모자가 달린 파카에 대한 계약사례가 있다(❻-❸). 이때 제작된 실제 파카에 달린 라벨이 (❻-❹)이다. 미군 자료 등을 조사했지만 이런 형태의 파카가 정식 도입된 적은 없이, 실험적으로 만들어 소규모 납품에

WORK CLOTHING COMMITTEE

The formation of a work clothing Industry advisory committee was announced January 9 by the Bureau of Industry Advisory Committees.

R. R. Guthrie, chief of the textiles, clothing and equipage branch of OPM, is Government presiding officer.

The work clothing industry is essential for the war program. It clothes the men who work in the airplane, tank, and munitions plants. It also manufactures a number of items for the armed services, such as khaki pants and shirts, and fatigue uniforms worn by sailors in washing down the deck and by soldiers engaged in nonmilitary jobs around camp. Its many products for civilian use include work pants and coats, overalls, coveralls, mackinaws, leather and leatherette coats, sheep-lined coats, blanket-lined coats, and washable service apparel such as uniforms for hospitals and bakeries.

Has plants in 40 States

The industry has plants in 40 of the 48 States. It employs 110,000 persons. Its products are used by 30,000,000 men, youths, and boys.

Committee members are:

P. M. French, Southern Manufacturing Co., Nashville, Tenn.; L. H. Jones, Washington Mfg. Co., Nashville, Tenn.; J. O. Fly, Fly Mfg. Co., Shelbyville, Tenn.; J. Rutter, Rex Mfg. Co., New Orleans, La.; B. E. Kinney, H. D. Lee Mercantile Co., Kansas City, Mo.; Albert Osterman, Fried Osterman & Co., Milwaukee, Wis.; C. T. Habbeger, Berne Mfg. Co., Berne, Ind.; C. D. Williamson, Williamson-Dickie Mfg. Co., Fort Worth, Tex.; F. K. Pike, Pike Mfg. Co., Salt Lake City, Utah; David Knapp, Fox Knapp Co., New York, N. Y.; J. E. Doran, Irwin B. Schwabe Co., New York, N. Y.; P. E. Fenton, Scovill Mfg. Co., Waterbury, Conn.; W. L. Walker, Universal Button Fastener and Button Co., Detroit, Mich.; E. F. Paquinot, The Buckeye Overall Co., Versailles, Ohio; and Oscar Groebl, Levi Strauss Co., Inc., San Francisco, Calif.

Doughboys in Alaska To Try New Parkas

The Army is still experimenting with clothing for use in Alaska, a Washington dispatch said today.

Two fur-trimmed parkas of experimental design will be made by Levi Strauss & Co., San Francisco. The same firm will make two experimental olive drab duck parkas.

The contract announcement said the two fur-trimmed garments will cost $36 and the two duck parkas will cost $24.

LEVI STRAUSS & CO.
JUNE 24, 1941
W-928-QM-39046
O. I. No. M-12624
S. F. G. D.
U. S. ARMY

（❻-❸）군 납품 사례 기사
《오클랜드 트리뷴》（1941.4.4）.
도보이（Doughboy）는 미국 육군 병사를 뜻한다. 익스퍼리먼팅（Experimenting）이라고 적혀 있으므로 시제품 수준의 소량생산으로 보인다.
（❻-❹）군에 납품한 파카의 라벨

（❻-❷）작업복위원회의 소집
（1942.1.13）

그쳤던 것 같다.

즉 리바이스는 군과의 관계가 비교적 약했기에 이 목록에서 가장 마지막에 기재되었을지도 모른다.

구리의 사용 금지(L-68)

작업복에 대한 규제가 시작되기 몇 달 전, WPB에서 의류용 부자재 제조회사에 군수용 금속(구리 등)의 사용 금지 법령 L-68이 발효된다(❻-❺). 그 상위 법령인 M-9는 실은 전쟁 전부터 시행되고 있었다. 그건 그렇다 쳐도 이 L-68에 의해 1942년 4월 1일 이후 구리를 포함한 의류품용 금속 부자재는 판매가 금지된다. 금속단추, 리벳, 버클, 지퍼 등이 여기에 해당한다.

구리를 사용하지 못해도 큰 문제는 없다고 생각할지 모른다. 하지만 녹슬지 않는 합금을 만들 때 구리는 필수적인 소재다. 일반적으로 녹이 슬지 않는 스푼이나 포크는 구리를 반 이상 포함한 합금인 니켈실버로 만들어야 한다. 구리를 사용할 수 없게 되면 가격을 고려했을 때 남는 선택지는 철뿐이다. 부자재 제조회사는 대체 금속으로 철을 선택했고, 철에 니켈이나 주석, 구리를 도금처리해 부식방지 효과를 얻었다.

구리 규제는 작업복 제조회사에 내려진 것이 아니라 그 원자재 공급원에 발효되었다. 4월 1일 이후 리바이스에 구리로 만든 부자재의 사용 금지가 내려진 것이 아니라 구리로 만든 부자재를 구입할 수 없게 되었다는 말이다. 즉 이미 보유한

WAR PRODUCTION BOARD

PART 3290—TEXTILE CLOTHING, AND LEATHER

[General Limitation Order L–68, as Amended December 6, 1943]

CLOSURES AND ASSOCIATED ITEMS

§3290.301 *General Limitation Order L–68—(a) Definitions.* In this order:

(1) "Copper bearing material" means "copper," "copper base alloys," "copper products" and "copper base alloy products," as defined in Conservation Order M-9-c.

(2) "Zinc" means zinc metal which has been produced by any electrolytic, electro-thermic, or fire refining process. It shall include zinc dust, scrap zinc, zinc metal produced from scrap and any alloy in the composition of which the percentage of zinc metal by weight equals or exceeds the percentage of all other metals. "Zinc" does not include such metal used as a protective coating applied to any of the items covered by this order.

(3) "Zinc products" means zinc in the form of sheet, strip, rod, wire, castings or dust.

(4) "Stainless steel" means corrosion or heat resistant alloy iron or alloy steel containing 10% or more of chromium with or without nickel and/or other alloying elements.

(5) "Process" means to cut, punch or stamp out, or to cast on or otherwise attach to tape.

(6) "Preferred order" means any purchase order, contract, or subcontract, in hand at the time of processing, from or for the Army or Navy of the United States, the United States Maritime Commission or the War Shipping Administration. The exceptions in this order relating to preferred orders shall apply only for a material and only to the extent, required by the applicable specifications.

Restrictions

(b) *Restrictions on manufacture of slide fasteners.* No person shall process any metal in the manufacture of slide fasteners or parts thereof, except in accordance with the following requirements:

(1) Copper bearing material may be used as permitted by Conservation Order M-9-c by appeals or otherwise.

(2) Zinc or zinc products may be used to fill preferred orders.

(3) Carbon steel, or stainless steel where required for corrosion or nonmagnetic properties, may be used to fill preferred orders and to fill orders in hand at the time of processing for skirt

and dress placket fasteners for use in uniforms of the Nurses' Corps of Women's divisions of the Army or Navy of the United States in accordance with the applicable specifications.

(4) Steel acquired upon written authorization of the War Production Board may be used without restriction, except that the quantity processed for slide fasteners during any calendar quarter shall not exceed 66⅔% of the average quarterly poundage of all metals used by such person for such purpose during the year ending June 30, 1941.

(c) [Deleted Dec. 6, 1943]¹

(d) *Restrictions on manufacture of hooks and eyes and brassiere hooks.* No person shall process any metal in the manufacture of hooks and eyes or brassiere hooks except in accordance with the following requirements:

(1) Zinc or zinc products may be used to fill preferred orders.

(2) Steel may be used without restriction, except that in manufacturing establishments located in Groups 1 or 2 of the labor market areas designated by the War Manpower Commission the quantity processed for hooks and eyes and brassiere hooks during any calendar quarter shall not exceed the average quarterly poundage of all metals used by such person for such purpose during the year ending June 30, 1941.

(e) *Restrictions on manufacture of sew-on, machine-attached or riveted snap fasteners.* No person shall process any metal in the manufacture of sew-on, machine-attached or riveted snap fasteners, except in accordance with the following requirements:

(1) Copper bearing material may be used as permitted by Conservation Order M-9-c by appeals or otherwise.

(2) Zinc or zinc products may be used to fill preferred orders.

(3) Steel may be used without restriction, except that in manufacturing establishments located in Group 1 or 2 of the labor market areas designated by the War Manpower Commission the quantity processed for sew-on machine-attached and riveted snap fasteners during any calendar quarter shall not exceed the average quarterly poundage of all metals used by such person for

¹ The substance of this paragraph, which was entitled "Salvage of slide fasteners," is now covered by the amendment on December 6, 1943, to paragraph (e) of M-828, and by the addition of "slide fasteners" to Schedule B of that order.

such purpose during the year ending June 30, 1941.

(f) *Restrictions on manufacture of metal buttons.* No person shall process any metal in the manufacture of buttons or parts thereof for clothing, except in accordance with the following requirements:

(1) Copper bearing material may be used as permitted by Conservation Order M-9-c by appeals or otherwise.

(2) Zinc or zinc products may be used to fill preferred orders.

(3) Steel may be used to manufacture:

(i) Buttons for delivery to or for the Army or Navy of the United States, the United States Maritime Commission or the War Shipping Administration;

(ii) Open top buttons consisting of not more than two pieces exclusive of the tack or fastener and limited to 22 ligne fly buttons of plain design and 27 ligne buttons with wreath design for the remainder of the garment, for use on overalls, overall suits, and dungarees, and

(iii) Closed top buttons, consisting of not more than four pieces exclusive of the tack or fastener and not exceeding 36 ligne in size, for use on coated fabric garments.

(g) *Restrictions on manufacture of certain other items.* No person shall process any metal in the manufacture of buckles, burrs, clothing trim or ornaments, corset clasps or boning, eyelets, garter clasps, grommets, grommet washers, hose supporters, loops, rivets, slides, slide-loops, tacks, suspender clasps, trouser trimmings, or parts thereof, except in accordance with the following requirements:

(1) Copper bearing material may be used as permitted by Conservation Order M-9-c by appeals or otherwise.

(2) Zinc or zinc products may be used to fill preferred orders for such products and to manufacture eyelets and boning tips for use in Class I and Class II garments, as defined in Limitation Order L-90 as issued December 15, 1942.

(3) Steel may be used without restriction, except that in manufacturing establishments located in Groups 1 or 2 of the labor market areas designated by the War Manpower Commission the quantity processed for such items (other than loops, slides and slide-loops for work clothing) during any calendar quarter shall not exceed the average quarterly poundage of all metals used by such person for such purpose during the year ending June 30, 1941, and except that

재고를 사용하는 데는 문제가 없었다.

WPB의 디자인 규제(L-181)

부자재의 변경에 이어 드디어 작업복 디자인에 규제가 내려진다. WPB의 법령 L-181의 등장이다. 간소화하지 않은 모델의 제조, 판매가 금지되었고, 위반할 경우에는 벌금을 물었다. 법령 제정은 1942년 8월 8일, 효력은 같은 달 15일부터 발효되었다. (❻-❻)이 법령 전문이다.

아래 세 가지가 전체 아이템에 적용되는 내용이다.

(c)(1) 장식 스티치, 트리플 스티치 금지
(c)(2) 일정 두께 이상의 원단을 사용한 포켓 원단 금지
(c)(3) 이중 포켓 금지

리바이스의 501 아큐에이트 스티치는 이 가운데 (c)(1) 장식 스티치에 해당해 규제 대상이었다. 또한 아이템별로 규제 내용이 달랐다.

(d)(1) 웨이스트 밴드 오버롤스
(d)(2) 빕 오버롤스
(d)(3) 오버롤스 점퍼 혹은 코트
(d)(4) 원피스 워크슈트(점프슈트)
(d)(5) 워크팬츠

(d)(6) 워크셔츠

　(d)(3) 오버롤스 점퍼와 (d)(6) 워크셔츠에 관해서는 내용을 조금 더 살펴보자. (d)(3) '점퍼'는 이 시기 리바이스의 제품으로 치면 품번 506과 213, 안감이 달린 219가 대상이었다. 재킷에 관한 규제내용은 주머니는 두 개, 앞쪽 단추는 네 개. 소매 끝 단추는 한 개까지만 허용했다. 블랭킷 안감은 16온스를 넘는 블랭킷코튼 불가, 코튼 울 혼방은 재생 울 25퍼센트 이하 금지 등과 같은 내용이었다. (d)(6) '워크셔츠'에서는 포켓의 플랩flap(덮개)은 금지였지만, 단추 여밈은 하나까지 허용했다. 앞쪽 단추는 여섯 개까지, 옷깃 안감은 한 장까지 가능했다. 바택은 총 네 개까지 가능했고 아일릿eyelet☑이나 통기용 구멍은 허락되지 않았다. 팔꿈치나 무릎 부분 보강은 금지였지만, 이중으로 하는 데는 문제가 없었다. 중요한 501은 이 가운데 (d)(1)의 웨이스트 밴드 오버롤스에 해당한다. 〔❻-❼〕은 그 내용 일부를 확대한 것이다.

　(i) 세 개 이상의 프런트포켓, 세 개 이상의 백포켓, 두 개 이상의 자 수납 포켓, 두 개 이상의 워치포켓 금지
　(ii) 서스펜더 단추 또는 다섯 개 이상의 플라이 단추, 두 개 이상의 허리밴드 단추 금지
　(iii) 백스트랩과 버클 금지
　(iv) 열 개 이상의 바택 또는 리벳 금지. 단 벨트고리용은 논외

☑　금속성으로 테두리를 장식한 가죽 끈 고정 구멍이나 벨트 구멍 혹은 거기에 붙이는 둥근 틀 모양의 금속 부자재를 의미한다.

WAR PRODUCTION BOARD

PART 3024—MEN'S WORK CLOTHING

[Limitation Order L-181 as Amended March 27, 1943]

The fulfillment of requirements for the defense of the United States has created a shortage in the supply of men's work clothing for defense, for private account and for export; and the following order is deemed necessary and appropriate in the public interest and to promote the national defense:

§ 3024.1 *General Limitation Order L-181*—(a) *Definitions.* For the purpose of this order:

(1) "Men's work clothing" means any of the following garments, customarily graded as men's:

Waistband overalls or dungarees.
Bib overalls.
Overall jumpers or coats.
One-piece work suits.
Work pants
Work shirts, (whether separate or in ensembles, but excluding uniform shirts).

(2) "Put into process" means the first cutting operation of material in the manufacture of any men's work clothing.

(3) Pro rata widths—where a certain width material is specified—narrower or wider width material shall be figured in pro rata yardage allowed or restricted.

(4) Measurements set forth refer to finished measurements after all manufacturing operations have been completed and the garment is ready for shipment.

(5) Yards specified "to the dozen" shall mean the average yardage, over any 90 day period after August 15, 1942, consumed in the cutting of each type of garment.

(6) Yards specified "to the dozen" may be exceeded proportionately in the manufacture of sizes larger than specified herein to meet the needs of oversize persons.

(7) All terms used in this order shall have their usual and customary trade meanings unless stated otherwise.

(b) *General exceptions.* The prohibitions and restrictions of this order shall not apply to:

(1) Sales and deliveries by, to or for the account of the ultimate consumers by any person who does not put cloth into process for the manufacture of work clothing.

(2) Men's work clothing put into process or manufactured prior to August 15, 1942.

(3) Drills, twills, or jeans used for pocketing or waistbanding in the inventory of the manufacturer on August 15, 1942.

(4) Men's work clothing to fill purchase orders placed by or for the account of the Army or Navy of the United States, the United States Maritime Commission, the War Shipping Administration, the Panama Canal, the Coast and Geodetic Survey, the Coast Guard, the Selective Service System, the Civil Aeronautics Administration, the National Advisory Committee for Aeronautics, the Office of Scientific Research and Development and the Defense Supplies Corporation.

(5) Men's work clothing made and sold to conform with state, county or municipal safety laws, codes or regulations: *Provided,* That such laws, codes or regulations were in existence on August 15, 1942, and specifically required the use of work clothing not made in conformity with the provisions of this order.

(6) Garments manufactured in the home except when made for sale or for a contractor or jobber or other person who sells such garments.

(c) *General curtailments.* No person shall, after August 15, 1942, put into process, or cause to be put into process by others for his account, any material for the manufacture of, and no person shall, after the said date, sell or deliver any men's work clothing, the material for which was put into process after August 15, 1942 with:

(1) False or more than double stitching:

(2) Pockets or waistbands made from drills, twills or jeans heavier than 39 inch 4.00 yard, except irregulars, seconds or cuts under 40 yards in length and except as provided in paragraph (b) (3).

(3) Pockets of more than single thickness.

(d) *Additional curtailments.* No person shall, after August 8, 1942, put into process, or cause to be put into process by others for his account, any material for the manufacture of, and no person shall sell or deliver any of the following men's work clothing, the cloth for which was put into process after August 15, 1942:

(1) *Waistband overalls or dungarees* with:

(i) More than two front or swing pockets, two hip pockets, one rule pocket and one watch pocket.

(ii) Suspender buttons or with more than four fly buttons and one button on snap fastener on waistband.

(iii) Back buckle or strap.

(iv) More than nine bartacks or rivets exclusive of those needed on belt loops.

(v) Sizes other than 26 to 50 waist and 27 to 36 inseam.

(vi) More than 33½ yards or less than 31 yards to the dozen of 28/29 inch material: *Provided, however,* That for the sole purpose of allowing such garments when made for miners (and each miner's garment shall be designated as such by label or other marking thereon) to include not more than two front leg patch reinforcements, one double seat and one additional leg pocket, the yardage per dozen for such garments shall be not more than 45 yards or less than 37 yards to the dozen of 28/29 inch material, the extra yardage to be used, however, only for such purpose.

(2) *Bib overalls* with:

(i) More than one large or two small bib pockets, two front swing or patch pockets, two hip patch pockets, one rule pocket and one hammer loop.

(ii) More than one button on each side opening, two bib suspender buttons, one button or one snap fastener on bib, two buttons on fly through size 38 or three buttons on fly on size 40 and up.

(iii) More than fifteen bartacks.

(iv) Sizes other than 26 to 50 waist and 27 to 36 inseam.

(v) More than an average of 46 yards or less than 39 yards to the dozen of 28/29 inch material for both the bib overall and the overall jacket.

Provided, however, For the sole purpose of allowing:

(a) *Bib overalls for carpenters* to include not more than two double knee or one leg pocket, two side leg pockets, an apron with necessary divisions, one hand axe loop, the yardage per dozen for such garments shall be not more than 66½ yards or less than 60½ yards to the dozen of 28/29 inch material, and such garments may have 15 additional bartacks.

(b) *Bib overalls for painters or paperhangers* to include one brush loop and one leg pocket, the yardage per dozen for such garments shall be not more than 47½ yards or less than 41½ yards to the dozen of 28/29 inch material.

(c) *Bib overalls for steel workers* to include not more than two knee patch reinforcements, two leg pockets, one additional hammer loop, the yardage per dozen for such garments shall be not more than 57 yards or less than 51 yards to the dozen of 28/29 inch material, and such garments may have six additional bartacks.

Each such garment shall be designated as such by label or other marking thereon and the additional yardages shall only be used for the respective purposes specified above.

(3) *Overall jumpers or coats* with:
(i) More than two patch pockets.
(ii) More than four buttons on front and one button on each cuff.
(iii) Sizes other than 34 to 50.
(iv) Blanket-lining heavier than 16 ounce, 54 to 56 inch width, of cotton or of cotton and reused wool.

(4) *One-piece work suits* with:
(i) More than two front swing or patch pockets, two breast pockets, two-patch or swing hip pockets, one rule pocket and one hammer loop.
(ii) More than four front buttons, one breast pocket button, three fly button: and one button on each cuff.
(iii) More than 17 bartacks, exclusive of those needed on belt loops.
(iv) Sizes other than 34 to 50.
(v) More than 72 yards or less than 66 yards to the dozen of 28 29 inch material
(5) *Work pants* with:
(i) More than two front swing pockets, two hip patch or swing pockets and one watch pocket.
(ii) Tunnel loops.
(iii) Suspender buttons on sizes other than 38 and up.
(iv) More than 11 bartacks exclusive of those needed on belt loops.
(v) Side buckle and straps.
(vi) Self belt or extension waistband
(vii) Pleats.
(viii) More than five fly buttons, including waistband. on sizes through 38 and more than six fly buttons, including waistband. on sizes 40 and up, and with more than one hip pocket button.
(ix) Cuffs where 30 inch 2.50 gray width and weight basis material and heavier is used.
(x) More than 1½ inch hem.
(xi) More than 1½ inch cuff on material lighter than 30 inch 2.50 gray width and weight basis.
(xii) Sizes other than 26 to 50 waist and 27 to 36 inseam.
(xiii) (a) More than 27½ yards or less than 24½ yards to the dozen of 36 inch

material weighing less than 8 ounces per yard of 36 inch width material, or
(b) More than 28 yards or less than 25 yards to the dozen of any heavier material.
(6) *Work shirts* with:
(i) Other than one or two plain patch pockets but only button through or open.
(ii) More than single thickness lining in collar.
(iii) More than six buttons on front, one button each cuff and one button on each pocket.
(iv) Lined cuffs.
(v) More than four bartacks.
(vi) Eyelets or vents.
(vii) Reinforced elbow, shoulder, back or front.
(viii) Other than one or two cardboards and paper wrapping.
(ix) Less than one-half dozen packing.
(x) Sizes other than 13 to 19 or sizes small, medium and large.
(xi) More than 29½ yards or less than 26 yards to the dozen of 36-inch material on long sleeve models, or more than 24 yards or less than 23 yards to the dozen of 36-inch material on half-sleeve models. On regular or mill finish material or on 36-inch 2.85 material and heavier a total of a half yard to the dozen additional yardage may be used.
(e) *Certification.* No person, who has before August 8, 1942, or shall after August 8, 1942, put into process or cause to be put into process by others for his account any men's work clothing, shall after August 8, 1942, sell such work clothing without furnishing to his purchaser (when other than an ultimate consumer) a certification, signed by an individual duly authorized to sign for such person, in substantially the following form:

The undersigned hereby certifies to his purchaser and the War Production Board that the men's work clothing covered by his invoice No .... dated .... (or the annexed invoice) has been manufactured or sold in accordance with the curtailment and or exceptions of General Limitation Order L-181.

(f) *Appeals.* Any person affected by this order who considers that compliance therewith would work an exceptional and

unreasonable hardship upon him, or that it would result in a degree of unemployment which would be unreasonably disproportionate compared with the amount of men's work clothing conserved, or that compliance with this order would disrupt or impair a program of conversion from nondefense to defense work, may appeal to the War Production Board, Reference L-181, setting forth the pertinent facts and the reason he considers he is entitled to relief. The War Production Board may thereupon take such action as it deems appropriate.

(g) *Records and inspections.* (1) Each person affected by the order shall keep and preserve for a period of not less than two years accurate and complete records of his applicable inventories, certifications, production, sales and transactions. (2) All records required to be kept by the order shall, upon request, be submitted to audit and inspection by duly authorized representatives of the War Production Board.

(h) *Reports and communications.* (1) Each person affected by the order shall execute and file with the War Production Board such reports and questionnaires as may be requested by the Board from time to time. (2) All reports required hereunder, and all communications concerning the order, shall be addressed to: War Production Board, Textile, Clothing and Leather Division, Washington, D. C., Reference: L-181.

(i) *Violations.* Any person who wilfully violates any provision of this order, or who, in connection with this order, wilfully conceals a material fact or furnishes false information to any department or agency of the United States is guilty of a crime, and upon conviction may be punished by fine or imprisonment. In addition, any such person may be prohibited from making or obtaining further deliveries of, or from processing or using, material under priority control and may be deprived of priorities assistance.

Issued this 27th day of March 1943.

War Production Board
By J. Joseph Whelan,
Recording Secretary.

（ⅴ）허리 치수 26~50인치 이외와 길이 27~36인치 이외는 금지

WPB는 이 법령 L-181이 발효되었을 때 연간 삭감량을 다음과 같이 계산했다.

- 원단 2100만 야드
- 실 1억 2500만 야드
- 단추 1억 5000만 개
- 버클 1200만 개

28인치 폭의 데님을 사용한 경우 배송 시에 셔츠를 담는 종이상자를 금지하면 운반용 공간을 29퍼센트 줄일 수 있고, 전쟁 후 어림 계산으로 오버롤스 1다스당 데님을 2야드 절약할 수 있다는 보고도 있다.

이 L-181은 이후 개정amendment이 시행되어 사양을 조금씩 변경한다. 개정 안내는 사전에 공지했으며 이후 정식 개정판을 발효할 때 개정항목에 밑줄을 그어 어느 부분을 변경했는지 파악할 수 있도록 했다.

（❻-❻）에서 소개한 원문이 그 개정판이다. 첫 법령에

(i) More than two front or swing pockets, two hip pockets, one rule pocket and one watch pocket.
(ii) Suspender buttons or with more than four fly buttons and one button or snap fastener on waistband.
(iii) Back buckle or strap.
(iv) More than nine bartacks or rivets exclusive of those needed on belt loops.
(v) Sizes other than 26 to 50 waist and 27 to 36 inseam.

서는 어떤 단추는 두 개까지 사용 가능하다고 되어 있었지만, 개정되어 한 개까지로 바뀌었다. 또한 다른 개정에서는 당초 규제대상이었던 서스펜더 단추가 1943년 말 다시 사용할 수 있게 되는 등 당시 상황에 맞게 규제 강도는 변화한다.

OPA 가격상한 법령(MPR-208)

다음은 상한가격을 조절하는 OPA 규제다.

작업복 디자인에 대해 언급한 법령 MPR-208의 제목은 "스테이플 워크 클로딩Staple Work Clothing"이다. 여기서 스테이플은 '주요'라는 의미로, 여성용 작업복은 포함되지 않았다. 법령은 1942년 8월 20일에 발행되어 같은 달 26일부터 발효되었다.

MPR-208은 디자인에 관한 부분만을 보면 실질적으로 WPB의 L-181과 달라진 내용이 없다. 분량이 상당하므로 후반 3분의 1만을 (❻-❽)에 소개한다. 앞에서 이야기했듯이 이 법령은 디자인 변경을 강요하지 않는다. 어디까지나 가격을 내리기 위해서라면 이런 부재를 생략해도 된다는 입장이다. 또한 MPR-208 법령에는 L-181에 기재된 장식 스티치 (c)(1)이 언급되어 있지 않다.

이 MPR-208에는 WPB의 L-181에 없는 지시가 있다. 가령 간소화모델의 라벨에는 구별을 위해 1942년 3월 시점에 사용하던 제품번호에 S자를 넣어야 했다. 또한 판매점에는 정해진 기간 안에 (❻-❽)에 기재된 Appendix(부록)

☑ 1야드는 약 0.914미터로, 2야드는 약 1.83미터에 해당한다.

A, B, C의 내용을 알려야 했다. 이들 내용에는 강제력이 있어 모든 제조사가 엄수해야 했다.

리바이스가 부록 A, B, C 내용을 판매점용으로 배포한 자료가 〔❻-❾〕다. 타사에서 나온 이러한 인쇄물을 본 적이 없는 걸 보면 리바이스가 꽤 세세하게 법령을 지켰다는 사실을 알 수 있다.

a garment sold or offered for sale on or after August 26, 1942, was determined.

(b) *Statements to be filed.* Every person selling staple work clothing otherwise than at retail shall prepare and file with the Office of Price Administration, Washington, D. C., on or before October 1, 1942:

(1) The latest written price list, generally circulated among the seller's customers or representatives, pursuant to which the seller delivered during March 1942, any garment of each classification to each class of purchasers, with a statement showing the date of issuance of such list, to whom circulated, and the name and address of a purchaser of each class to whom a garment of each classification was delivered.

(2) A statement which shall show the maximum prices to all classes of purchasers under this Maximum Price Regulation No. 208 for all garments offered for sale on or after August 26, 1942.

(3) A description of each garment referred to in subparagraphs (1) and (2), identifying it by classification and by lot number, and furnishing such details as may be required in report forms to be prescribed by the Office of Price Administration.

On or before the tenth day of each month after September 1942, every such person shall file a supplementary statement containing the information referred to in subparagraphs (2) and (3) with respect to any offering made during the preceding calendar month and not previously listed.

(c) *Notification of retailers.* Every person delivering staple work clothing to a purchaser for sale at retail shall, within ten days after the first delivery to such purchaser made on or after August 26, 1942, notify such purchaser that he is required to price such staple work clothing under the provisions of the General Maximum Price Regulation and shall supply such purchaser with the text of §§ 1389.217, 1389.218, and 1389.219 to serve as a guide in pricing under the provisions of the General Maximum Price Regulation: *Provided,* That if such first delivery is made prior to September 1, 1942 the text of such sections may be supplied within ten days of September 1, 1942.

(d) *Disclosure of maximum prices.* Every person selling or delivering staple work clothing otherwise than at retail shall within ten days after receipt of a written request from any person to whom such clothing shall have been sold, delivered or offered for sale on or after August 26, 1942, disclose in writing to such person the maximum prices established for such sale, delivery or offer.

(e) *Identification of garments.* Every person selling, delivering or offering to sell or deliver a garment of staple work clothing shall have attached thereto a label containing the manufacturer's lot number for the garment. If the garment has been simplified as provided in § 1389.218, the lot number shall be the number used in March 1942, prefixed by the symbol "S–". No person shall use on any garment a lot number which he used in March 1942 for a different garment

§ 1389.211 *Registration and licensing.* The registration and licensing provision of §§ 1499.15 and 1499.16 of the General Maximum Price Regulation are applicable to every person subject to this Maximum Price Regulation No. 208 selling staple work clothing at wholesale or at retail.

§ 1389.212 *Enforcement.* Persons violating any provision of this Maximum Price Regulation No. 208 are subject to the criminal penalties, civil enforcement actions, suits for treble damages and proceedings for the suspension of licenses provided by the Emergency Price Control Act of 1942.

§ 1389.213 *Applications for adjustment.* The Office of Price Administration, or any duly authorized officer thereof, may by order adjust the maximum prices established under this Maximum Price Regulation No. 208 for any seller other than a seller at retail in any case in which such seller shows:

(a) That such maximum price causes him substantial hardship and is abnormally low in relation to the maximum prices established for competitive sellers of the same or similar garments; and

(b) That establishing for him a maximum price, bearing a normal relation to the maximum prices established for competitive sellers of the same or similar garments, will not cause or threaten to cause an increase in the level of retail prices.

Applications for adjustment under this paragraph (b) shall be filed in accordance with Procedural Regulation No. 1.[*]

§ 1389.214 *Petitions for amendment.* Any person seeking a modification of any provisions of this regulation, or an adjustment not provided for in § 1389.213, may file a petition for amendment in accordance with the provisions of Procedural Regulation No. 1[*] issued by the Office of Price Administration.

§ 1389.215 *Definitions.* Unless the context otherwise requires, the definitions set forth in section 302 of the Emergency Price Control Act of 1942 and in § 1499.20 of the General Maximum Price Regulation shall apply to terms used in this Maximum Price Regulation No. 208.

§ 1389.216 *Effective date.* The effective date of this Maximum Price Regulation No. 208 shall be August 26, 1942.

§ 1389.217 *Appendix A; Definition of staple work clothing.* Staple work clothing as used in this Maximum Price Regulation No. 208 means men's and boys' garments of the classifications listed below in paragraph (a) and made of cotton body materials of the constructions listed below in paragraph (b).

(a) *Classification of garments:*

(1) Bib overalls, including special trades overalls.

(2) Overall jackets.

(3) Waistband overalls or dungarees.

(4) Work shirts.

(5) Work pants.

(6) One-piece work suits.

(7) Work breeches.

(b) *Constructions of body materials:*

[*]7 F.R. 971, 3663.

(1) Denims.
(2) Carded yarn shirting chambrays.
(3) Carded yarn shirting coverts.
(4) Cotton pants coverts.
(5) Finished jeans.
(6) Finished drills.
(7) Cottonades, napped back.
(8) Whipcords, napped back.
(9) Moleskins.
(10) Carded yarn poplins.
(11) Twills.

§ 1389.218 *Appendix B; Simplification*—(a) *Simplifications permitted.* A garment shall be deemed to be a "simplified model" of another when it is identical with the other except for the differences listed below:

(1) *Bib overalls.*
(i) Elimination of triple stitching.
(ii) Elimination of double thickness pockets.
(iii) Elimination of bar tacks in excess of 15.
(iv) Elimination of rule pockets or hammer loops in excess of one each.
(v) Elimination of fly buttons in excess of two up to and including size 38.

(2) *Overall jackets.*
(i) Elimination of triple stitching.
(ii) Elimination of double thickness pockets.
(iii) Elimination of pockets in excess of two.
(iv) Elimination of cuff buttons in excess of one on each cuff.
(v) Elimination of buttons on front in excess of four.

(3) *Dungarees or waist-band overalls.*
(i) Elimination of triple stitching.
(ii) Elimination of double thickness pockets.
(iii) Elimination of bar tacks or rivets in excess of nine except those needed for belt loops.
(iv) Elimination of hammer loops.
(v) Elimination of fly buttons in excess of five, including waist-band fasteners.
(vi) Elimination of suspender buttons.
(vii) Elimination of belt loops in excess of six.
(viii) Elimination of strap and buckle.

(4) *Work pants.*
(i) Elimination of triple stitching.
(ii) Elimination of double thickness pockets.
(iii) Elimination of flaps on pockets.
(iv) Elimination of bar tacks or rivets in excess of 11 except those needed for belt loops.
(v) Elimination of suspender buttons up to and including size 38.
(vi) Elimination of side straps and buckles.
(vii) Elimination of all cuffs on trousers manufactured of material heavier than 2.50 per pound on 30″ grey weight basis.
(viii) Elimination of tunnel belt loops.
(ix) Elimination of self belts.
(x) Elimination of pleats.

(5) *Work shirts.*
(i) Elimination of triple stitching.
(ii) Elimination of flaps on pockets.
(iii) Elimination of bar tacks in excess of 4.
(iv) Elimination of cuff buttons in excess of one on each cuff.

(v) Elimination of front buttons in excess of 6.
(vi) Elimination of bellows pockets.
(vii) Elimination of lined cuffs.
(viii) Elimination of eyelets or vents.
(ix) Elimination of yoke back in excess of 2½ inches deep measured from the center of the bottom of the collar.

(6) *One piece work suits.*
(i) Elimination of triple stitching.
(ii) Elimination of double thickness pockets.
(iii) Elimination of bar tacks in excess of 17.
(iv) Elimination of rule pockets and hammer loops in excess of one each.

(7) *Work Breeches.*
(i) Elimination of triple stitching.
(ii) Elimination of flaps on pockets.
(iii) Elimination of double thickness pockets.
(iv) Elimination of fly buttons in excess of five. .
(v) Elimination of tunnel belt loops.

(b) *Changes not permitted.* A garment shall not be considered a "simplified model" when it is altered as follows:
(1) By a change in the weight, finish or construction of body materials;
(2) By a reduction in body dimensions;
(3) By elimination or substantial reduction in the use of slide fasteners;
(4) By elimination of double thickness in shoulders, front or back, or in elbows;
(5) By elimination of double thickness in knees or in seats.

§ 1389.219 *Appendix C: Same and similar garments (under the General Maximum Price Regulation).* In determining maximum prices for staple work clothing under the General Maximum Price Regulation, a garment shall be considered the same as another, or similar to another, as provided in paragraphs (a), (b) and (c) of this section.

(a) *Same garments—in general.* One garment shall be considered the "same" as another when it is a garment of the same classification (as listed in § 1389.217 (a)), contains body material of the same construction, weight, and finish, substantially the same average yards per dozen of such material, the same standards of workmanship, and trimmings of fairly equivalent serviceability, and is constructed by the same manufacturer. Differences in color which are not ordinarily the basis of differences in price shall be disregarded.

(b) *Same garments—simplification.* A simplified model (defined in § 1389.218) of any garment shall be considered the "same" as such garment before simplification, except when such simplified model becomes the same, under paragraph (a) of this section, as a lower priced garment in which any seller dealt during March 1942.

(c) *Similar garments.* A garment shall be considered "similar" to another when it is constructed by a different manufacturer, but is otherwise the same.

Issued this 20th day of August 1942.

LEON HENDERSON,
Administrator.

[P. R. Doc. 42-8157; Filed, August 20, 1942; 4:57 p. m.]

LEVI STRAUSS & CO.

98 BATTERY ST.   SAN FRANCISCO
LOS ANGELES   NEW YORK

Maximum Price Regulation No. 208

Retailers Notification and Disclosure Notice covering

STAPLE WORK CLOTHING

Excerpts from Official O.P.A. TITLE 32 —National Defense—Part 1389—Apparel

§ 1389.217 APPENDIX A; DEFINITION OF STAPLE WORK CLOTHING.

Staple work clothing as used in this Maximum Price Regulation No. 208 means men's and boys' garments of the classifications listed below in paragraph (a) and made of cotton body materials of the constructions listed below in paragraph (b).

(a) **Classification of garments:**

(1) Bib overalls, including special trades overalls.

(2) Overall jackets.

(3) Waistband overalls or dungarees.

OPA의 워모델(RMPR-208)이란

1944년 9월 '개정 MPR-208' 혹은 'RMPR-208 RMPR, Revised Maximum Price Regulation'이라고 불리는 개정판이 발효된다. 이는 물가를 내리기 위해 판매 시의 이율까지 언급하는 등 상세한 내용을 담고 있다. 여기에서 처음으로 구체적인 치수가 정해진 OPA의 워모델War Model이라는 작업복이 등장한다. WPB의 간소화모델은 컬렉터 사이에서 세계대전 모델 등이라고 불리는데 이 워모델은 전혀 다른 것으로, 이른바 '공통사양의 표준작업복'이다. OPA 나름의 발상으로 자원이나 노동력이 절약되도록 표준복을 제정하려 했지만, 실제 제조 여부는 각 제조회사의 자발성에 맡겼다.

〔❻-❶〕은 판매점에 배포한 서면으로 가격이 자세하게 기재되어 있다. 라벨에는 '워모델'임을 표시할 것, 사용할 데님의 무게나 방축가공의 유무, 상한가격, 제조사명이나 브랜드명의 기재가 의무화되어 있다. 또한 이 워모델의 데님은 8온스까지만 허용되었다.

〔❻-❶②〕가격표는 세분화된 조건과 금액으로 빼곡하게 채워져 있다. 제품의 상한가격 외에 물류비용의 허용금액까지 표시한 세밀함이 놀랍다. 나아가 판매지역에 따라 상한가격이 다르다는 점도 명기해야 했다(❻-❶). OPA는 덴버를 경계로 동쪽을 동부·중앙부 지역, 서쪽을 산악부와 태평양 연안 지역으로 구분하고, 서쪽 지역에서는 가격을 올렸

OPA Trade Bulletin

UNITED STATES OF AMERICA, OFFICE OF PRICE ADMINISTRATION, WASHINGTON, D. C.

STAPLE WORK CLOTHING
AT RETAIL AND WHOLESALE

OPA trade bulletins are written to help you understand and follow new or amended price regulations. They cover only the main points of the regulations and do not take their place. If this bulletin does not answer all your questions, ask your OPA District Office for further help and for a copy of:

Revised Maximum Price Regulation No. 208
Effective Sept. 1, 1944, for Wholesalers, and Sept. 15, 1944, for Retailers

WHO IS COVERED

Retailers and wholesalers of staple work clothing. (A bulletin for manufacturers to follow.)

WHAT KINDS OF WORK CLOTHING ARE COVERED

Men's and boys'

(1) Bib overalls

(2) Overall jackets

(3) Waistband overalls or dungarees

(4) Work shirts (except shirts made of napped fabrics)

(5) Work pants

(6) One-piece work suits

(7) Work breeches

(1) Denims, incl. striped denims
(2) Carded yarn shirting chambray
(3) Carded yarn shirting coverts
(4) Carded yarn pants coverts
(5) Jeans, finished and unfinished
(6) Drills, finished and unfinished
(7) Cottonades
(8) Whipcords
(9) Moleskins
(10) Carded yarn poplins
(11) Twills, finished and unfinished
(12) Ducks, except water-repellent
(13) Pin checks and pin stripes
(14) Sheetings
(15) Cheviots

HOW TO FIND RETAIL CEILING PRICES

(Sales at retail are all sales to individual consumers. Sales to industrial, commercial, governmental and charitable institutions that do not resell, are also *sales at retail* if they are made by someone who sells chiefly to individual consumers and only incidentally to institutions of these kinds.)

General Rule

Before you can price, you must find out whether you are in Group I or II. You are in Group I if:

(a) in any *one* of the years 1941, 1942, or 1943, you sold staple work clothing for $250,000 or more; *or*

(b) in any *one* of the years 1941, 1942, or 1943, you bought most of your staple work clothing at wholesale prices from manufacturers who regularly sell to jobbers; *or*

(c) in any *one* of the years 1941, 1942, or 1943, you bought more than one-fourth of the total production of staple work clothing of a single manufacturer.

Otherwise, you are in Group II.

OPA Order No. 21   597161°—44

To price a garment, you must know to which of the following types it belongs:

(1) All chambray, covert, cheviot, and sheeting work shirts;

(2) Other work shirts and work pants (sold separately or as matched sets), work breeches, and one-piece work suits;

(3) Bib overalls and overall jackets;

(4) Waistband overalls (dungarees);

(5) War models (see p. 11 for pricing rules);

(6) 30-yard-minimum boys' bib overalls (see p. 12 for pricing rules).

Figure the ceiling price for garments in the first four groups like this:

First, find your "supplier's net selling price" by looking it up in the price list or invoice you got from him. (There are a few exceptions which are explained on page 2 under **Supplier's Net Selling Price**.) Then, find your ceiling price in the tables on pp. 5–10. There are four tables for the four groups of garments. Find the bracket for your supplier's net selling price in Column 1. Your ceiling price is on the same line in

WAR MODELS

WHAT IS A WAR MODEL

A "war model" of staple work clothing is a garment made according to the specifications given in the regulation and labeled by the manufacturer in the following way:

Sample of label without the words "War Model"

(On a bib overall to be nationally distributed through jobbers and independent retailers.)

8 oz. sanforized B — Residual Shrinkage Less than 1%. Ceiling $2.03 Plus 5¢ Denver West.

Sample of label with the words "War Model"

(On a dungaree to be sold by a large Eastern chain, where label contains additional information.)

War Model—2.20 yd., wt. No. 907. Waist 34, Inseam 32. Allow for Shrinkage, Ceiling $1.04.

HOW TO FIND RETAIL CEILING PRICES

(a) Use the table below as follows:

Step 1. Check whether the garment is properly labeled. If it is not, "war model" prices don't apply.

Step 2. Find the weight and finish of the material on the label or invoice.

Step 3. Find the line for that weight and finish in the table below.

Step 4. Look whether the garment is labeled "B" or "C".

Step 5. If the garment is labeled "B", look in Column B of the table below for your ceiling price; if it is labeled "C", look in Column C. If it has neither letter, look in Column A.

Step 6. If you are a Group I retail seller, your ceiling price is in part 1 of the price column. If you are a Group II retail seller and bought the garment from the manufacturer, your ceiling price is in part 2; if you are a Group II retail seller and bought from a wholesaler, it is in part 3. If you yourself made the garment or had it made by an agent or contractor, you price like a Group I retail seller.

NOTE.—If you bought from another retailer or broker, etc. (at a "special sale"), you must not price by this table, but under the rules you find under "Supplier's Net Selling Price" (3) on page 2.

(b) The manufacturer will supply you with a label that has the retail ceiling price on it. However, it is your business to check whether this price is correct, since it is you who is responsible.

(c) All prices in the table below are per single garment at the seller's place of business, cash or credit.

(d) The prices listed are for sales in the East and Central region. If your place of business is in the Mountain and Pacific region, add 5¢ to the ceiling price for men's bib overalls and overall jackets, and 4¢ for men's waistband overalls and dungarees.

(e) The prices in the table are for first quality war models. For seconds subtract 10%.

RETAIL CEILING PRICES FOR WAR MODELS

Men's Bib Overalls and Overall Jackets

(A jacket has the same ceiling price as a bib overall of the same material)

Finish and weight in yards per pound (ounces per yard)	Column A			Column B			Column C		
	Part 1—sale by group I retail seller	Sale by group II retail seller		Part 1—sale by group I retail seller	Sale by group II retail seller		Part 1—sale by group I retail seller	Sale by group II retail seller	
		Part 2—bought from manufacturer	Part 3—bought at wholesale		Part 2—bought from manufacturer	Part 3—bought at wholesale		Part 2—bought from manufacturer	Part 3—bought at wholesale
Shrunk 2.00 (8 oz.)	$1.47	$1.87	$2.00	$1.50	$1.90	$2.03	$1.55	$1.95	$2.08
Unshrunk 2.00 (8 oz.)	1.41	1.80	1.92	1.45	1.84	1.96	1.50	1.89	2.01
Shrunk 2.20 (7¼ oz.)	1.39	1.78	1.89	1.43	1.82	1.93	1.47	1.86	1.97
Unshrunk 2.20 (7¼ oz.)	1.33	1.71	1.82	1.36	1.74	1.85	1.40	1.78	1.89

Men's Waistband Overalls or Dungarees

Shrunk 2.00 (8 oz.)	$1.15	$1.44	$1.55	$1.17	$1.46	$1.57	$1.21	$1.50	$1.61
Unshrunk 2.00 (8 oz.)	1.10	1.38	1.49	1.13	1.41	1.52	1.16	1.44	1.55
Shrunk 2.20 (7¼ oz.)	1.08	1.36	1.47	1.11	1.39	1.50	1.14	1.42	1.53
Unshrunk 2.20 (7¼ oz.)	1.04	1.30	1.40	1.06	1.32	1.42	1.09	1.35	1.45
Unshrunk 2.45 (6½ oz.)	.98	1.23	1.43	1.00	1.25	1.35	1.03	1.28	1.38

11

다. 서측이 물류비용이 더 들었기 때문에 배려한 조치다.

　　다음으로 사양을 살펴보자. 먼저 〔⑥-⑫〕는 워모델의 재킷과 팬츠의 치수표다. 팬츠의 치수로 짐작하건대 리바이스의 501과 비교해 실루엣이 상당히 넉넉하다. 공통 디테일은 〔⑥-⑬〕〔⑥-⑭〕를 보면 사용하는 실의 두께, 스티치 폭, 단추 종류 등도 지정되어 있으며 바택 스티치 수는 마흔두 개로 세세하게 기재되어 있다. 메인포켓의 크기는 면적으로 지정되었다.

리바이스의 맹렬한 반대

　　OPA의 워모델이 기재된 RMPR-208의 내용을 알고 경악을 금치 못한 리바이스의 4대 사장 월터 하스는 동부에서 열리는 회의에 뉴욕 매니저인 오스카 그뢰블을 파견한다. 이 회의는 원안 단계에서 열린 의견 공청회로, 양측이 팽팽하게 의견을 주고받은 모습이 열여덟 쪽에 이르는 발언록에 남아 있다. 회의 서두에 오스카는 사장 월터가 전달한 진술서를 읽으며 반대의사를 강력하게 표출한다. 끝까지 다 읽는 데 몇 분은 소요될 정도의 분량이었다.

EASTERN AND WESTERN REGIONS

　　To find your ceiling prices in the following tables, you will have to know what is meant by "East and Central Region" and by "Mountain and Pacific Region".

　　Mountain and Pacific Region means all places in or west of Montana, Wyoming, Colorado, New Mexico, and the following counties in Texas: Loving, Ward, Reeves, Pecos, Brewster, Presidio, Jeff Davis, Culberson, Hudspeth, and El Paso.

　　All other places are in the *East and Central Region*.

〔⑥-⑭〕 RMPR-208의 영역 정의

Men's Overall Jackets

Size ticket	34	36	38	40	42	44	46	48	50
Neck, buttoned	16	16½	17	17½	18	18½	19	19½	20
Chest, buttoned	41	43	45	47	49	51	53	55	57
Sweep, open three inches from bottom	43	45	47	49	51	53½	56	58½	61
Back length from bottom of collar band	28½	29	30	31	31½	31½	31½	31½	31½
Sleeve length from center of collar including cuff	31½	32½	33½	34	34½	34¾	34¾	35	35
Elbow	15½	16	16½	17	17½	17¾	18	18¼	18½
Width cuffs at bottom open	11½	11¾	12	12¼	12¼	12½	12½	12¾	12¾

Men's Waistband Overalls or Dungarees

Size ticket (waist and inseam)	30-32	32-32	34-32	36-32	38-32	40-32	42-32	44-32	46-32
Actual waist	30	32	34	36	38	40	42	44	46
Inseam	32	32	32	32	32	32	32	32	32
Outseam to top of waistband	42	43	43¾	44¼	44½	44¾	45	45¼	45½
Width of bottom of leg	20	20	20	20½	21½	21	21	21¼	21½
Seat at bottom of fly	42	44	46	48	50	52	54	55	56
Thigh	26¼	27½	28¼	30	31	32	33	33¾	34½
Knee at 2" above ½ of inseam	21	21¼	21½	22	22½	23	23½	24	24½
Front rise	13½	14	14½	15	15½	16	16½	17	17½
Back rise	16½	17	17½	18	18½	19	19½	19⅝	19¾

(6-12) RMPR-208(War Model)의 치수표

(c) *Construction standards for all men's overalls.* War models of bib overalls, waistband overalls and overall jackets must be constructed with the following minimum standards:

(1) *Stitches.* 8 stitches per inch on hems at bottoms of pant legs. 10 stitches per inch on all other hems and joinings. 42 stitches to a bar tack.

(2) *Thread.* On all joinings and hems, thread not finer than 40/3 cord in needle and 50/2 cord in looper. On bar tacks, not finer than 40/3 cord.

(3) *Buttons.* All buttons to be metal, open top or closed top, attached with single or double prong tack.

---

(2) *Overall jackets*—(i) *Buttons.* 4 on front. 1 on each cuff.

(ii) *Trimmings.* 2 patch pockets, each having area of 56 sq. in.

(iii) *Size range.* 34 to 50, by choice or balanced assortment.

(3) *Waistband overalls or dungarees* —(i) *Bar tacks or rivets.* 1 at top and bottom of each belt loop. 9 others.

(ii) *Buttons and fasteners.* 4 buttons on fly. 1 button or snap fastener at waistband.

(iii) *Belt-loops.* 6.

(iv) *Trimmings.* 2 front swing or patch pockets, 6¼" x 10". 2 hip patch pockets, each having area of 40 sq. in. Rule pocket, 7¾" x 3", 1 or 2 pieces. Watch pocket, 3" x 3". Waistband 1⅜" wide.

(v) *Fly.* With hemmed button facing not less than ¾" wide.

(vi) *Size range.* Waist sizes 30 ' to 46 or 29 to 46, by choice or balanced assortment. Inseam lengths in unshrunk fabrics up to 36". Inseam lengths in shrunk fabrics up to 36" on waist sizes 30 to 36, and up to 34" on other sizes.

（❻-❹❸）RMPR-208（War Model）의 공통 디테일. 단추는 가운데에 구멍이 뚫린 타입도 막힌 타입도 허용된다.

（❻-❹❹）RMPR-208（War Model）의 재킷과 팬츠 사양

월터 입장에서는 도산 직전에서 시작되어 대공황이라는 거친 파도를 넘어 이제 막 경영을 재건한 상태였다. 또한 경쟁사의 출현에 대항해 컨실드 리벳이나 레드탭 도입 등 이래저래 고심하며 차별화를 꾀해왔다. 그러니 501의 정체성을 박탈하는 법령이 갑자기 치고 들어오는 일은 용납할 수 없었다. 회의에서는 오스카 자신도 반대의사를 강하게 표명하며 워모델의 도입을 막는 데 주력한다(❻-❹❺).

발언록에 따르면 리바이스의 반대 이유는 각 회사가 '자발적'으로 제조한다는 부분이 나중에 '강제적'이라는 표현으로 바뀌지 않겠느냐는 염려에서 왔다.

리바이스는 이 시점에서 간소화모델에 10온스 데님을 사용하고 있었는데 강제적으로 워모델을 만들게 되면 가장 무거운 원단이 8온스가 된다. 그러면 작업복의 내구성은 당연히 떨어진다. 결국 바지를 재구입하거나 수선한다면 자원 경감은커녕 낭비하는 셈이 된다. 여기에 라벨 문제도 있었다. 워모델의 경우, 모든 회사가 어느 정도 형식이 일정하게 정해진 라벨을 강제적으로 달아야 했다.

종합하면 원단은 얇아지고 치수도 크게 바뀌며 라벨은 타사와 구별할 수 없게 되는데, 이래서는 501이라고 부를 수 없었다. 그뿐 아니라 오랫동안 각 제조회사가 경합해 성장시키고 지켜온 브랜드의 산업구조가 붕괴할 위험이 있었다. 리바이스는 당연히 애가 탈 수밖에 없는 상황이었다.

발언록에서는 OPA의 구성원과 오스카 사이에 의식이나 지식의 차이가 확연하게 드러나는 장면도 있다. 데님의 무게가 내구성의 차이를 불러온다는 사실을 처음 알았다는 사람도 있고 WPB의 간소화모델에 관해 사전지식이 없음을 드러내는 발언도 볼 수 있다. 결국 오스카의 필사적인 설득이 빛을 발했는지 워모델을 강제적으로 제작하는 상황은 막을 수 있었다.

STATEMENT OF OSCAR J. GROEBL, LEVI STRAUSS & CO., NEW YORK, N. Y.

Mr. GROEBL. Mr. Chairman.

Mr. BOREN. It was arranged, as I understand, between you gentlemen that you would open the case.

Mr. GROEBL. That is right.

Mr. BOREN. And I presume your statement identifies you?

Mr. GROEBL. Yes, sir. My name is Oscar J. Groebl, Levi Strauss & Co., New York, N. Y.

Mr. BOREN. You may proceed.

Mr. GROEBL. Mr. Chairman and members of the committee to investigate restrictions on brand names and newsprint: At the outset I should want to make it perfectly clear that as an individual citizen as well as a representative of my firm, the following statements and expressions are not intended to be destructive nor even slightly handicap the efforts of any agency set up under powers delegated by Congress for the purpose of effectually controlling inflation and aiding the war effort. On the contrary, I definitely believe all possible efforts must be made to control inflation and to avoid the pitfalls resultant from economic errors made during and following the last World War.

워모델에서 상업규격으로?

이 '워모델'은 전쟁이 끝나면서 팬츠의 치수를 작업복의 표준치수로 삼았다. 1950년 작업복의 치수와 그 측정부위 등을 자세하게 정한 상업규격 CS^{Commercial Stan-}dard라는 공통 규격이 발행되었는데 워모델의 치수가 거의 그대로 반영되었다. 양자의 관계는 잘 모르겠지만, 작업복의 치수규격을 정해놓는 편이 유사시에 낫다고 판단했을 터다.

이 CS는 의류품목뿐 아니라 식품 관계, 공구, 용제 등 모든 물자가 대상이었지만, 표준규격이 정해졌을 뿐 강제력은 없었다.

이 CS 규격의 팬츠 치수(❻-❶❻)는 워모델과 1/2인치 정도 달랐는데 표의 구성 및 분류 등은 거의 같았다. 원단의 두께나 스티치의 개수는 언급하지 않아 규격이라기보다 치수와 측정치의 표와 같은 인상을 받는다. CS 규격에는 이에 동의한 183곳에 이르는 작업복 제조사가 구체적인 이름과 함께 게재되었지만, 리바이스의 이름은 볼 수 없다. ●

COMMERCIAL STANDARD 166–50

for

SIZE MEASUREMENTS FOR MEN'S WORK TROUSERS

[Effective May 30, 1950]

---

1. PURPOSE

1.1 The purpose of this commercial standard is to provide standard methods of measuring and standard minimum measurements for men's work trousers for the guidance of producers, distributors, and users, in order to eliminate confusion resulting from a diversity of measurements and methods, and to provide a uniform basis for guaranteeing full size.

2. SCOPE

2.1 The standard covers size designations, methods of measuring, and standard minimum measurements for men's work trousers. It also includes recommendations concerning shrinkage, and a recommended means of identification through labeling work trousers produced in conformity with this standard.

3. APPLICATION

3.1 The methods and measurements given herein are applicable to finished garments as delivered by the manufacturer.

4. STANDARD METHODS OF MEASURING

4.1 *Method of measuring.*—The garment to be measured shall be laid out without tension on a smooth, flat surface so that creases and wrinkles will not affect the measurements. Measurements shall be taken to the nearest one-quarter inch.

4.2 *Waist.*—Measured between outside edges of waistband when garment is buttoned. Twice W, figure 1.

4.3 *Inseam.*—Measured along inside seams from the crotch [1] to bottom of leg. I, figure 1.

4.4 *Outseam to top of waistband.*—Measured along outseam from top of the waistband to the bottom of leg. O, figure 1.

4.5 *Seat.*—Measured across garment at fullest part between crotch and waistband. Twice G, figure 1.

[1] The crotch is the point where the two inseams join the seat seam. D, figure 1.

905197—50

1

4.6 *Front rise.*—Measured from crotch up front of garment to top of waistband. R, figure 1.

4.7 *Back rise.*—Measured from crotch up back of garment to top of waistband. S, figure 1.

4.8 *Thigh.*—Measured across the leg 1 inch below the crotch, parallel to bottom of the leg. Twice T, figure 1.

4.9 *Knee.*—Measured across the leg 2 inches above midpoint between the crotch and the bottom of leg. Twice K, figure 1.

4.10 *Bottom of leg.*—Measured across leg at bottom of garment. Twice J, figure 1.

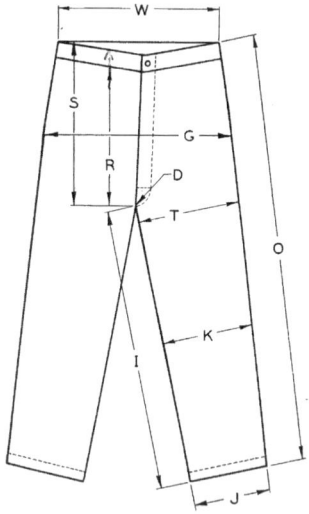

FIGURE 1.—Men's work trousers

5. STANDARD MINIMUM MEASUREMENTS

5.1   Minimum measurements for men's work trousers are indicated in table 1, below.

TABLE 1.—*Standard minimum size measurements for men's work trousers*

Location	Size designations								
	30-32	32-32	34-32	36-32	38-32	40-32	42-32	44-32	46-32
	Inches	*Inches*	*Inches*	*Inches*	*Inches*	*Inches*	*Inches*	*Inches*	*Inches*
Waist............(twice W)	30	32	34	36	38	40	42	44	46
Inseam...................(I)	32	32	32	32	32	32	32	32	32
Outseam.................(O)	42½	43	43½	44	44	44½	44½	45	45
Seat.............(twice G)	41½	43½	45½	47	48½	50	51½	52½	53½
Front rise...............(R)	11	11½	12	12½	13	13½	14	14½	15
Back rise................(S)	16	16½	17	17½	18	18½	19	19½	20
Thigh............(twice T)	26	27	28	29	30	31	32	33	34
Knee.............(twice K)	21½	21½	22	22	23	23	23½	24	24½
Bottom of leg........(twice J)	20	20	20	20	20	20	20½	20½	20½

6. RECOMMENDATIONS

6.1   *Shrinkage.*

6.1.1   It is recognized that fabrics having a varying degree of shrinkage are used in the general production of men's work trousers. Since it is not practical to set up measurements for trousers made from fabrics of every degree of shrinkage, the industry has adopted measurements applicable to fabrics having not more than 1 percent residual shrinkage as determined by appropriate test methods for shrinkage in Commercial Standard 59–44, Textiles—Testing and Reporting, as issued by the United States Department of Commerce.

6.1.2   In view of the above fact, it is recommended that manufacturers using unshrunk fabrics or fabrics having a residual shrinkage of more than 1 percent make proper shrinkage allowance.

6.2   *Identification.*

6.2.1   In order to assure the purchaser that he is receiving garments which comply with standard measurements, it is recommended that men's work trousers manufactured to conform to such standard measurements be identified by a sticker, tag, or other label attached to the garment carrying the following statement:

> This garment has been made to measurements which (with proper allowance for shrinkage) [2] are in accordance with Commercial Standard CS166–50, as developed by industry and the trade under the procedure of the Commodity Standards Division and issued by the U. S. Department of Commerce.

> Or, more briefly—

> Size (with proper allowance for shrinkage) [2] conforms to CS166–50, as developed by industry and the trade, and issued by the U. S. Department of Commerce.

7. EFFECTIVE DATE

7.1   Having been passed through the regular procedure of the Commodity Standards Division, and approved by the acceptors hereinafter listed, this commercial standard was issued by the United States Department of Commerce, effective from May 30, 1950.

Edwin W. Ely,
Chief, Commodity Standards Division.

[2] The words in parentheses are to be included when applicable.

데님원단의 무게 변경은 없었다?

오스카가 워모델의 도입을 막고자 OPA에 이의를 제기하기 위해 찾아갔을 때 양측이 주고받은 이야기는 에드 크레이의 책에도 묘사되어 있다. "오스카 그뢰블의 설득이 빛을 발했다." 문제는 그다음 문장이다.

> Groebl prevailed; the weight of the denim increased to thirteen and one-half ounces(데님 무게는 13.5온스까지 늘렸다).

이 한 문장이 전쟁 중 리바이스의 데님은 13.5온스였다는 지금의 오해를 불러온 원인이 되었다.

발언록을 아무리 살펴보아도 워모델의 데님을 10온스 이상으로 한 문구는 어디에도 찾아볼 수 없었다. 또한 다른 회의에서 정해졌는지 찾아보아도 그런 회의의 존재를 암시하는 듯한 내용도 없다. 13.5온스라는 낱말은 크레이의 이 문장에서만 나온다.

여기에서 리바이스가 판매장에 배포한 서류(❻-⓱)를 살펴보면 501 등 데님은 '10온스'라고 표기되어 있다. 이 서류에는 발행일이 적혀 있지 않으므로 정확한 배포일은 알 수 없다. 그렇지만 내용으로 미루어 짐작하건대 1944년 8월 16일 이후로 보인다. 즉 RMPR-208이 발효된 시점에 데님은 그전까지와 변함없이 10온스였다.

CABLE ADDRESS
"NIELHAS"

WESTERN UNION } CODES
BENTLEY'S }

NEW YORK
40 WORTH STREET

LOS ANGELES
754 SO. LOS ANGELES STREET

FACTORIES:
SAN FRANCISCO
SAN JOSE
SANTA CRUZ

LEVI STRAUSS AND COMPANY
INCORPORATED

S. E. CORNER BATTERY AND PINE STS.
SAN FRANCISCO, 6, CALIF.

LEVI OVERALLS AND BLOUSES
GABARDINE SHIRTS
FRONTIER RIDERS & JACKETS
RODEO SHIRTS
WEATHERTITE JACKETS
LEATHER COATS
KHAKI PANTS
HALLMARK DRESS SHIRTS
UNCLE SAM WORK SHIRTS
BOYS' BLOUSES AND SHIRTS
MEN'S FURNISHINGS
HEDLICOTT SWEATERS
RICHMOND UNION SUITS
CHALMERS UNDERWEAR
20TH CENTURY UNDERWEAR
CHIPMAN AND WINSTED HOSIERY
MEN'S AND BOYS' HOSIERY
TOWELS, CURTAINS
BLANKETS, COMFORTERS
SHEETS, SPREADS
LINENS, MATTRESSES

OVERALL PRICING

TO RETAILERS:

RE: RMPR-208

We will shortly begin shipping Levi's Overalls and Denim Jackets at prices that were listed to you in our letter dated August 16, 1944. When denim goods on which this price is based have been exhausted, you will receive required notice of any new advances.

With reference to Group 2 Retail Sellers Revised Maximum Price Regulation 208 permits a revision of ceiling prices with certain exceptions, such as

If your percentage of markup was 23.5% or less on Waist Overalls and 19.5% on Denim Jackets (Lot 506) your new ceiling prices are as listed in Column D, page 3. If your percentage of markup was greater than 23.5% on Waist Overalls and 19.5% on Denim Jackets your new ceiling prices are as listed in Column E, Page 3.

In order to aid and assist you in determining your proper ceiling price, when you actually receive the Levi's Overalls and Denim Jackets billed at these new prices, we have set forth the following examples for retailers in Group #2. These examples are for prices which were in effect August 16, 1944. (Retail sellers who have done Less than $250,000 in staple work clothing in any one year of 1941, 1942 or 1943 mostly qualify under Group 2.)

EXAMPLE No. 1

If you are a Group 2 retail seller and your former ceiling price for our Lot 501 Men's Levi's has been $2.25 per garment or less (23.5% markup or less), note that under Column D, Page 3 your new ceiling price is listed at $2.26. However, if your former ceiling price was higher than $2.26, your new ceiling price shown in Column E, Page 3 is listed as $2.48.

PAGE 1

LEVI STRAUSS AND CO.
SAN FRANCISCO

RETAIL CEILING PRICE LIST AS REQUIRED BY
THE OFFICE OF PRICE ADMINISTRATION

FOR GROUP I RETAIL SELLERS

The following list shows the garments of staple work clothing which we supply you, and indicates your retail ceiling price based on our net selling price as shown in column (c). However, if you are using the "average supplier's price" provision of section 4.2 (b) (3) of RMPR 208, disregard the retail ceiling prices on this list, and determine your retail ceiling prices by use of the tables provided in Appendix C of RMPR 208, according to the instructions contained in section 4.2 (b) (3).

(a) Mfr's lot No. or Brand Name	(b) Description of Garment	Mfr's invoice selling price (per doz.)	Less Disc. 1%	(c) Mfr's net selling price (per doz.)	(d) Group I retail ceiling price (per garment)
	10-oz. Extra Heavy Blue Denim				
s-501	Waist Overalls, 30-42 waist	$21.00	.21	$20.79	$2.16
s-501	ditto	21.24	.21	21.03	2.18
s-501	ditto	21.72	.22	21.50	2.24
s-502	ditto, 44-48 waist	22.50	.22	22.28	2.32
s-502	ditto	22.80	.23	22.57	2.36
s-502	ditto	23.40	.23	23.17	2.40
s-502E	ditto, 50 waist	24.00	.24	23.76	2.48
s-502E	ditto	24.48	.24	24.24	2.52
s-502E	ditto	25.08	.25	24.83	2.58
s-503A	ditto, 26 waist	18.25	.18	18.07	1.89
s-503A	ditto	18.48	.18	18.30	1.91
s-503A	ditto	18.72	.19	18.53	1.93
s-503B	ditto, 27-29 waist	19.50	.19	19.31	2.01
s-503B	ditto	19.80	.20	19.60	2.04
s-503B	ditto	20.16	.20	19.96	2.08
	10-oz. Ex. Hvy. Blue Denim Jumper				
s-506	Blouse, pleated front; sizes 34-44	22.00	.22	21.78	2.16
s-506	ditto	22.32	.22	22.10	2.19
s-506	ditto	22.68	.23	22.45	2.23
s-506E	ditto, sizes 46-48	23.50	.23	23.27	2.31
s-506E	ditto	23.88	.24	23.64	2.34
s-506E	ditto	24.36	.24	24.12	2.39
s-506B	ditto, sizes 26-32	20.00	.20	19.80	1.96
s-506B	ditto	20.16	.20	19.96	1.98
s-506B	ditto	20.52	.21	20.31	2.01

NOTICE: OPA requires that each garment must be marked with the retail ceiling price. A garment must not be sold above the ceiling price, but may be sold for less. This list must be promptly displayed to any person on request during regular business hours.

The retail ceiling prices indicated in the list are those provided in the tables in Appendix C of RMPR 208. However, under that regulation you may be required to sell at a lower price on the basis of the procedure outlined in section 4.4. of RMPR 208. Accordingly, you should ascertain whether section 4.4. of RMPR 208 is applicable to your case before selling at the prices indicated on this list.

If you are in or east of North and South Dakota, Nebraska, Kansas, Oklahoma and Texas (except that points in the following counties of Texas shall not be included : Loving, Ward, Reeves, Peco, Brewster, Presidio, Jeff Davis, Culberson, Hudspeth, and El Paso), you may add 4 cents per garment for men's overalls and 3 cents per garment for boys' overalls to the appropriate ceiling in column (d) ; 6 cents per garment for men's overall jackets and 4 cents per garment for boys' overall jackets to the appropriate ceiling in column (d).

(FOR GROUP II RETAIL SELLERS SEE PAGE 3)

크레이는 이 묘사를 당사자들에게 직접 취재한 게 아니라 과거에 발행된 인터뷰 기사를 참고한 것이다(크레이는 참고문헌을 제시했다). 갑자기 나온 13.5온스라는 숫자는 크레이가 참고했을 인터뷰에서 당사자들이 애초에 잘못 기억했는지 혹은 전쟁이 끝난 뒤 훨씬 이후의 데님 두께와 혼동해 확인되지 않은 채 활자화되었으리라 짐작한다.

데님원단에 관한 규제(M-207)

여기까지 작업복과 관련된 법령을 살펴보았는데 소재인 데님에 관해서는 어떠했을까? 조사한 바로는 해당하는 법령은 WPB에서 1942년 8월 22일 발령된 M-207이다(❻-❶❽). 제목은 Cotton Textile for Work Apparel이다. 이 법령은 작업복용 면직물 전반을 아우른다. 가령 인쇄된 원단을 금지하고 종류나 치수를 공통화해 작업복의 제조효율을 높이고자 한 것이다. 데님은 대상 원단의 맨 처음 언급된다.

목록에 있는 원단 가운데 가장 무거운 데님은 11온스인데 이는 수축한 상태에서의 수치다. 리바이스에서 사용하던 10온스 데님은 수축하지 않은 상태에서의 무게이므로 이 표에서는 11온스에 해당할지 모른다.

또한 이 법령은 데님의 염색방법은 따로 언급하지 않았지만, 현장에서는 데님원단의 증산으로 이것저것 변경해야 했던 사정이 있었다고 보인다. 가령 기존보다 실을 느슨하게

WAR PRODUCTION BOARD

PART 3045—COTTON TEXTILES FOR WORK APPAREL

[Schedule I,[1] to General Preference Order M-207 as Amended March 1, 1943]

MALE WORK CLOTHING

§ 3045.2 *General Preference Order M-207*—(a) *Definitions.* For the purposes of this schedule:

(1) "Male work clothing" shall mean any garments designed for male workers' wear while engaged in their occupations and of the type customarily sold as one of the following:

Waistband overalls or dungarees.
Bib overalls.
Overall jumpers or coats.
Blanket-lined overall jumpers or coats.
One-piece work suits.
Work pants.
Work breeches.
Cossack jackets.
Work shirts.
Work aprons.
Oilskin jackets, coats, hats or apron overalls.
Lined work coats.
Doctors', dentists', internes' or orderlies' gowns, suits or coats.
Druggists' coats.
Slaughter house workers' coats.
Butchers', fish handlers' or dairy workers' coats or apron sets.
Cooks' coats.
Safety garments made expressly to meet particular safety needs and to conform with safety codes.
Shop and work caps.

(2) "Work clothing textiles" shall mean

(i) Cotton waistbands, cotton trouser curtains, cotton sewing thread and the following fabrics made wholly of cotton, except as hereinafter expressly provided, either in the gray, original mill or regular finish or converted state, including seconds but excluding all cuts of less than twenty (20) yards as produced in the ordinary course of fabric manufacture:

Denims:
White back, 28'' to 29'' width basis:

Regular finish weight basis	or	*Shrunk weight basis*
1.60 yard		11 ounce.
1.78 yard		10 ounce.
2.00 yard		9 ounce.
2.20 yard		8 ounce.
2.45 yard		2.20 yard
3.00 yard		2.70 yard

Denim stripes, 28'' to 29'' with basis:
2.20 yard .... 8 ounce.

Pin checks:
38'' to 40''—2.40 to 2.85 yard, regular finish weight basis.

Chambrays:
36'' 3.90 yard, fine yarn, regular finish weight basis.

Coverts:
36'' 3.90 yard, fine yarn, regular finish weight basis.
36'' 3.20 yard, coarse yarn, regular finish weight basis.
36'' 1.65 yard, shrunk weight basis.
36'' 2.00 yard, shrunk weight basis.
36'' 2.40 yard, shrunk weight basis.

Whipcords:
35'' 1.65 yard, shrunk weight basis.
36'' 1.45 yard, shrunk weight basis.
36'' 1.35 yard, shrunk weight basis.

Cottonades:
36'' 1.65 yard, shrunk weight basis.
36'' 1.45 yard, shrunk weight basis.

Woven shirting flannels:
Plains and fancies.
36'' 3.00 yard, regular finish weight basis.
36'' 2.30 yard, regular finish weight basis.

Blanket linings:
54'' to 56'' 16 ounce maximum weight, made of cotton or of cotton and reused wool.

Moleskins:
Finished weight basis:
30'' 7¾ to 8¼ ounce, plain ground.
36'' 9½ to 10 ounce, plain ground.
30'' 8¾ to 9¼ ounce, plain ground.
30'' 7½ to 7¾ ounce, black and white.
30'' 8 to 8½ ounce, black and white.
30'' 8¾ to 9¼ ounce, black and white.

Warp sateen:
54'', not lighter than 1.30 yard.

Corduroys:
36'' 12 to 13 ounce thickest, finished weight basis.

Suedes:
Gray width and weight basis:

	Finished widths
40 to 40½'' 1.60 to 1.65 yard	35 to 36''
40 to 40½'' 3.00 yard	35 to 36''

Poplins:
Gray width and weight basis:

38 to 39'' 2.50 yard	35 to 36''
38 to 39'' 2.85 yard	35 to 36''
38 to 39'' 3.25 yard	35 to 36''

	Finished Widths
Drills:	
Gray width and weight basis:	
30'' 72 to 76 sley, 48 to 60 pick 2.50 yard	28 to 29''
37'' 68x40, 2.75 yard.	
Twills:	
Gray width and weight basis:	
39'' minimum count 88x42, 1.60 and 1.90 yard	35 to 36''
30'' 88x56 2.10 to 2.20 yard	28''
31-32'' 1.90 yard.	
39'' 2.00 yard not less than 170 threads per sq. in.	35 to 36''
39'' 2.50 yard not less than 170 threads per sq. in.	35 to 36''
39'' 68x76 4.00 yard.	
Jeans:	
Gray width and weight basis:	
38 to 39'' 96x64 2.85 yard	35 to 36''

Print cloth yarn fabrics:
Gray width and weight basis:
36'' 20x16 21.00 yard.
36'' 28x24 15.00 yard.
36'' 32x28 13.00 yard.
38½'' 44x36 8.60 yard.
38½'' 44x40 8.20 yard.
38½'' 60x48 6.25 yard.
38½'' 64x60 5.35 yard.
40'' 80x92 3.50 yard for use in oilskin processing only.

Sheetings:
36'' 48x48 2.85 yard.
40'' 48x48 2.85 yard.
40'' 64x68 3.15 yard.
40'' 48x44 3.75 yard.
40'' 44x40 5.50 yard.

Any sheeting over 46'' not exceeding 76 picks per inch, produced on looms normally weaving wide bed sheeting.

(ii) Pro rata widths of like count and weight to the above constructions, provided such other width fabrics, wider or narrower, are produced for the purpose of utilizing maximum productive width of looms or augmenting the supply of square yardage in fabric widths suitable for economical use in the manufacture of male work clothing.

(3) "Work clothing processor" shall mean:

(i) A person who purchases work clothing textiles for manufacturing, or to be manufactured for his account, into male work clothing for sale or rental, and any Federal, State, County, or Municipal institution engaged in the manufacture of male work clothing.

(ii) The manufacturer of waistbands or trouser curtains, to be used in male

[1] NOTE: The item "Shop and Work Caps" was added to list in paragraph (a) (1) and the items "Denims," "Drills" and "Print Cloth Yarn Fabrics" were amended March 1, 1943.

꼬거나 염색방법을 변경하거나 하는 것이다. 전쟁 중의 데님 원단이 어딘지 다른 이유는 이 같은 점에서 해답의 실마리를 찾을 수 있다.

데님과 드릴원단이 배급제로(M-317)

1944년 1월 1일부터 WPB의 작업복에 대한 새로운 규제가 시작된다. 면직물의 우선적 배분도를 명확하게 정한 M-317이라는 법령이다. 제목은 Cotton Textile Distribution이다(**6-⑩**). 사실 1943년부터 있던 법령이지만, 이 개정으로 데님이나 드릴원단 등을 어떤 용도로 배분할지 등급이 매겨졌고 거기에 작업복이 포함되었다. 이른바 면직물 배급제라고 할까? 그전까지 확실한 규제가 없던 여성용 작업복까지 아우르는 내용이었다.

이 법령은 작업복 용도보다도 방호용과 같은 용도를 우선시하기 때문에 작업복 제조회사들은 원단을 입수하는 일이 그전보다 훨씬 까다로웠다. 전쟁 중에 리바이스의 501 등 포켓주머니에 드릴원단 이외의 대용품이 사용된 데는 이 법령의 영향이 있지 않을까.

WAR PRODUCTION BOARD

Part 3290—TEXTILE, CLOTHING AND LEATHER

[General Conservation Order M-317, as Amended Dec. 24, 1943]

COTTON TEXTILE DISTRIBUTION

Section 3290.115 *General Conservation Order M-317* is amended to read:

§3290.115 *General Conservation Order M-317*—(a) *Definitions.* In this order:

(1) "Cotton textiles" means the following products, containing more than 80% by weight of cotton or cotton waste, or a combination of the two:

(i) Woven fabrics, whether grey, original mill or regular finish, bleached, dyed or printed, and the following cotton products: bedsheets, pillow cases, blankets, towels, face cloths and table "linens"; and

(ii) Yarns, whether grey, bleached, colored, mercerized, glazed, polished, single, plied, cabled or braided, including thread, twines and cordage (e. g. tying, sail, seine, etc. twine, rope, sash, cord, etc.) and including any of the foregoing which may be spun on spreader, ring, mule or converted twister spindles. "Cotton textiles" does not include fabrics or yarns which contain any cotton and which are made on spindles or looms normally engaged in the manufacture of woolen or worsted products, or cotton duck as defined in General Preference Order M-9].

(2) (i) "Producer" means any manufacturer who makes cotton textiles in the United States.

(ii) "Intermediate processor" means any person engaged in the United States in the business of bleaching, dyeing or otherwise finishing cotton textiles and selling or using them for his own account in the bleached or otherwise finished state.

(iii) "Processor" means any person engaged in the United States in the business of manufacturing or having manufactured for his account, any product in which cotton textiles are incorporated.

(iv) "Merchant" means any person engaged in the United States in the business of purchasing cotton textiles for resale in the form in which purchased.

(v) "User" means any person other than a producer, intermediate processor or processor, who purchases cotton textiles for his own use in the United States for his own use in any business, industry, profession or occupation.

(vi) Any person who performs the function of more than one of the foregoing shall be deemed a separate person with respect to each of those capacities for the purposes of:

(a) Accepting rated orders;

(b) Using the ratings assigned by this order; and

(c) Applying the inventory restrictions of this order.

(vii) The definitions in subdivisions (i) to (v) above do not include the United States Army, Navy, Maritime Commission or War Shipping Administration.

(3) Trade terms used in this order shall have their usual trade significance unless otherwise specified.

(b) *Assignment of ratings.*¹ The preference ratings specified in the Preference Rating Schedules of this order are assigned to the persons in Column I for the cotton textiles in Column II to be used only as specified in Column III.

(c) *Compulsory use of ratings assigned in schedules or by Form WPB-2842.* No intermediate processor, processor or merchant (except a retailer) shall purchase or accept delivery of a cotton textile for a purpose for which a rating for that cotton textile is assigned to him in a Preference Rating Schedule, unless he has applied or extended that rating or a rating assigned on Form WPB-2842. (This does not apply to purchases for direct or ultimate delivery to, or for incorporation into any product for direct or ultimate delivery to, the United States Army, Navy, Maritime Commission or War Shipping Administration.) He may not purchase that cotton textile for the specified purpose with any other rating which he may have (whether higher or lower), nor may he purchase it without a rating for that purpose. This paragraph does not prohibit the use of an AAA rating.

[This rule does not change the rating on the finished product. For example, even though a manufacturer (processor), who is given a rating, according to the AA-2X Preference Rating Schedule, to obtain twills to make coated abrasive products, holds an AA-1 order (or coated abrasive products, he must use the AA-2X rating given by the schedule to obtain the twills, and may not use the AA-1 rating for this purpose. The AA-1 rating, however, remains applicable to the finished coated abrasive product for all other purposes (such as to determine the sequence of deliveries).]

¹ Conservation Order M-328 permits other preference ratings, as well as those assigned by this order, and imposes conditions on the use of all ratings for cotton textiles.

(d) *How ratings for cotton textiles are to be applied or extended.* Preference ratings shall be applied and extended as provided in Priorities Regulation 3, with the exception that a person, other than the United States Army, Navy, Maritime Commission or War Shipping Administration on their direct purchase orders, applying or extending a rating assigned by a Preference Rating Schedule or under Form WPB-2842 shall also place upon the purchase order an appropriate notation substantially as follows:

This rating has been assigned by M-317, Group(s) No. ——. [Insert applicable group number or numbers of Preference Rating Schedule.]

or

This rating has been assigned by M-317 under Form WPB-2842, Serial No. ——. [Insert serial number on the form.]

and if any rating is applied or extended for a cotton textile (other than for direct or ultimate delivery to, or for incorporation into any product for direct or ultimate delivery to, the United States Army, Navy, Maritime Commission or War Shipping Administration) to be exported the purchaser shall also place upon the purchase order a notation substantially as follows:

These goods will be exported.

The standard certification described in Priorities Regulation 7 cannot be used.

(e) *Restrictions on extension of rating to obtain fiber or yarn.* (1) No person shall use any preference rating which was assigned, applied or extended for cotton textiles in order to obtain any synthetic fiber or synthetic yarn, except cotton textiles for direct or ultimate delivery to, or for incorporation into any product for direct or ultimate delivery to, the United States Army, Navy, Maritime Commission or War Shipping Administration.

(2) No person shall use any preference rating which was assigned, applied or extended for knitted or woven fabrics in paragraph (a) (1) (ii); however, if he does not own or control spinning machinery he may use the rating to obtain cotton yarns for incorporation into a product for direct or ultimate delivery to the United States Army, Navy, Maritime Commission or War Shipping Administration.

(3) No person owning or controlling spinning machinery shall use any preference rating assigned, applied or extended for yarn in order to obtain cotton yarns defined in paragraph (a) (1) (ii).

GPO—War Board 8918—p. 1

여기에서부터는 법령이 아니라 실물의 변화를 따라가려고 한다. 먼저 WPB의 L-181 규제로 영향을 받은 501을 살펴보자.

변화는 백스트랩과 리벳, 바택의 개수에서 일어났다. 아큐에이트 스티치는 실에서 오렌지색 페인트로 변경되었다. (❻-❷❶)이 간소화모델 일러스트다.

구식인 백스트랩은 그렇다 해도 플라이 부분의 리벳도, 워치포켓의 리벳도 사라졌다. 보이지 않는 부분에서는 백포켓에 리벳과 바택이 처리되어 있었는데 그것도 모습을 볼 수 없었다. 리벳과 바택의 수를 세어보니 총 아홉 개로 L-181의 안건을 지키고 있었다.

리벳은 철제로 바뀌었는데 구리도금은 규제 대상이 아니었으므로 외관상의 큰 변화는 보이지 않았다. 하지만 그전처럼 L.S.&CO.S.F.라는 각인이 없는 사양도 보인다.

각인이 없는 리벳만 입수할 수 있었기 때문일 테지만, 철이 동부다도 딱딱하기 때문에 각인기인 지그jig☑를 기존처럼 사용할 수 없던 것도 영향을 주었을 것 같다.

☑   제조 및 가공 분야에서 부품을 정확한 위치와 방향에
     고정해 가공 작업을 원활하게 수행하는 도구

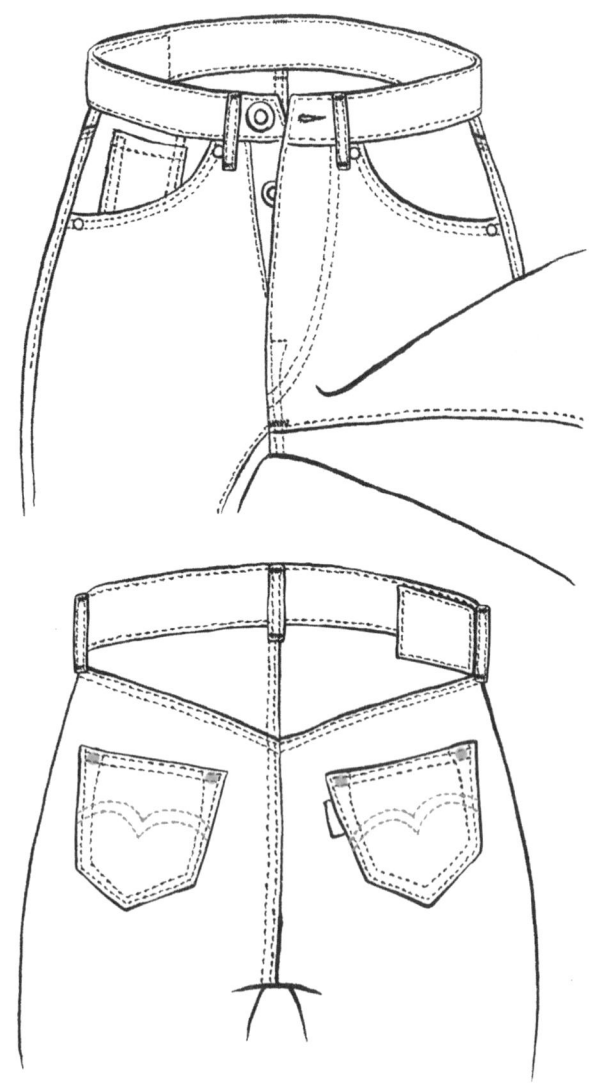

〔❻-❷⓿〕2차 세계대전에 따른 501의 간소화모델(1942~)

라벨 변경

　라벨에서는 그전까지 표기한 코퍼 리베티드 클로딩 COPPER RIVETED CLOTHING 부분이 오리지널 리베티드ORIGINAL RIVETED라 변경된다. 이제는 구리 COPPER 리벳이 아니기 때문이다. 아마도 리바이스가 갖고 있던 구리 리벳의 재고가 바닥을 보이기 직전에 변경되지 않았을까? 또한 〔❻-❷❹〕처럼 품번 501 앞에 S자가 들어간 이유는 OPA의 규제 때문이다.

　오랫동안 사용해온 라벨을 어떤 마음으로 떠나보내야 했는지는 알 수 없다. 다만 비용만큼은 절감되었을 테니 경영자 입장에서는 흡족했을는지도.

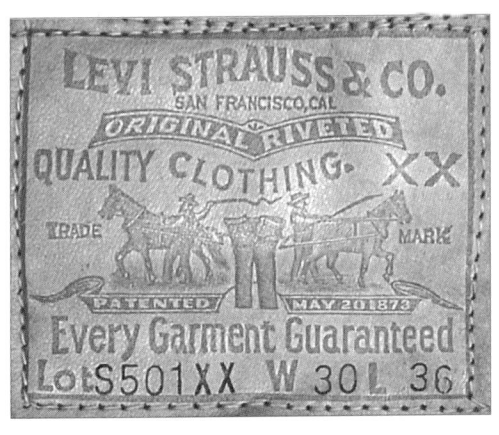

〔❻-❷❹〕 가죽 라벨 예시. COPPER → ORIGINAL로 변경. 품번에 들어간 S는 OPA의 지시

철제 컨실드 리벳

백포켓의 리벳, 일명 컨실드 리벳은 〔❻-❷❷〕처럼 철제 리벳으로 변경되었다. 501에 있어 전쟁에 따른 규제로 맨 처음 영향받은 부분인데, 어쩌면 규제 전의 준비 기간 때부터 대비했는지도 모른다. 구리 컨실드 리벳이었을 때는 망치로 직접 머리를 쳐서 부착했지만 딱딱한 철은 그렇게 뭉개기가 아주 어렵다. 본격적인 변경이 시작되는 1942년 8월 이전에 철제 컨실드 리벳을 부착할 수 있는 기계를 도입하지는 않았을까? 이 리벳은 두 개의 갈고리를 꺾어서 부착하는 방식으로 1906년 이후에 달기 시작한 단추와 방식이 같다. 제조회사는 유니버설로 보인다.

페인트 스티치

백포켓의 아큐에이트 스티치는 1942년 8월 15일 이후 WPB 법령으로 금지된다. 대신 사용한 것이 스크린 전사 Screen Painting, 컬렉터 사이에서는 '페인트 스티치'라고 불리는 장식이다.

페인트 재료로 말하자면 바지가 새 제품인데도 안료가 연한 경우가 있었으며, 플래셔 〔❻-❷❸〕의 하단에 "페인트로 사용한 안료는 무해하며 원단을 상하게 하는 일 없이 씻어낼 수 있습니다."라는 내용이 적혀 있다. 과연 설명대로인지 중고품 가운데 분명하게 페인트가 남아 있는 경우는 거의 찾아볼 수 없다.

리바이스의 자진 신고에 따르면 아큐에이트 스티치는 1873년부터 상표로 사용했는데 실제로 상표등록을 신청한 시점은 70년 가까이 지난 1942년 9월 25일이다. 등록서류에는 오렌지색 실이나 페인트로 그려진 이중 아큐에이트 디자인이라고 적혀 있다(❷-❹❼)(93쪽). 정식으로 등록된 것은 1년도 더 지난 후인 1943년 11월 16일인데 리바이스는 이 기다리는 시간 내내 안절부절못했을 것이다.

그도 그럴 것이 경쟁사인 H.D. 리는 어떤 요령인지 전

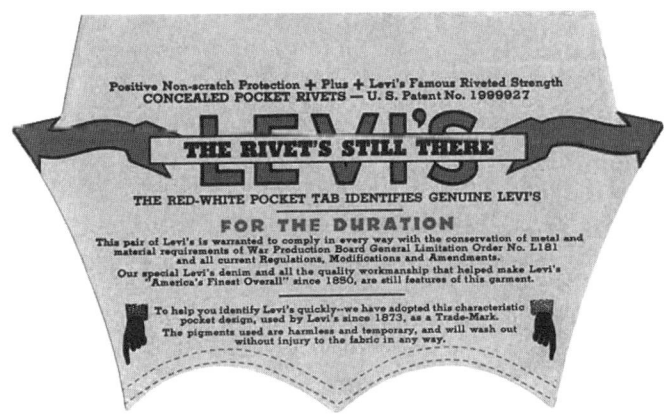

Positive Non-scratch Protection + Plus + Levi's Famous Riveted Strength
CONCEALED POCKET RIVETS — U. S. Patent No. 1999927

LEVI'S
THE RIVET'S STILL THERE

THE RED-WHITE POCKET TAB IDENTIFIES GENUINE LEVI'S

FOR THE DURATION

This pair of Levi's is warranted to comply in every way with the conservation of metal and
material requirements of War Production Board General Limitation Order No. L181
and all current Regulations, Modifications and Amendments.
Our special Levi's denim and all the quality workmanship that helped make Levi's
"America's Finest Overall" since 1890, are still features of this garment.

To help you identify Levi's quickly—we have adopted this characteristic
pocket design, used by Levi's since 1873, as a Trade-Mark.
The pigments used are harmless and temporary, and will wash out
without injury to the fabric in any way.

(❻-❷❷) 전쟁 시기의 컨실드 리벳
(❻-❷❸) 플래셔로, for the duration은 '당분간'이라는 의미다. WPB나 L-181이라는 글자가 쓰인 것은 L-181 법령에 간소화모델은 이같이 표기해도 좋다고 되어 있기 때문이다. 상표를 강조하기 위해 플래셔 하단에 아큐에이트 스티치가 그려져 있다. 이 모양이 나중에 아큐에이트 스티치의 표준이 되었는데, 이전만큼 역동적인 곡선이 아님을 알 수 있다.

（❻-❷❹）품질보증서 . 구리（COPPER）에서 오리지널（ORIGINAL）이라 변경

쟁 중에도 스티치를 계속 선보였다. 리의 포켓은 안쪽 반절 아랫부분을 얇은 원단으로 이중처리한 다음 아큐에이트 스티치로 고정했다. 그러니 장식 스티치가 아니라고 판단했는지 모른다.

L-181에서는 이중포켓도 금지하고 있었으므로, 어느 쪽이든 법령을 위반한 셈인데 이를 지속한 맥락은 알 수 없다. 리만 법령을 무시했다고도 할 수 있는데 리바이스의 상표가 정식으로 등록된 뒤에는 리 역시 서둘러 스티치 디자인을 바꾸었다. 그리고 나중에는 결국 포켓스티치를 없앴다. 즉 리가 스티치를 계속 사용했기에 이 시점에서 리바이스가 서둘러 상표를 등록하게 되는 결과를 낳은 셈이다.

도넛단추

단추류에 대해서는 특별한 규제가 없었던 듯하다. 그렇지만 전쟁 중에 나온 501을 관찰하면 〔❻-❷❺〕처럼 회사명이 들어가지 않은 단추가 사용된 사례를 다수 볼 수 있다. 단추 내부는 일반적으로 사용하던 단추보다 부품이 두 개나 적어서 그런지 저렴하다는 인상을 지울 수 없다.

이 단추를 사용한 이유는 부자재 제조사가 납품할 수 있

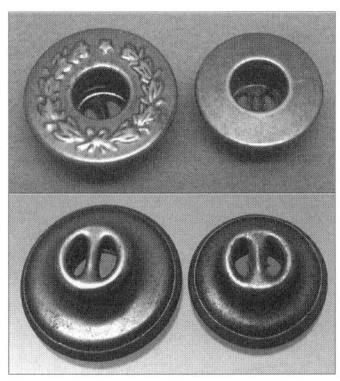

〔❻-❷❺〕 스타앤드리스의 단추(대)와 장식이 없는 타입(소)

는 범위의 제품으로만 대응해야 해서다. 한편 그전처럼 회사명이 들어간 단추를 사용한 사례를 발견한 적도 있다.

（**6**-**27**）은 군의 단추 사양서 일부다. 전쟁 중에 가장 많이 유통된 단추 가운데 그나마 손쉽게 구할 수 있는 타입을 선정했다. 가령 컬렉터 사이에서 '도넛단추'라고 불리는 위쪽이 뚫린 TYPE VIII（글자 없음）이나 TYPE VII（장식 있음）다. 특히 많이 볼 수 있는 단추가 후자인 STAR & WREATH라고 새겨진 단추다.

포켓주머니의 원단

전쟁 중 포켓주머니의 소재는 일반적으로 사용하던 드릴원단이 아닌 시기가 있었다（**6**-**26**）. 이는 WPB의 L-181 간소화모델과는 다른 법령의 영향인 것 같다. 1944년 발효된 WPB의 법령 M-317이 작업복용 면 원단의 배분 우선도를 규정했으므로 그 영향을 받았을 것이다. 실물로 판단하건대 전쟁 후반의 제품에서 볼 수 있는 특징이다.

（ **⑥**-**②⑥** ） 드릴 이외 원단 예시

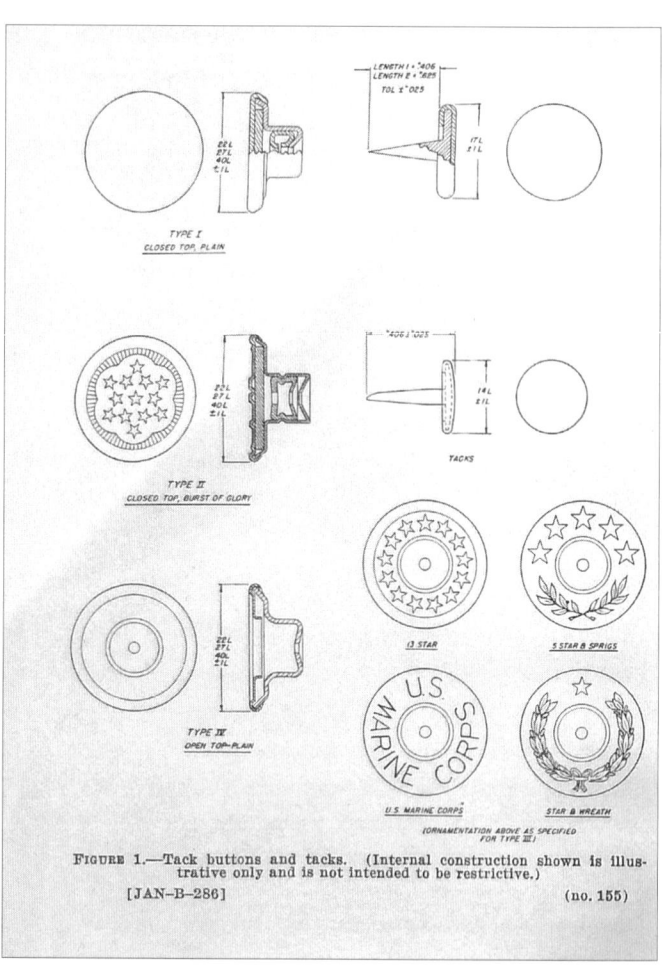

FIGURE 1.—Tack buttons and tacks. (Internal construction shown is illustrative only and is not intended to be restrictive.)

[JAN-B-286]

(no. 155)

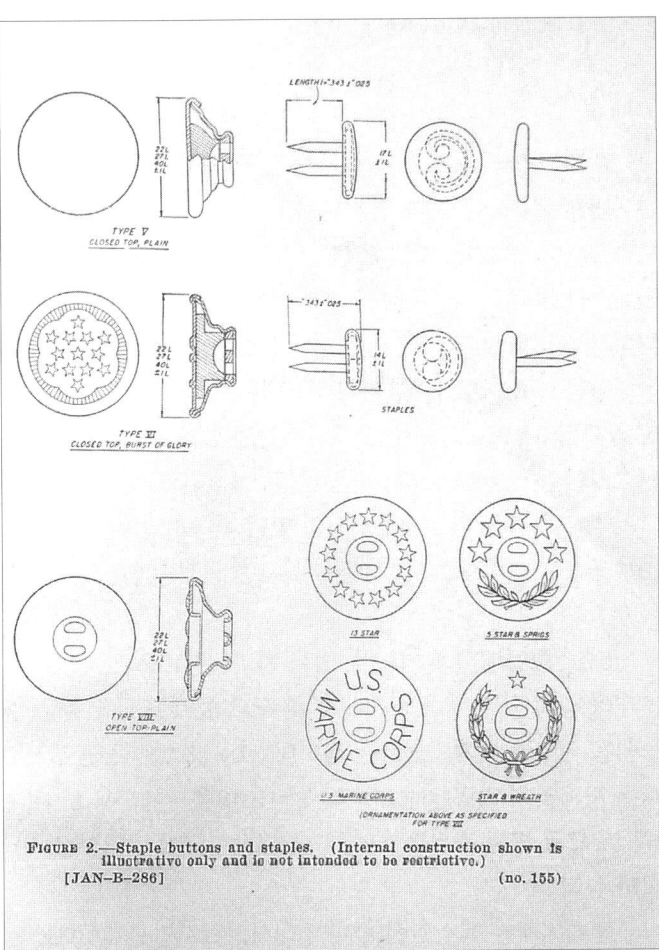

FIGURE 2.—Staple buttons and staples. (Internal construction shown is illustrative only and is not intended to be restrictive.)

[JAN–B–286]   (no. 155)

리바이스의 501 이외 제품을 간단하게 짚고 넘어가겠다. 먼저 팬츠와 관련해 염가판인 201이 가장 빨리 목록에서 사라졌다. 1941년 시점에 생산되고 있었는지 의문이 들지만, OPA에서 가격상한이 정해져 501이 저렴해지자 그 존재 의미가 희미해졌다.

다음으로 재킷이다. 가격목록에는 '블라우스'라고 되어 있지만, WPB의 L-181이 유효했던 1942년 8월 시점에는 XX 시리즈인 s-506, 염가판 No.2 시리즈인 s-213, 여기에 안감이 달린 s-219 등이 있었다. 이 염가판 재킷은 OPA의 RMPR-208이 발령된 1944년 시점에 생산을 중단한 듯하다.

506 재킷에서 확인할 수 있는 변화는 WPB의 L-181에 맞추어 앞쪽 단추가 다섯 개에서 네 개로 줄고 포켓의 플랩과 플랩용 단추가 제거되었다는 점이다. L-181은 플랩 제거까지는 지시하지 않았는데 리바이스는 506을 '블라우스'로 분류했으므로 법령 가운데 '셔츠'에 해당한다고 판단한 것 아닐까 싶다.

팬츠에서는 백스트랩이 제거 대상이었지만, 재킷에서는 그대로 남았다. 재킷은 팬츠보다 제작 물량이 적었기 때문에 전체적으로 삭감 효과가 미미하다는 점이 이유일 것이다. 가죽 라벨에 표기된 품번은 S506XX, S506, 506 등 모두 제각각으로 통일되지 않았다는 인상이다.

단추는 회사명이 들어간 제품이나〔**⑥**-**㉕**〕에 있는 스타앤드리스의 단추가 사용되었다. 스타앤드리스의 단추가 달린 506 재킷은 소매가 몇 인치 짧았는데 이는 치수가 변경되었기 때문일 가능성이 있다. 단 OPA의 법령에서 치수 변경은 허가하지 않았으므로 극단적으로 줄어드는 데님원단을 사용할 수밖에 없었다는 점이 이유일지도 모른다.

도중에 모습을 감춘 213 재킷도 506에서 보이는 변화와 마찬가지로 단추가 하나 줄어들고 포켓의 플랩도 없어졌다. 원단 라벨에는 213이나 219와 같은 품번이 그대로 표시되었으며 S라는 글자는 없었다. 506처럼 스타앤드리스의 단추가 사용된 사례도 없었는데 전쟁 전부터 No.2 시리즈에 사용한 회사명이 들어간 검은색 래커가 칠해진 단추만 부착한 듯하다. 재고가 충분히 있어 계속 사용했던 것일까? 또한 213에서는 506처럼 소매가 짧아진 사례는 없다.

여성용 팬츠인 701은 명확한 법령을 알 수 없으므로 실물 청바지로 추측하건대 남성용인 501에 맞추어 제작된 듯하다. 단 1943년 12월 개정된 WPB의 M-317에서는 데님원단 배포 순위 목록에 여성용 작업복도 들어가 있으므로 이후 생산을 중단했을 가능성이 있다.

리라이언스의 사례

　WPB, OPA 법령은 당연히 리바이스 이외의 작업복 제조회사도 준수해야 했다. 따라서 많은 작업복 제조회사가 강점이라고 내세웠던 세 줄 스티치는 물론이고 셔츠 포켓의 플랩도 포기해야 했다. 그 일례로 빅앙크라는 브랜드를 전개한 리라이언스Reliance Manufacturing Company의 셔츠를 살펴보자.

　리라이언스는 셔츠와 관련된 복수의 특허를 가지고 있었다. 그중 하나가 셔츠 왼쪽 가슴에 있는 땀이 흘러도 잘 젖지 않는 시가렛포켓이다(❻-❷❽). 1929년 특허가 등록되었는데(❻-❷❾) 법령에 따라 1942년 8월부터는 플랩을 제거해야 했으므로 같은 해 9월에 플랩이 없는 다른 시가렛포켓을 다시 고안한다(❻-❸⓪). 포켓에 하나 있던 단추는 L-181을 위반하지 않았다. 이 특허가 등록된 해는 2년 후인 1944년이니 가령 법령에 속박되어 있었다고 해도 브랜드에서 이 시가렛포켓을 무슨 수를 써서라도 지키려던 각오와 노력이 느껴진다. 이 회사는 이외에도 (❻-❸❹)처럼 보강한 원단에 통기구를 넣은 재킷의 특허도 받았다. 이 독특한 외관은 지금도 디자인 소재로 자주 사용된다. 이러한 보강 및 통기구도 규제 대상이었으므로 법령이 유효한 기간에는 제작할 수 없었다.

　이러한 독자적 디자인을 규제한 법령은 여러 회사의 창작 의욕에도 분명히 영향을 끼쳤고, 이후 수많은 제조회사가 본래의 노선으로 돌아가려고 하지 않았다. 적어도 내 눈에는 전

（❻-❷❽） 빅양크의 광고（1930）. 땀에 강한 포켓, 통기구가 있는 이중 어깨와 팔 주변, 세 줄 스티치 등이 강조되어 있다.

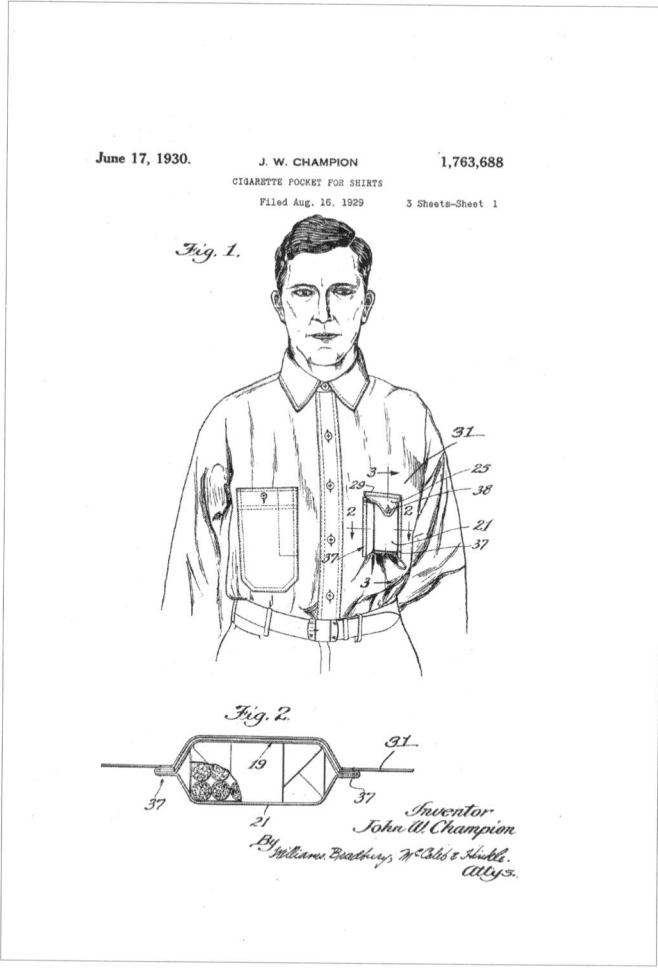

Fig. 1.

Fig. 2.

Inventor
John W. Champion
By Williams, Bradbury, MᶜColl & Hirbl.
Attys.

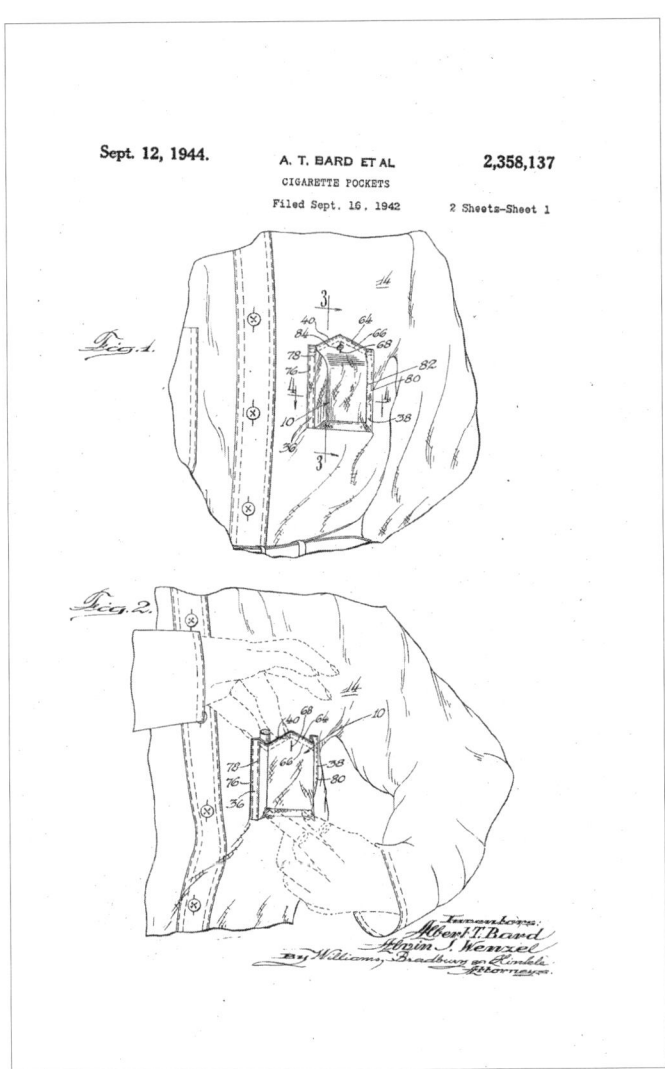

Sept. 12, 1944.

A. T. BARD ET AL

2,358,137

CIGARETTE POCKETS

Filed Sept. 16, 1942

2 Sheets—Sheet 1

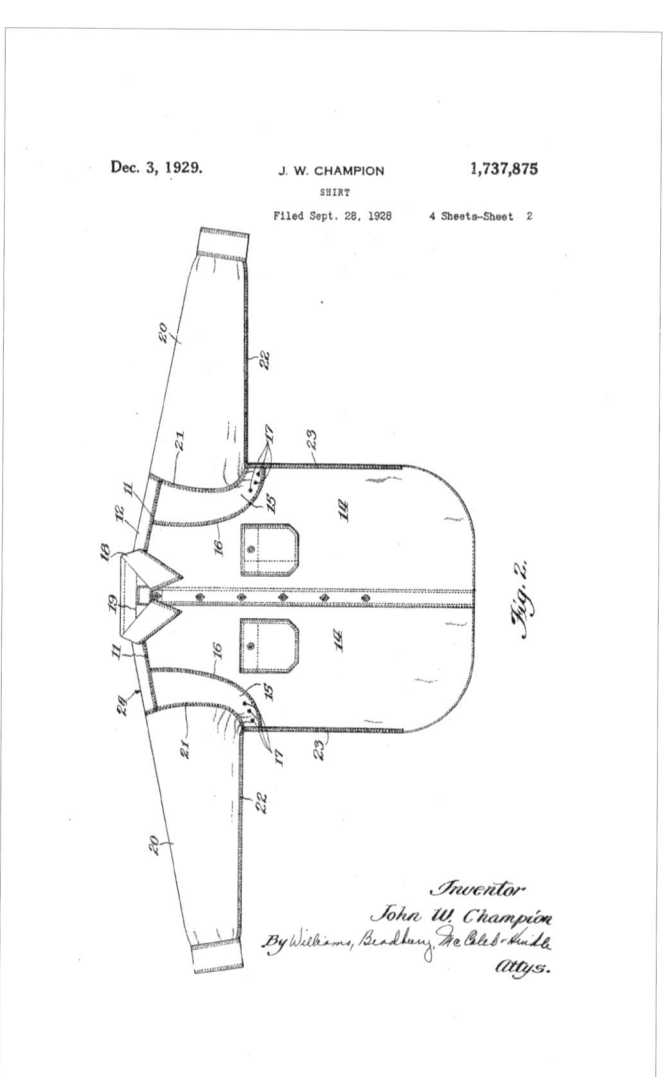

J. W. CHAMPION

SHIRT

Filed Sept. 28, 1928   4 Sheets—Sheet 2

1,737,875

Inventor
John W. Champion
By Williams, Bradbury, McCaleb-Hinkle
Attys.

〔❻-❸❹①〕리라이언스의 셔츠 특허(1928)

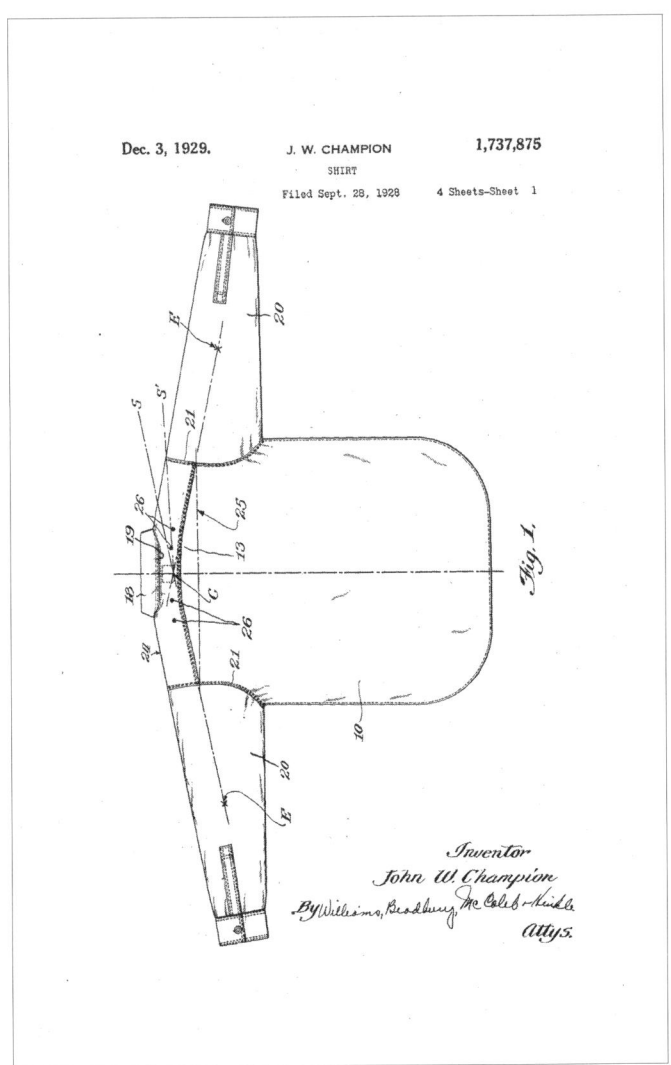

Fig. 1.

Inventor

John W. Champion

By Williams, Bradbury, Mc Caleb & Hinkle

Attys.

쟁 후 워크셔츠는 모두 똑같고 몰개성한 것으로 보인다.

그런 와중에도 리라이언스는 전쟁 후 플랩이 있는 시가렛 포켓을 부활시킨다. 모양이 산처럼 생겨 중고옷 애호가 사이에서 야마포케山ポケ☑라는 애칭으로도 불리는 이 독특한 포켓은 셔츠의 세계대전모델이라 해도 좋겠다(❻-❸❷).

전쟁 중의 공장 증설

정부로부터 다양한 규제를 받는 와중에도 1942년 이후 리바이스는 과거 최고 매출을 꾸준히 갱신하며 제조가 그 물량을 따라가지 못하게 된다. 원래 인기 있는 고가상품이던 501을 비롯한 리바이스의 제품은 OPA에 의해 상한가격이 정해지면서 저렴해졌다는 인상이 생겨 날개 돋친 듯 팔렸다.

이 수요에 대응하기 위해 먼저 발렌시아 공장에서 일할 봉제공을 추가모집했다(❻-❸❸). 마침 간소화모델로 이행하기 직전의 시점으로 이때는 숙련자만 모집했다. 하지만 몇 회의 걸친 모집 후에 광고는 모습을 감추었으니 필요 인원이 충원된 모양이다.

두 번째 공장으로 새너제이(샌프란시스코에서 직선거리로 약 70킬로미터)에 있는 장거리 버스 회사의 건물 2층을 확보한다. 발렌시아 공장만으로는 생산을 따라갈 수 없었기 때문이다. 아쉽게도 새너제이 공장의 구인 자료는 구할 수 없어, 언제부터 공장을 가동했는지 알 수 없다. 참고로 이 건물은 아직도 존재한다.

☑　산을 뜻하는 야마(山)에 포켓(pocket)을 줄여
　　서 발음한 포케를 합쳐서 만든 일본 조어

Operators, experienced on
overalls, shirts and jackets,
good paẏ, steady work.

Levi Strauss Co.
250 Valencia, San Francisco

(❻-❸❷) 전쟁 당시의 빅양크 라벨. S 품번으로 적혀 있다.
(❻-❸❸) 발렌시아 공장의 직공 모집(1942.7.31)

그리고 1944년 3월 세 번째 공장으로 샌터크루즈(샌프란시스코에서 직선거리로 약 100킬로미터)에 공장을 짓는다. 당시 현지에는 이렇다 할 산업이 없어 노동력이 풍부했다는 이점이 있었다. 그런데 실제로는 WPB에서 샌프란시스코 시내의 노동력을 전쟁 외 목적으로 이 이상 활용하는 것은 바람직하지 않다는 의견이 나왔기에 멀리 떨어진 샌터크루즈를 골랐을 사정도 짐작된다.

이 공장의 직원 모집은 1946년 8월 말까지 상당히 대대적으로 이루어졌다. (❻-❸❹)에서 (❻-❸❾)가 그 모집광고다. 숙련자가 거의 없을 거라고 예상했는지 "초보자 환영"이라는 내용이 눈길을 끈다. 공장 내부는 다음에 자세하게 소개하겠다.

또한 1946년 8월에는 벌레이오에도 공장을 건설했다는

Levi Strauss Co. Wants 150 Women Workers To Sew On Overalls In Factory Here

Milton Grunbaum of Levi Strauss & Co. announced yesterday that his company will have a representative in the civic auditorium Monday, from 9 a.m. to 3 p.m. to interview women as potential workers in an overall factory here.

The company needs from 150 to 200 women to operate single needle and special sewing machines, Grunbaum stated.

GIRL WANTED . . . .
for pay roll and general factory office work. Apply Tuesday, 25th, Levi Strauss and Co., 269 Front St.
5-4-21-98

(❻-❸❹) 샌터크루즈 공장의 직공 모집광고(1944.3.4). "150~200명 필요."
(❻-❸❺) 샌터크루즈 공장의 직공 모집광고(1944.4.21). 초보자 가능이라는 표현은 없다.

New Factory to Open in Vallejo

VALLEJO, Aug. 29.—Acquisition of Vallejo's first major post-war industry the Levi Strauss and Company factory with an annual payroll of $319,000 was announced yesterday by the industrial division of the Vallejo Chamber of Commerce.

The new manufacturing plant will be situated in the recreation building of the Victory Housing Project at Ryder and Fourth Streets. The firm will employ 150 persons, 90 per cent of whom will be women.

Announcement of the new Vallejo industry came as the result of negotiation of several weeks between the Chamber's industrial committee and officials of the firm.

（**❻-❸❻**） 샌터크루즈 공장의 직공 모집광고(1945.5.29).
"싱어 재봉틀과 특수재봉틀 숙련자는 물론, 초보자도 가능."

（**❻-❸❼**） 샌터크루즈 공장의 직공 모집광고(1946.8.13).
"초보자는 교육하며 연수 기간에도 급여 지급."

（**❻-❸❽**） 샌터크루즈 공장의 직공 모집광고(1946.8.13). "20~35세 초보자 환영."

（**❻-❸❾**） 벌레이오 공장 개업 기사(1946.8.29)

기록이 있다(❻-❸❾). 만을 사이에 두고 있지만, 샌프란시스코에서 직선거리로 약 40킬로미터 떨어진 위치에 있었으며 미국 해군의 거점이었기 때문에 여기서 군용 셔츠를 상당수 제조했다.

페인트 스티치를 그린 여성 페인터

전시의 생산현장에 관해서는 정보가 적은데 샌터크루즈에 마련한 새로운 공장을 상세하게 다룬 1944년 8월 18일자 신문기사가 있어 소개한다.

이 새로운 공장은 풀가동하면 하루에 200다스의 팬츠를 만들 능력을 갖추고 있으며 현시점에서 공장직원은 아흔 명으로 전원 지역주민이다. 아직 일흔 명이 더 필요하다. 기계는 재봉틀, 리벳, 단추기계 등 세 종류로 총 110대가 있다. 리벳 일부는 수동으로 박아야 한다. 일반적인 재봉틀은 1분 동안 1500~1800개의 스티치를 박을 수 있는 데 반해 이 공장은 3000~5000개의 스티치를 박을 수 있는 최신식 고속재봉틀을 갖추었다. 원사는 No.3라 불리는 10플라이(꼬임 횟수)의 튼튼한 실로 35강도 시험에도 견딘다. 봉제 라인은 47개 공정에 분업식이므로 신입이 익숙해지기 전까지 전체생산은 어렵다.

흥미로운 점은 이 시기에만 존재했던 특별한 공정이 적혀 있다는 점이다. 데님 재단 공정 마지막에 아큐에이트 스티치의 스크린 페인트를 여성이 혼자 맡았다고 나온다(❻-❹⓪). 또한 리바이스의 공장은 이 시점에 세 곳이었으며 총 800명의 직공과 쉰 명의 판매원이 있었다는 사실도 기재되어 있다. 나아가 (❻-❹❹)에 발췌했지만, "군수품 생산현장에서 사용하는 작업복의 30퍼센트 이상을 점유했는데 그 외에도 군용 파카나 코트도 생산했다."라고 적혀 있다. 리바이스의 연이은 공장 증설은 이러한 군수품 제조에 대응하려는 목적이 있지 않았을까?

한 사람당 한 벌만

전쟁이 끝나면 바로 본래의 생활로 돌아갔겠거니 생각되는데 전쟁 중과 전쟁 종료 직후 일반 시민은 리바이스의 제품을 예전처럼 살 수 있었을까?

정부의 작업복 규제가 시작된 1942년 8월 이후, 리바이스에서 내놓는 신문광고는 자취를 감추었다. 광고 자체도 규제받았는지는 모르겠지만, 광고해도 시장에 상품이 충분히 돌지 않기 때문에 자제한 듯하다.

(❻-❹❷)(❻-❹❸)은 전쟁 중이었던 1943~1944년에 등장한 판매점의 신문광고다. 구입할 때 수량을 제한한다는 내용이 기재되어 있지 않으므로 평상시와 다름없이 구입할 수 있었다. 그런데 전쟁이 끝난 해인 1945년 1월부터는 구입할 때 "한 사람당 한 벌one pair to a customer"이라는 수량제한이 실시된다(❻-❹❹).

At the end of the assembly and cutting room, is a small section occupied by a woman who does screen painting. Before the war, the decorative stitching on the back pocket was one of the trade marks of the Levi Strauss pants, but now, with the OPA placing a ban on all decorative stitching, the design is dipped into paint and then transferred to the pocket by means of screen painting.

In fact, the company is not only making 30 per cent more work clothing for war workers, but the government has placed orders for ceveral different types of garments to be used by the armed forces, such as water repellent jackets hooded parkas, and fur lined coats.

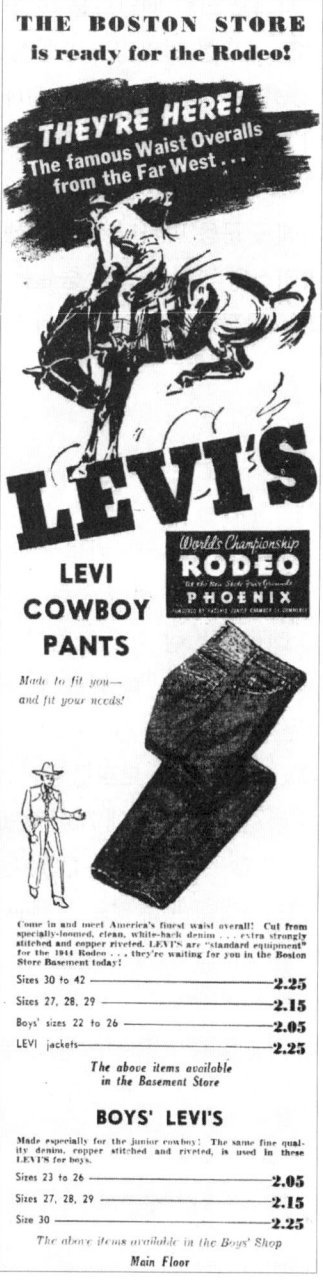

（❻-❹⓿）신문기사（1944.8.18）.
페인트 공정, 여성이 홀로 담당
（❻-❹❹）상동 기사. 군수품도 제조하고
있다는 내용
（❻-❹❷）전쟁 당시의 판매점 신문광고
（1943.2.28）
（❻-❹❹）한 사람당 한 벌까지라는
기술이 보인다（1944.4.10）.

（❻-❹❸）전쟁 당시의 판매점 신문광고
（1944.4.10）

1946년에 들어서자 판매점에서 내놓는 광고는 한동안 눈에 띄지 않는다. 그러다 같은 해 9월부터 재개된 광고에 한 사람에 한 벌이라는 조건과 함께 판매 개시 시각까지 기재된다(❻-❹❺). 이만큼 금세 재고가 부족해지는 인기상품이었다는 사실을 알 수 있다.

한 사람당 한 벌이라는 구입제한은 같은 해 12월까지 이어지다 1947년부터는 이러한 조건이 붙은 판매와 문구는 사라진다(❻-❹❻). 다른 판매점 광고도 비슷한 경향을 보였는데 한동안 수량한정을 내세우다가 1947년부터는 완전히 삭제되었다. 이처럼 마치 손발을 맞춘 듯한 광고의 움직임은 리바이스가 수량한정을 요구하고, 판매점이 그 의뢰를 수용하면서 벌어진 광경이었다.

1946년 말까지 리바이스의 데님팬츠 가격은 상승한다. 그렇다고 1차 세계대전 당시처럼 혼란이 일어날 정도의 사태는 벌어지지 않았으므로 OPA의 전략은 성공적이었다.

(❻-❹❼)은 1946년에는 아직 작업복 제조회사가 OPA의 규제 아래에 있었다는 사실을 보여주는 광고다. 발행일까지는 알 수 없지만 1946년에서 1947년 가을겨울용 웨스턴 제품 카탈로그로, OPA의 가격규제가 이루어졌다는 점, 그것과는 별도로 당시 리바이스의 상품은 판매점별로 할당되어 있다는 점이 적혀 있다. 이 시기에 아직 간소화모델 규제가 지속되었는지는 알 수 없다.

마지막으로 당시 리바이스가 판매한 오버롤스의 인기를 짐작할 수 있는 사건을 소개하겠다(❻-❹❽). 1946년 8월, 열네 살의 두 소년이 리바이스의 공장에 침입해 데님팬

About Prices

IN THIS CATALOG

We are pricing our goods
on basis of our costs at
time of purchase. In some
instances O.P.A. has al-
ready granted raises and
others will surely come as
raw materials and cost of
manufacture continue to
advance.

Every article is at O.P.A.
ceiling or lower, and we
promise to continue the
policy on which we built
our business—

**To Supply the Very Best
Values for Minimum Cost.**

We will do our best to
absorb small raises in re-
placement costs, but we
must tell you that when
goods cost us materially
more we must raise our
prices, too. Our profit is
not big enough to take
care of large increases.

L E V I S

We receive a limited
Quota allotment, but not
nearly enough to fill all
orders. We cannot prom-
ise to pile up orders
either, as there are entire-
ly too many. However, if
you care to order, we'll
fill when we can. The
LEVIS are No. 430 at
$2.88, Post Paid. The
JUMPERS are No. 432 at
$2.94, Post Paid.

（❻-❹❺）판매 개시 시각까지 게재
（1946.9.5）
（❻-❹❻）조건부 판매 문구가
사라졌다（1946.12.15）.

（❻-❹❼）카우보이 카탈로그（1946）.
No.430과 No.432는 각각 501과
506을 가리킨다.

츠 열 벌을 훔쳤다는 기사다. 그 아이들은 다른 곳에서도 절
도 행각을 벌인 이력이 있어 순수하게 자신들이 입기 위해 데
님팬츠를 훔쳤다고는 생각할 수 없다. 그렇지만 어찌 되었든
재고가 부족했기 때문에 희소가치가 높아 환금성이 높았다는
등의 이점이 있었을 터다. 당시 리바이스의 데님팬츠가 얼마
나 인기 있었는지 엿볼 수 있는 일화다.

Salinas Youths Admit Strauss Plant Burglary

Salinas, Aug. 13 (U.P) — Eleven burglaries—10 in Salinas and one in Santa Cruz—were on the solved list today as Salinas police dug deeper into the activities of two 14-year-old boys taken into custody here Monday.

Admission of the Santa Cruz burglary—where 10 pairs of jeans were taken from the Levi Strauss factory, prompted Santa Cruz officials to arrange to question the boys about numerous small burglaries there.

Police said the boys had admitted 10 burglaries here, starting July 29 and extending to Sunday night when two places were entered.

（❻-❹❽）리바이스 팬츠 도난 기사（1946.8.14）

규제는 언제 해제되었는가

이 장에서 WPB, OPA에 따른 규제를 소개하고 있는데, 규제가 어떻게 해제되었는지를 알아보려 한다. 간소화된 데님팬츠는 다시 본래의 형태로 돌아간다. 그 전환점은 V-E 데이Victory in Europe Day와 V-J 데이Victory-over-Japan Day, 즉 유럽 전승 기념일(1945년 5월 8일)과 대일 전승 기념일(1945년 8월 15일)이다.

먼저 V-E 데이에는 구리 규제가 해제된다. 그 공지문이 (❻-❹❾)이다. 1945년 5월에 WPB가 구리 규제의 상위 법령인 법령 M-9의 해제 공지를 내놓는다. 그 배경에는 무기류 제조가 일단락되었다는 상황이 있다. 하지만 M-9 하위에 있는 L-68 등 구리 리벳에 관련된 세세한 법령 해제에 관한 자료는 발견할 수 없었다.

한편 작업복의 간소화모델을 규제한 L-181는 V-J 데이 이후에 바로 해제된 줄 알았는데 1945년 11월 시점까지 유효했다는 사실을 보여주는 문서가 발견되었다(❻-❺❿). 이 시점에서 개정이 어디까지 이루어졌는지 알 수 없지만, 포켓 장식 스티치나 리벳, 바택의 수 등이 완화되었을 가능성은 높다. 최종적으로 L-181은 1946년 12월 13일자로 정식 해제되었다(❻-❺❶).

그렇다면 OPA는 어땠을까? 전쟁터에서 병사들이 귀국해 일상복이 대량으로 소비되리라 예상했지만, 작업복 제조현장은 전쟁 중의 체재 그대로였으므로 바로 대응하기는 어려웠

Copper Products

WPB announced it had revoked orders No. M-9-c, M-9-c-1, M-9-c-2 and M-9-c-4, which restricted the manufacture, delivery and installation of many copper products. This action was in line with WPB policy to relax controls as rapidly as possible after V-E Day, the agency said. After July 1, mills will be permitted to deliver copper controlled materials on orders not bearing CMP symbols, provided that such deliveries do not delay the production and delivery of military and essential civilian orders. Such orders, WPB said, may be placed immediately for delivery after July 1.

WPB cautioned that in no sense do the revocations mean that copper is available once more in unlimited supply for civilian production. Refined copper remains in short supply and will, with ingot, scrap and other copper raw materials, continue to be allocated under copper order No. M-19. This in turn will limit the amount of controlled materials—strip, rod, tube, wire and castings—that may be produced for civilian orders.

Birnbaum — 74386 WPB— 9243

WAR PRODUCTION BOARD

For Immediate Release
Thursday, November 1, 1945

The ban on manufacture of vests for double-breasted suits and extra trousers for suits will remain in full effect for some time, the War Production Board said today.

WPB officials pointed out that L-224, the men's and boys' style order which prohibits production of vests for double-breasted suits and a second pair of trousers for any suit of the same or matching material, has not been amended or modified in any way.

With worsted materials in particularly tight supply, WPB said it was felt that revocation of the order now would even further reduce the number of men's suits available, especially at a time when the needs of discharged servicemen are making unprecedented demands upon limited stocks of clothing.

Clarification of the status of L-224 is being made because of reports to WPB that have indicated there is some misunderstanding with respect to application of the order.

Also in full effect is L-181, which regulates the consumption of material in the manufacture of men's work clothing, including overalls, dungarees, work pants, one-piece work suits and work shirts.

######

（ ❻-❹❾ ） 구리의 규제 해제를 알리는 공지 (1945 . 5 . 26)

（ ❻-❺⓿ ） L-181이 유효함을 보여주는 문서 (1945 . 11 . 1)

다. 따라서 민간 의복의 물량 부족이 가져올지 모를 인플레이션에 대응하기 위해 경계를 늦추지 않았을 것이다. 1차 세계대전 당시 작업복 가격 추이 그래프(❻-❹)에서 보이듯 전쟁 직후는 인플레이션에 지극히 주의해야 할 시기였다.

결국 OPA의 모든 법령은 1946년 11월을 기점으로 그 효력을 잃는다. MPR-208에 명기되었던 라벨 제품 번호 앞에 S자를 넣어야 한다는 규제도 동시에 삭제된 듯하다.

PART 3290—TEXTILE, CLOTHING, AND LEATHER

[Limitation Order L-181, Revocation]

MEN'S WORK CLOTHING

Section 3290.125 *General Limitation Order L-181* is revoked. This revocation does not affect any liabilities incurred for violation of the order or of actions taken by the War Production Board or the Civilian Production Administration under the order.

Issued this 13th day of December 1946.

CIVILIAN PRODUCTION
ADMINISTRATION,
By J. JOSEPH WHELAN,
Recording Secretary.

[F. R. Doc. 46-21646; Filed, Dec. 13, 1946; 11:46 a. m.]

(❻-❺❹) L-181 해제를 알리는 속달
(1946.12.13)

2차 세계대전 중의 조잡한 봉제는 누구 탓인가

　　전쟁 중에 제작된 리바이스의 제품을 보면 봉제가 상당히 조잡하다. 〔**6**-**52**〕는 그 일례에 지나지 않으며 수효도 꽤 된다. 원칙대로라면 품질검사를 통해 제외되어야 할 제품이지 않을까 생각이 들 정도로 심한 것도 있다. 어떤 사정이 있었을까?

　　먼저 샌터크루즈 공장에서 내놓은 직공 모집광고에서는 신입도 훈련받으면서 일할 수 있다고 강조했다. 재봉틀은 최신식에 초고속 등급을 사용하며 봉제 현장은 47개 공정으로 나뉜 분업제였다. 광고를 꾸준히 낸 것만 보아도 만성적으로 인력 부족에 시달렸다는 인상이다.

　　이렇게 되면 초보자에게는 별로 어렵지 않은 부분, 가령 바늘이 하나인 재봉틀로 할 수 있는 부분을 맡기고 숙련공에게는 쌍침으로 해야 하는 체인스티치를 담당시키는 등 분업 작업을 실시했을 터다. 그 결과 미숙한 부분이 유독 눈에 띄게 되었을지도 모른다.

　　가령 데님이나 포켓주머니에 사용하는 원단이 배급제였다면 어떨까? 매장에서 상품은 늘 재고가 부족했으니 조금이라도 빨리 출하하기 위해 서둘러야 했다. 영업 담당도 판매점도 재촉해 품질 등을 신경 쓸 겨를이 없는 상황이었다고 충분히 짐작할 수 있다.

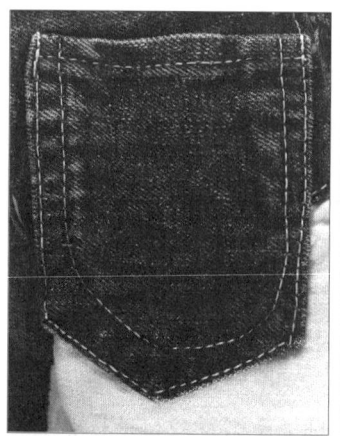

〔❻-❺❷〕 2차 세계대전 중에 제작된 501의 워치포켓. 스티치가 조잡하거나 치수가 제각각인 점 등 이 시기 제품에서만 볼 수 있는 특징이다.

한편 발렌시아 공장에서는 전쟁 중에 경험자만 모집했으며, 새너제이 공장은 모집 공고가 전혀 나오지 않았다. 이 시기에 미경험자를 모집한 곳은 샌터크루즈 공장뿐이었다. 그렇다면 이렇게 조잡한 제품은 주로 샌터크루즈 공장에서 생산한 제품이라고 추측할 수 있다. 이 공장이 가동을 시작한 1944년 봄 이후의 제품에서만 볼 수 있는 특징이라고도 할 수 있겠다.

　　그런데 현재 전쟁 당시의 조잡한 봉제는 부정적인 요소라기보다 오히려 미국 양산품에서만 느낄 수 있는 편안하면서도 따뜻한 요소, 이 시기에 제작된 501에서만 맛볼 수 있는 매력으로도 보인다. ●

　전쟁 중 규제에 놓였던 리바이스의 501에는〔**❻-❷❸**〕과 같은 플래셔가 부착되었지만, 전쟁 후에는〔**❻-❺❸**〕과 같은 플래셔로 변경된다. 그 변경시점을 판단할 수 있는 자료는 발견되지 않았다. 단지 가장 아래에 Copyright 1945라는 표현이 있다. 1945년에 저작권을 획득했다니 무슨 의미일까?

　이 플래셔에 자잘하게 적힌 문구 가운데 무언가가 1945년에 저작권으로 등록되었을 터인데 아쉽게도 그 답을 발견할 수 없었다. 단 이 안에는 지금까지 그려지지 않았던 것이 분명하게 그려져 있다. 바로 좌우에 배치된 레드탭 일러스트다. 이 레드탭의 상표등록 연도가 1945년이다(**❻-❺❹**). 앞뒤가 맞는다는 느낌도 들지만, 아쉽게도 이는 상표지 저작권이 아니다. 레드탭설을 강력하게 주장한다면, 당시 담당자가 상표와 저작권을 구별하지 않고 사용했다는 말이 된다.

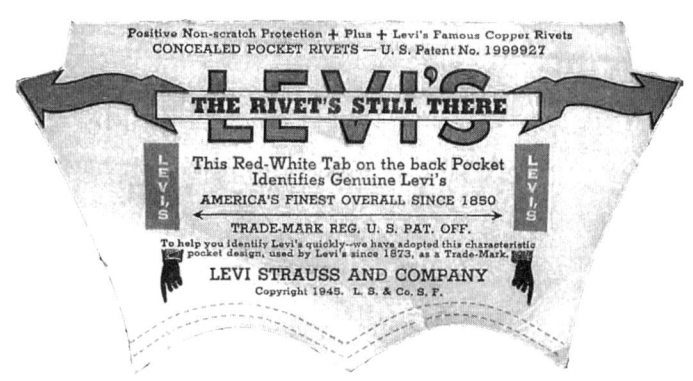

〔**❻-❺❸**〕1945라는 표기가 있는 플래셔

UNITED STATES PATENT OFFICE

Levi Strauss & Company, San Francisco, Calif.

Act of February 20, 1905

Application August 16, 1943, Serial No. 462,783

STATEMENT

To the Commissioner of Patents:

Levi Strauss & Company, a California corporation having its principal place of business at 98 Battery Street, San Francisco, California, has adopted and used the trade-mark as shown in the accompanying drawing, in Class 39, Clothing, on MEN'S, WOMEN'S, AND CHILDREN'S OVER- ALLS AND JACKETS, as follows: first used on jackets July 1, 1937, and on overalls September 1, 1936; and presents herewith five specimens showing the trade-mark as actually used by applicant upon the goods, and requests that the same be registered in the United States Patent Office in accordance with the act of February 20, 1905, as amended. The trade-mark is applied or affixed to the goods by affixing permanently thereto a tab of textile material on which the trade-mark is shown. Applicant is the owner of registered Trade-Mark No. 250,265, December 4, 1928.

The undersigned hereby appoints Boyken, Mohler & Beckley, a firm composed of A. W. Boyken, Mark Mohler and W. Bruce Beckley (registration No. 15,121), 723 Crocker Building, San Francisco, California, its attorneys, to prosecute this application for registration, with full powers of substitution and revocation, to make alterations and amendments therein, to receive the certificate, and to transact all business in the Patent Office connected therewith.

LEVI STRAUSS & COMPANY,
By D. A. BERONIO,
Secretary.

이 1945년이라는 글자가 들어간 플래셔는 종류가 여러 개였는데 모두 공통으로 새로운 문구가 기재되어 있었다. AMERICA'S FINEST OVERALL SINCE 1850이다. 이 문구가 저작권에 등록되었다는 흔적은 발견하지 못했는데 이 새 문구를 신문광고에서 보게 되는 시기는 1947년 여름부터 다. 이로부터 플래셔가 개편된 시기는 역시 1947년에 접어 든 이후라고 생각하는 편이 앞뒤가 맞다.

또한 이 플래셔의 상부에는 컨실드 리벳의 특허번호 1999927이 적혀 있다. 특허내용은 생략하겠지만, 등록이 1935년〔**5**-**34**〕(248~250쪽)이므로, 특허가 무효가 되는 1952년까지는 이와 같이 특허번호를 기재했을 것이다.

잘 가라, 백스트랩

정부의 규제가 해제되어 501도 전쟁 전의 모습으로 돌아 가겠지 싶은데 백스트랩과 플라이의 리벳은 제거된 상태 그대로다. 백스트랩이라는 매혹적인 부분이 없어졌는데도 누구 하나 불만을 제기하거나 표현하지 않았다. 이 백스트랩을, 시점을 달리해 미군 자료에서 살펴보려 한다.

〔**6**-**55**〕에서〔**6**-**58**〕은 1880년대 미국 육군의 팬츠 사양서다. 오른쪽 페이지 상단이 캔버스 트라우저스, 하단이 서머 트라우저스, 그리고 다음 페이지 하단은 참고로 넣은 부자재다. 모두 작업복적 요소가 강하며, 제이컵의 리베

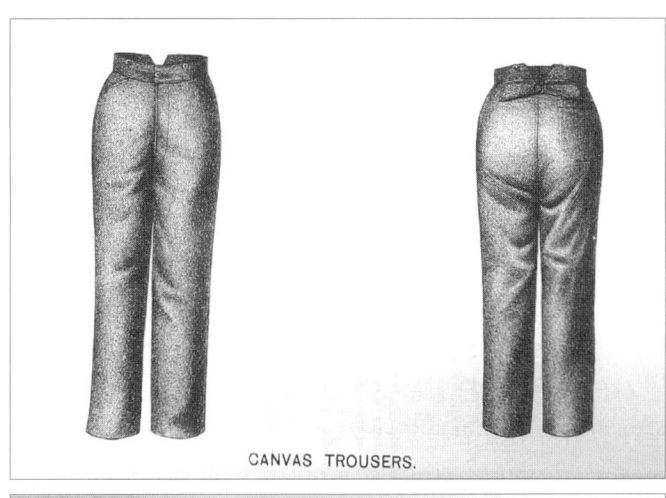

CANVAS TROUSERS.

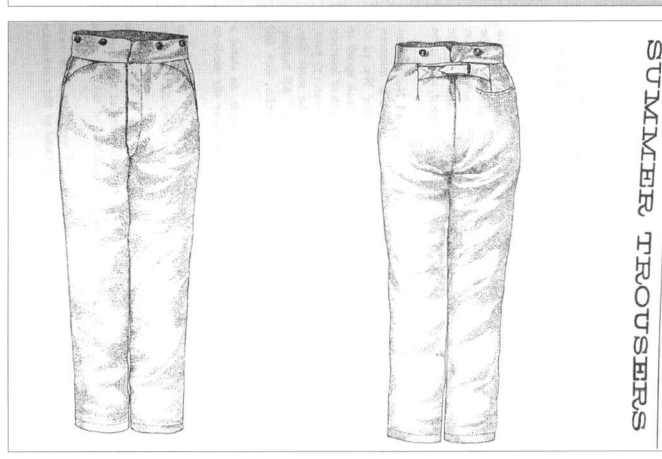

SUMMER TROUSERS

(6-55) U.S. 아미 캔버스 트라우저스(1884.5.31)
(6-56) U.S. 아미 서머 트라우저스(1889.7.5)

티드 팬츠(2장 참고)의 구성요소와 아주 닮아 있다. 벨트고리는 아직 없었기 때문에 벨트를 사용할 수 없어 백스트랩이 필수였다.

　이 시대의 팬츠가 소개된 적은 없을 테니 세부를 소개하겠다. 먼저 원단부터 이야기해보자. 캔버스 트라우저스(6-55)는 갈색의 6온스 덕원단으로 지정되었으며 서머용(6-56)은 6.5~7온스의 하얀색 덕원단으로 지정되었다. 그림에서는 잘 보이지 않지만, 사양서에 따르면 전면에는 사선으로 들어간 양쪽 포켓과 워치포켓이 있다. 뒤쪽은 상부가 갈라져 있고 오른쪽에 포켓이 하나, 뒷면에 버클 달린 스트랩이 하나 있다. 서머용은 주머니를 다는 패치포켓이 아니라 홈이 파인 포켓이다.

　둘 다 벨트고리는 없고 서스펜더 단추가 여섯 개 있다.

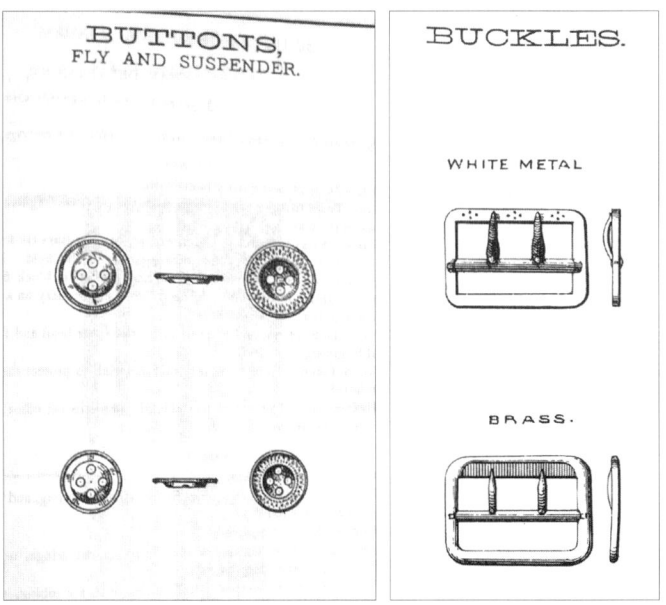

(6-57) U.S. 아미 버튼(1885.4.14)
(6-58) U.S. 아미 버클(1885.9.12)

백요크가 없다는 점을 제외하면 제이컵 데이비스의 바지와 똑 닮았다. 전면 포켓 라인이 특히 제이컵의 특허 그림과 똑같다. 사양서에서는 이 포켓을 레귤러메이드 슬랜팅포켓 regular made slanting pocket이라고 부르는데 일반적인 사선 포켓이라는 뜻이다.

단추(❻-❺❼)는 직경이 27리뉴ligne와 22리뉴다. 구멍이 네 개 있는 타입으로, 소재에 대한 기술은 없다. 리뉴는 단추업계에서 사용하는 단위로, 모두 501에 부착하는 단추와 크기가 같다. 버클(❻-❺❽)은 크기가 1.25인치×7/8인치로, 테두리 안에 있는 부품은 리볼빙바revolving bar와 투 스타우트 프롱two stout prong이라 부르며, 바의 끝에서 프롱까지의 길이는 5/16인치, 약 8밀리미터다. 소재는 주석이나 화이트메탈(니켈과 구리 합금)이다. 이 버클도 501 것과 크기가 같다.

시계를 조금 뒤로 돌리면, 1차 세계대전 전인 1908년 미국 육군 일부 부대복 소재는 데님으로 변경되었더랬다. 여기에서는 1차 세계대전에서 2차 세계대전에 걸친 육군 팬츠 사양서를 (❻-❺❾)에서 (❻-❻❼)에 정리해서 게재했다.

사양서를 보면 1918년부터 일시적으로 갈색 데님이 되지만, 디자인은 얼추 비슷하다. 서스펜더 단추는 없고 벨트고리는 있다. 워치포켓은 앞쪽 오른쪽에 있다.

백스트랩은 1939년 4월 사양서인 소개정판 6-124B의 어멘드먼트 1(❻-❻❻)에는 삭제되어 있다. 영문으로 Delete the words 'back straps'라고 적혀 있는데 이유는 기재되어 있지 않다. 벨트를 사용하게 되면서 그

No. 1346
SPECIFICATIONS
FOR
FATIGUE TROUSERS.

(Adopted July 24, 1918 in lieu of Specifications of
October 20, 1917 (No. 1275) which are cancelled).

1. **MATERIALS**—Brown denim, twenty-eight (28) inches wide, thread cotton, black 3-cord; metal; Japanned tack steel buttons, 27 ligne on waist; 22 ligne on fly, universal or equal. Overall buckle one and one-eighth inch steel wire.

2. **PATTERN**—All patterns will be furnished by the Quartermaster Corps. Piecing, skimping, or altering the patterns in any way strictly prohibited.

3. **SEAMS**—Allowance of three-eighths (3/8) inch for all seams, except two-needle work. All stitching to be done with lock-stitch or double chain lockstitch machine. All seams to be lapped or felled and double stitched. All stitching to be ten (10) stitches to the inch. Where two needle machine is used nothing larger than five-sixteenth (5/16) gauge to be allowed.

4. **FLY**—Left side to be turned under and faced with a fly of same material, single stitched one and one-half (1¾) inch from edge. Right side cut on single stitched one inch from edge. To have four (4) buttons on right fly, one (1) at waist band, one (1) two (2) inches from bottom and the other two (2) placed equi-distant between; to have four (4) button holes correspondingly placed in fly on opposite side; fly to be securely tacked at bottom and between each button hole.

5. **POCKETS**—To have five (5) patch pockets, two (2) front, two (2) hip and one (1) watch). Pockets on front to be eleven (11) inches deep at front and eight (8) inches deep at side seam; top opening seven (7) inches; to be turned under three-eighths (3/8) inch and single stitched; front edge of pockets to be sewed in with underseam of waist band and back edge to be made up in side seam. Hip pocket to measure seven and one-half (7½) inches deep with six and one-half (6½) inches opening; top to be turned under three-eights (3/8) inch and double stitched; top edge of pocket placed four (4) inches from top of waist band and one and one-half (1½) inch from side seams. Watch pocket three and one-half (3½) inches deep, top edge double stitched, side and bottom edges turned under and single stitched, placed in center of right

WAR DEPARTMENT
SPECIFICATION

No. 415-3-1346
JULY 17, 1919
SUPERSEDING 1346
JULY 24, 1918

TROUSERS, WORKING.

(Blue Denim.)

[Authority of Supply Circular No. S. P. S. and T. Div., January 24, 1919.]

MATERIALS.

(a) 10.3-ounce blue denim. (Specification 415-4-1111.)

(b) No. 30/3 and No. 40/3 black cotton thread. (Specification 415-7-12.)

(c) White metal or zinc buttons, fly and suspender. (Army standard.)

(d) 1¼-inch steel-wire overall buckle. (Army standard.)

PATTERN.

All patterns will be furnished by the Quartermaster Corps. Piecing, skimping, or altering the patterns in any way is strictly prohibited.

SEAMS AND STITCHING.

All seams will be lapped and felled and double stitched. Where the two-needle machine is used, nothing larger than five-sixteenths gauge will be allowed. The inside row of stitching shall be about three-eighths inch from the edge of fabric when folded. For machine stitching the lock stitch or double-locked chain stitch, for both, may be employed with at least 10 stitches to the inch. With the lock stitch the upper and under thread shall be No. 30/3, and when the double-locked chain stitch is used the upper thread must be No. 30/3 and the under thread may be No. 40/3 or coarser up to No. 30/3.

FLY.

Left side of fly will be turned under and faced with the same material as used in the trousers, and single stitched 1½ inches from the edge. The right side will be cut on and single stitched 1 inch from the edge. The fly will be securely tacked at the bottom and tacked between each buttonhole with stitching about 1 inch in length from the edge.

POCKETS.

There will be five patch pockets, two front, two hip, and one watch. Front pockets will be 11 inches deep at front, 9 inches deep at side seam, and top opening 7 inches. The edges shall be turned under three-eighths inch and double stitched; front edge of pockets will be sewed in with underseam of waistband, and back edge to be made up in side seam. Hip pockets will measure 7½ inches deep with 6½ inches opening, top turned under three-eighths inch and double stitched. Top edge of pockets to be placed 4 inches front top of waistband and 1½ inches from side seams. Watch pockets will be 3½ inches deep, top

124686—19

U. S. ARMY
SPECIFICATION

No. 6–124
FEBRUARY 11, 1926

SUPERSEDING
No. 415-3-1346,
July 17, 1919

TROUSERS, WORKING (DENIM)

I. GENERAL SPECIFICATIONS.

The latest revision of U. S. Army Specifications, basic numbers of which are as follows, form a part of this specification in so far as the terms are applicable:

Denim	Nos. 6–87 and 6–89
Thread	No. 6–21
Buttons, fly and suspender	No. 29–50
Standard Specifications for Marking Shipments	No. 100–2

II. TYPE.

This specification covers but one type of trousers.

III. MATERIAL AND WORKMANSHIP.

1. Denim; black thread, Nos. 40/3 and 36/3; steel-wire buckle, 1⅛ inch; No. 8 black gimp; 22 and 27-ligne zinc buttons.

2. All materials shall conform to specifications mentioned above, where applicable, and the workmanship shall be of the best type of its class; seams to be straight, stitches even, and no raw edges shall appear in any part of the finished trousers.

IV. GENERAL REQUIREMENTS.

The general requirements are applicable to all the types of denim as described in Specifications Nos. 6-87 and 6-89.

V. DETAIL REQUIREMENTS.

1. *Pattern.*—All patterns will be furnished by the Quartermaster Corps. Piecing, skimping, or altering the patterns in any way is strictly prohibited.

2. *Seams and stitching.*—All seams will be lapped, felled, and double-stitched; where the two-needle machine is used, nothing larger than ⅛ gauge will be allowed. The inside row of stitching shall be about ⅜ inch from the edge of fabric when folded. For machine stitching the lock stitch, or double-locked chain stitch, or both, may be employed, using 36/3 or 36/3 and 40/3 thread, with at least 10 stitches to the inch.

3. *Fly.*—Left side of fly will be turned under and faced with the same material as used in the trousers, and single stitched 1½ inches from the edge. The right side will be cut on and single stitched 1 inch from the edge. The fly will be securely bar tacked at the bottom and tacked between each buttonhole with stitching about 1 inch in length from the edge.

87945—26

U. S. ARMY
SPECIFICATION

No. 6–124A
NOVEMBER 5, 1928

SUPERSEDING
No. 6–124
February 11, 1926

TROUSERS, WORKING

I. GENERAL SPECIFICATIONS.

The latest issues of the following United States Army Specifications, basic numbers of which are as follows, form a part of this specification in so far as the terms are applicable:

Denim, No. 6–87 and No. 6–89.

Thread, cotton, No. 6–21.

Buttons, fly and suspender, No. 29–50.

Standard Specification for Marking Shipments, No. 100–2.

II. TYPE.

This specification covers but one type of trousers.

III. MATERIAL AND WORKMANSHIP.

1. *Material.*—Denim; gray thread, Nos. 40/3 and 36/3; steel-wire buckle, 1½ inch; No. 8 black gimp; 22 and 27 ligne zinc buttons.

2. *Workmanship.*—All materials shall conform to specifications mentioned above, where applicable, and the workmanship shall be of the best type of its class; seams to be straight, stitches even, and no raw edges shall appear in any part of the finished trousers.

IV. GENERAL REQUIREMENTS.

1. As specified hereafter.

2. The general requirements are applicable to all the types of denim as described in specifications Nos. 6–87 and 6–89.

V. DETAIL REQUIREMENTS.

1. *Pattern.*—All patterns will be furnished by the Quartermaster Corps. Piecing, skimping, or altering the patterns in any way is strictly prohibited.

2. *Seams and stitching.*—All seams will be lapped, felled and double-stitched; where the 2-needle machine is used, nothing larger than ⅜ gauge will be allowed. The inside row of stitching shall be about ⅜ inch from the edge of fabric when folded. For machine stitching the lock stitch, or double-locked chain stitch, or both, may be employed, using 36/3, or 36/3 and 40/3 thread, with at least 10 stitches to the inch.

3. *Fly.*—Left side of fly will be turned under and faced with the same material as used in the trousers, and single stitched 1½ inches from the edge. The right side will be cut on and single stitched 1 inch from the edge. The fly will be securely bar tacked at the bottom and tacked between each buttonhole with stitching about 1 inch in length from the edge.

4. *Pockets.*—There will be 5 patch pockets—2 front, 2 hip, and 1 watch. Front pockets will be 11 inches deep at front. 8 inches deep at side seam and top opening 7 inches. The edges shall be turned under ⅜ inch and double-stitched. Front corner of these pockets will be sewed in with underseam of waistband and back edge to be

24818—29

U. S. ARMY
SPECIFICATION

No. 6-124B
JANUARY 22, 1937
SUPERSEDING
6-124A
November 5, 1928

TROUSERS, WORKING, DENIM

A. APPLICABLE SPECIFICATIONS.

A-1. The following current specifications, in effect on date of invitation to bid, shall form a part of this specification:

Federal Specification V-B-871—Buttons.
Federal Specification V-T-276—Thread; Cotton.
Federal Specification CCC-D-151—Denim; Blue, Indigo (Fully shrunk).
Federal Specification DDD-S-751—Stitches; Seams; and Stitching.
U. S. Army Specification 6-133—Gimp, Cotton (Buttonhole).
U. S. Army Specification 100-2—Standard Specifications for Marking Shipments.

B. TYPES, GRADES, CLASSES, ETC.

B-1. *Type.*—Trousers, working, blue denim, shall be of one type.
B-2. *Grade.*—Shall be "Firsts."
B-3. *Sizes.*—Tariff of sizes shall be as specified in invitation to bid.

Schedule of sizes

Waist	Seat	Bottoms	Inseam
Inches	*Inches*	*Inches*	*Inches*
32	42	20	29
34	44	20	30
36	46	20	31
38	48	20	31
40	50	20	32
42	52	20	32
44	54	20	32

C. MATERIAL AND WORKMANSHIP, ETC.

C-1. *Material.*—Unless otherwise specified in invitation to bid, the following materials, or suitable substitutes, shall be used in the manufacture of these trousers and shall be furnished by the United States Government:

Buckles, formed wire, metal stamped, or any other suitable metal buckle, to accommodate a 1⅛ inch wide strap. When buckle supplied is of ferrous metal, it shall be given a coating of cadmium, 0.0002 inch thick (minimum).
Buttons, type II, class 1, 22, and 27 ligne.
Denim, blue, indigo (fully shrunk), white back, class B.

84979—38

**U. S. ARMY
SPECIFICATION**

No. 6-124C
AUGUST 8, 1940

SUPERSEDING
No. 6-124B
January 22, 1937

(TROUSERS, WORKING, DENIM)

A. APPLICABLE SPECIFICATIONS.

A-1. The following specifications, of the issue in effect on date of invitation for bids, shall form a part of this specification, unless the material covered thereby is furnished by the United States Government (see par. C-1):

A-1a. *Federal Specifications—*
V-B-871. Buttons.
V-T-276. Thread; Cotton.
CCC-D-151. Denim; Blue, Indigo (Fully Shrunk).
DDD-S-751. Stitches; Seams; and Stitching.

A-1b. *U. S. Army Specifications—*
6-133. Gimp; Cotton (Buttonhole).
6-247. Drill; Unbleached (Fully Shrunk).
100-2. Standard Specifications for Marking Shipments.

B. TYPES, GRADE, AND SIZES.

B-1. *Type.*—This specification covers one type and seven sizes of Trousers, working, denim.

B-2. *Grade.*—Shall be "firsts."

B-3. *Sizes.*—Tariff of sizes shall be as specified in the invitation for bids.

SCHEDULE OF SIZES

Waist	Seat	Bottoms	Inseam
Inches	*Inches*	*Inches*	*Inches*
32	42	20	30
34	44	20	30
36	46	20	31
38	48	20	31
40	50	20	32
42	52	20	32
44	54	20	32

C. MATERIAL AND WORKMANSHIP.

C-1. *Material.*—Unless otherwise specified in the invitation for bids, the following materials, or suitable substitutes, shall be used in the manufacture of these trousers, and will be furnished by the United States Government:

Buttons.—Zinc, 22 and 27 ligne, type II, class I.
Denim.—Blue, indigo (fully shrunk), whiteback, class B.
Drill.—Unbleached (fully shrunk), 7.5 oz. per sq. yd.

257091—40

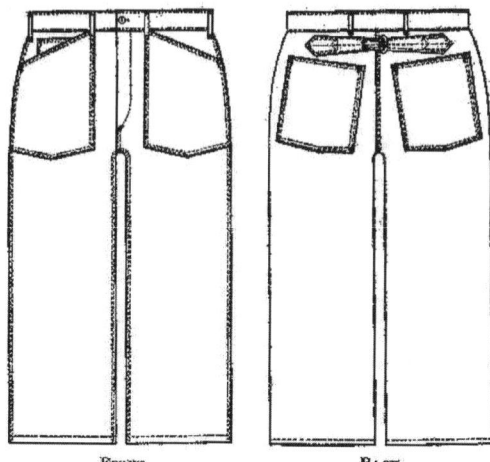

FRONT   BACK

F. METHODS OF SAMPLING, INSPECTION, AND TESTS.

F-1. *Sampling.*—Samples of any material, components, etc., not furnished by the United States Government, entering into the manufacture of the articles covered herein shall be selected from time to time by the Government inspector and carefully examined and tests made to determine if they are in accordance with specifications listed in Section A.

F-2. *Inspection.*—Inspection may be made throughout the entire process of manufacture. The passing as satisfactory of any detail of construction or material shall not relieve the contractor of responsibility for faulty workmanship or material which may be discovered at any time prior to final acceptance. Final inspection of the finished articles shall be made either at point of production or at point of delivery designated in the contract or purchase order of procuring agency. In case of factory inspection, every facility shall be afforded inspectors by the manufacturer for the prosecution of their work.

G. PACKAGING, PACKING, AND MARKING.

G-1. *Packing.*—Unless otherwise specified in invitation to bid, the trousers shall be put up in bundles of 10 each and packed (one size to a container) in commercial containers which will insure safe delivery at destination.

[No. 6-124B]

U. S. ARMY
SPECIFICATION

No. 6-124B
JANUARY 22, 1937

AMENDMENT NO. 1
April 11, 1939

TROUSERS, WORKING, DENIM

1. Sections C and E of this specification are changed as follows:
   C-1. Delete all reference to buckles.
   E-3. *Table I, Operation No. 1.*—Delete the words "back straps" in first paragraph.
   E-3. *Table I, Operation No. 3 and Operation No. 14.*—Delete in their entirety.
   Page 7.—Delete drawing and substitute therefor the following drawing:

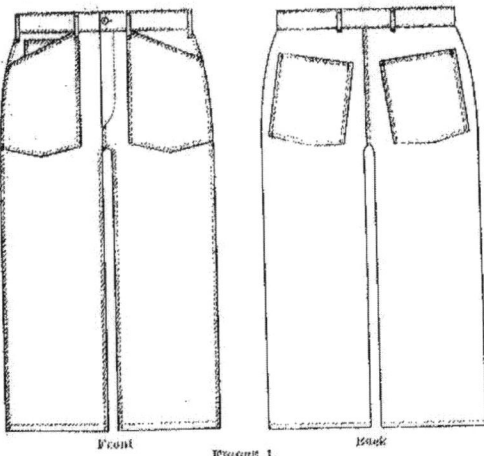

Front   Back

Figure 1.

NOTE.—Copies of this amendment may be obtained at the following points:
   New York General Depot, First Avenue and Fifty-eighth Street, Brooklyn, N. Y.
   Chicago Quartermaster Depot, 1819 West Pershing Road, Chicago, Ill.
   San Francisco General Depot, Fort Mason, San Francisco, Calif.
   San Antonio General Depot, San Antonio, Tex.
   Philadelphia Quartermaster Depot, Twenty-first and Johnston Streets, Philadelphia, Pa.

146571—39   U. S. GOVERNMENT PRINTING OFFICE: 1939

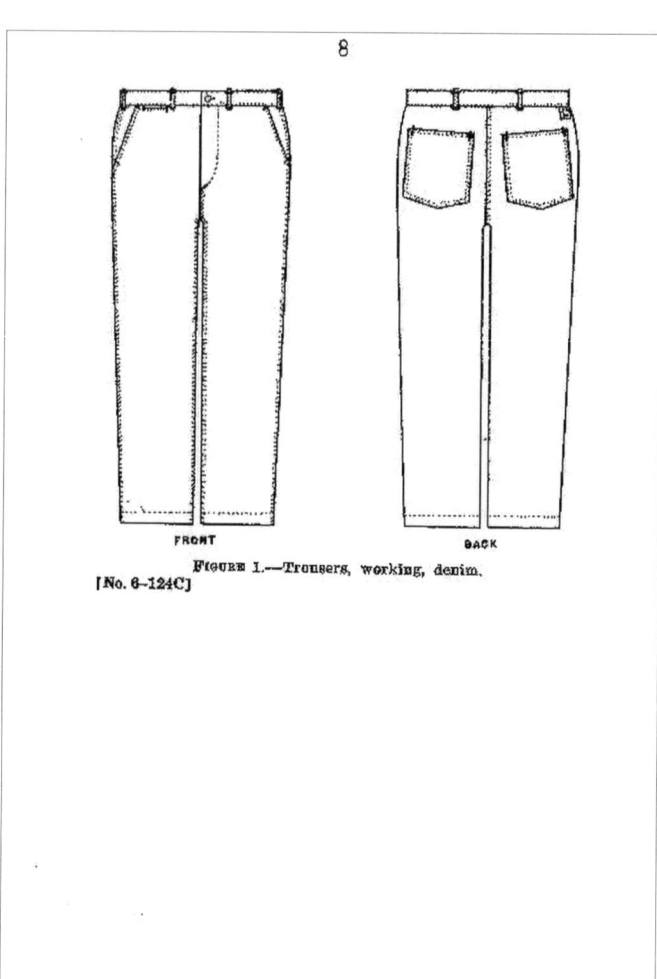

FRONT   BACK

FIGURE 1.—Trousers, working, denim.
[No. 6-124C]

U. S. GOVERNMENT PRINTING OFFICE: 1940

존재 의미를 잃었을 것이다. 군의 사양서를 살펴보면 법적규제가 시작된 1942년은커녕 1930년대 말에 이미 무용지물이 되어 있던 모양이다.

백스트랩은 개인적으로 정말 좋아하는 부분인데 실제로 백스트랩이 달린 데님팬츠를 입을 때는 상당히 긴장하게 된다. 스트랩을 보강하기 위해 단 리벳이나 부자재 버클이 소파나 바닥 등에 상처를 입힐 가능성이 있기 때문이다. 다른 사람의 집을 방문할 때 입는 것은 결례다. 실내복으로서는 치명적인 결함이라고 할 수 있는 백스트랩을 전쟁 후 되돌리지 않은 리바이스의 판단은 옳다.

간소화라는 장대한 실험기간

강제적으로 간소화모델을 제작하기 전까지 501은 제이컵 데이비스 이후의 사양과 디자인을 고수했다. 하지만 사회환경의 변화 속에서 '백스트랩도 플라이 리벳도 없어도 되지 않을까?' 하고 경영진 누구나 느끼고 있었다. 소중하게 지켜온 만큼 망설임도 있었을 테고 '튼튼한 작업복 바지인 501'을 지지하는 고객층의 반응도 걱정이 되어 단호하게 결단을 내리지 못한 채 시간만 흘려보냈을지도 모른다.

그런 상황에서 정부가 법령을 내놓아 이것도 저것도 다 포기할 수밖에 없었다. 리바이스 입장에서는 의도하지 않았지만, 실험기간을 확보한 것과 다름없었다. 가령 '백스트랩을 떼어내도 괜찮을까?'라는 염려를 4년에 걸쳐 불식할 기회를 얻은 실험 말이다. 따라서 전쟁이 끝난 후 무엇을 되돌릴지 고민했을 때 냉정하게 취하고 버리는 선택을 할 수 있었다. 그 결과 501은 '튼튼하면서 실내에서도 입을 수 있는 도시형 팬츠'라는 만능팬츠로 탈바꿈한다. 전쟁 때문에 간소화모델을 강제로 만들면서 작업복과 아웃도어웨어라는 틀을 깨고 나와 착용자의 폭을 넓혀갈 기반을 마련할 수 있었다.

미국 육군의 데님 작업복에 관하여

    미국 육군의 데님팬츠에 대해 설명을 덧붙인다.

    1919년 사양서(❻-❻⓪)를 읽으면 데님 소재는 미국 육군 사양 415-1-1111로 지정되어 있으며 무게는 10.3온스로 되어 있다. 방축가공 기술은 아직 없었기 때문에 지급 시에는 다음과 같은 문구가 쓰인 라벨이 달렸다.

> NOTICE: This garment is made oversize to allow for shrinkage during washing. When garment is washed it will shrink about to the size given above.

    세탁하면 줄어들기 때문에 넉넉하게 만들었고, 세탁 후에는 표시된 치수가 된다는 설명이다.

    그 후 1931년에 미국 내 연방 사양의 방축가공 데님 CCC-D-151이 등장해 미국 육군 사양서(❻-❻❺)에서도 1937년부터 도입되어 미국 내 데님의 표준화가 일제히 이루어진다.

    이 미국 육군의 데님 작업복은 사실 대부분 군용이 아니다. 1933년에 실업대책으로 탄생한 자원보존시민부대 CCC, Civilian Conservation Corps에서 작

업복으로 지급하는 용도가 컸다. 이 경우 라벨에는 CCC,
CIV, ECF 등 계약번호 코드가 들어갔다. 이 자원보존시민
부대에서는 18~25세 남성으로 한정해 실업 중인 젊은이를
식수나 도로건설에 종사시켰는데 가장 활성화되었을 때는 50
만 명 이상이 이 프로그램에 참여했다. 1930년대에 작업복
이라고 하면 아직 가슴판이 달린 빕 오버롤스가 주류였다. 그
런 시대에 웨이스트 오버롤스를 거부감 없이 받아들이는 세대
가 키워졌다.

CHAPTER 7

1947 ~ 1975

진의 완성

이 장부터 데님팬츠를 '진Jeans'이라는 일반명사로 부르려고 한다. 이 명칭이 일찍이 일반명사화되었다는 사실은 일련의 판매점 광고에서 알 수 있다(❼-❹). 리바이스가 '진'이라는 표현을 광고에서 처음 사용한 시기는 내가 아는 한 1948년 7월이다. 1966년까지 플래셔나 품질보증서에는 예전부터 쓰던 표현인 '오버롤스'라는 말을 그대로 썼다.

〔❼-❹〕전쟁 후의 신문광고 (1948.7.18). cowboy jeans라는 표현이 보인다.

앞 장에서는 정부에서 실시하던 규제가 풀려 현재의 진의 모습을 갖추어가는 과정을 살펴보았다. 이후 1950년에서 1953년까지 벌어진 한국전쟁 중에도 정부에서 가격규제를 실시했지만, 제품의 디자인은 영향받지 않았다.

1952년에는 데님원단 부족 등 문제도 있었지만, 다른 소재를 도입해 워크팬츠 외 슬랙스 등으로 비즈니스 기회를 거머쥐었다. 매출은 폭발적으로 상승해 리바이스는 1954년 설립 당시부터 해오던 도매업을 그만두고 제조업에 전념한다. 전쟁 뒤에 제작한 501 진에는 디자인적으로 큰 변화가 없었다. 굳이 꼽자면 지퍼와 방축가공된 데님을 도입했다는 정도일까. 둘 다 동부 시장을 노리고 실시한 변경이었다. 흥미로운 점은 지퍼도 방축가공 데님도 남성용 501에는 꽤 늦게 도입되었다는 거다. 지퍼는 전쟁이 끝난 후 타사 제품의 진에서 흔히 볼 수 있었고, 방축가공 데님은 리바이스에서도 전쟁 전부터 여성용이나 아동용에 사용했다. 그런데 남성용 501에서 지퍼를 부착한 스타일이 나온 것은 1950년대, 방축가공 데님은 1960년대가 되어서다. 시대에 발맞추어 501도 변화를 이루며 전 세계에 통용되어갔다.

컬렉터 아이템으로서

본래 이 장은 앞서 나온 '진의 완성'이라는 이야기로 끝난다. 하지만 컬렉터 입장에서는 이제부터가 본론이라고 말하고 싶다. 501 진은 뭐니 뭐니 해도 생산량이 많았다. 전쟁 후 폭발적으로 매출이 상승했다는 건 그만큼 진이 많이 생산되었다는 말이다. 필연적으로 컬렉션의 대상은 이 시기의 제품이 될 수밖에 없다.

501 진에 일어난 큰 변화라면 지퍼와 방축가공 데님이 도입되었다는 정도밖에 없었으니 사실 이 부분 외에 주목할 만한 점은 없다. 그렇지만 전쟁 후에 제작된 501을 낱낱이 뜯어보면 작은 변화가 많다. 이것이 컬렉터가 가장 신경 쓰는 '미세한 차이'다. 컬렉터 사이에서 자주 화제가 되는 501의 미세한 차이는 다음과 같다. 표현은 저마다 다르지만 의미는 통한다.

- 레드탭에 ®이 붙는다
- 단추 뒤가 평평하다
- 단추 뒤에 숫자나 알파벳 각인이 있다
- 리벳의 소재가 변경된다(구리 → 철)
- 뒤쪽 벨트고리 하나의 위치가 다르다
- 가죽 라벨이 유사 가죽으로 변경된다
- 품질보증서가 오일클로스에서 종이로 변경된다
- 라벨에서 보증 문구가 사라진다

- 리벳이 알루미늄으로 변경된다
- 앞에 나온 벨트고리가 원래 위치로 돌아온다
- 컨실드 리벳이 사라진다
- 품번에서 XX가 사라진다
- 라벨에 A, S, F라는 글자가 들어간다
- 레드탭의 LEVI'S가 LeVI'S로 바뀐다
- 세탁 주의사항이 표시된다
- 데님의 물 빠짐이 심해진다

더 있다. 단추 디테일이나 스티치의 색, 소재, 종류, 길이, 원단 끝 처리도 컬렉터에 따라서는 세세하게 분류한다. 단 이들 세부의 변천에 관한 정설을 믿는 컬렉터에게는 아쉬운 이야기지만, 이러한 미세한 변화가 일어난 이유도 시기에 관해서도, 대부분 자세한 내용은 확인할 수 없다.

애초에 리바이스에서 공식적으로 발표한 일 자체가 없다. 만드는 입장에서는 기록으로 남길 필요도 없다고 느낄 정도로 사소한 변화였으니 알릴 의무조차 감지하지 못했을지 모른다. 하지만 이 같은 침묵이 컬렉터들의 상상과 가설에 박차를 가한다.

여기에서부터는 조사와 관찰을 거듭해 축적한 정보와 고찰, 가설 등을 무작위로 소개하겠다. 오랫동안 수수께끼로 남아 있는 이야기에 마침표를 찍거나 리바이스의 견해를 전하지는 않지만, 적어도 정설을 곧이곧대로 받아들이지는 않은 내용이다.

레드탭에 ®이 붙는다

〔❼-❷〕는 "레드탭을 옷 바깥쪽에서 확실하게 보이는 위치에 달 것"이라는 문구로, 포켓의 바늘땀에 달아야 한다고 확실하게 기재되어 있다. 등록된 날짜가 1953년 7월 21일이므로 501의 레드탭에 ®이 들어간 것은 이 등록일 이후이지 않을까? 이 시점에서 리바이스의 공장은 여덟아홉 곳이나 있었으므로 모든 공장에서 일제히 변경되었다기보다는 재고 상황에 맞추어 공장별로 서서히 변경을 진행했다고 본다.

이 ®이 달린 레드탭은 뒤에도 LEVI'S라는 글자가 들어가 있으므로 봉제공이 앞뒤를 신경 쓰지 않고 달 수 있었다. 작업효율의 향상을 꾀한 설정이라면 엄청난 효과를 보았을 것이다.

공장 증설

전쟁 뒤 리바이스의 기세가 얼마나 높았는지는 공장의 숫자로 알 수 있다. 신문 등으로 찾은 조사범위 안에서 간단하게 소개하겠지만, 실은 하청 제조회사의 공장을 매수하거나 가설 공장으로 시작한 경우도 있었기 때문에 가동기간을 정확하게 파악하기는 쉽지 않다.

〔❼-❹〕의 상단은 4대 사장 월터 하스 시니어 시절에 운영된 열 곳의 공장을 나열한 표다. 생산 개시 연도 순서로 되

PRINCIPAL REGISTER
Trade-Mark

UNITED STATES PATENT OFFICE

Levi Strauss & Company, San Francisco, Calif.

Act of 1946

Application April 30, 1949, Serial No. 578,119

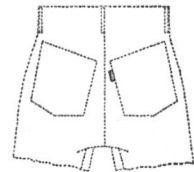

STATEMENT

Levi Strauss & Company, a corporation duly organized under the laws of the State of California, located at San Francisco, California, and doing business at 98 Battery Street, San Francisco, California, has adopted and is using the trade-mark shown in the accompanying drawing, for OVERALLS, in Class 39, Clothing, and presents herewith five facsimiles showing the trade-mark as actually used in connection with such goods, the trade-mark being applied to the goods in the manner hereinafter set forth, and requests that the same be registered in the United States Patent Office on the Principal Register in accordance with the act of July 5, 1946.

The trade-mark was first used on September 1, 1936, and first used in commerce among the several States which may lawfully be regulated by Congress on September 1, 1936.

The trade-mark consists of a small marker or tab, of textile material or the like, colored red, appearing on and affixed permanently to the exterior of the garment in a position that the red tab is visible, while the garment is being worn.

In practice, the trade-mark is applied to the goods by stitching an end of a red marker or tab into one of the regular structural seams of the hip pockets of the garment so that the stitching of said seam secures one end of the red tab to the garment with a portion thereof extending visibly from the edge of the seam.

The drawing is lined for the color red.

Applicant is the owner of Trade-Mark Registration No. 356,701 issued May 10, 1938, and No. 404,248 issued November 16, 1943.

LEVI STRAUSS & COMPANY,
By D. A. BERONIO,
Secretary.

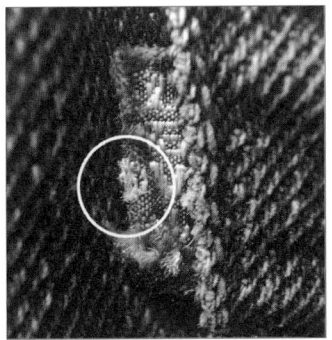

（❼-❷）레드탭의
부착 위치 등록 상표
（1953）
（❼-❸）레드탭에
달린 ®

어 있다. 캘리포니아와 텍사스 외의 공장을 보면 미주리, 테네시, 버지니아 등 동쪽으로 착실하게 진출했음을 알 수 있다. 영역이 남부에 치우친 것은 인건비가 북부보다 낮았기 때문으로 보인다. 이 가운데 샌터크루즈 공장과 벌레이오 공장은 캘리포니아에 있었는데 1950년대에 자취를 감추었기 때문에 1957년에 캘리포니아 공장은 샌프란시스코에 있던 발렌시아 공장만 남는다.

1958년 이후 6대 사장 월터 하스 주니어 시절에 늘어난 공장이 (❼-❹)의 하단이다. 5대 사장인 시니엘 코시랜드 시절 공장 증설은 없었던 듯하다.

이 목록 안에서 *가 붙은 곳은 매수한 제조회사의 공장이다. 1964년 이후 진 외 제품 전용 공장을 운영하기도 했으니 공장이 대략 스물한 곳으로 늘어난 셈이다. 이러한 공장들이 매출 그래프에서 확인할 수 있는 급격한 상승을 뒷받침했다.

생각해보면 이들 거점에 데님이나 부자재 등을 지속해서 공급한 소재 제조회사도 정신없이 바빴을 것이다. 게다가 이 정도로 급격한 성장이 이루어지면 품질 문제 등도 불거지기 마련이었다.

생산 개시 연도	리바이스 공장 장소	주
1906	샌프란시스코(발렌시아거리)	캘리포니아
1944?	새너제이	캘리포니아
1944	샌터크루즈	캘리포니아
1946	벌레이오	캘리포니아
1946?	위치러폴스	텍사스
1946	세달리아	미주리
1947	엘패소	텍사스
1949	데니슨	텍사스
1953	녹스빌	테네시
1954	워소	버지니아
1959?	블루리지	조지아
1961?	볼드윈	미시시피
1961?	블랙스톤	버지니아
1962?	메리빌	테네시
1963	머피	노스캐롤라이나
1964	애머릴로	텍사스
1966	애빌린	텍사스
1966?	샌앤젤로	텍사스
1966	로즈웰	뉴멕시코
1966	제퍼슨시티*	미주리
1966	페이엣빌*	아칸소
1966	해리슨*	아칸소
1966	모릴턴*	아칸소
1966	아커델피아*	아칸소
1966	멤피스*	테네시
1966	밸도스타*	조지아
1967	앨버커키	뉴멕시코
1968	쿨리지	애리조나
1968?	센터빌	테네시
1969	타일러	텍사스
1969	러벅	텍사스

단추 뒷면의 의미

단추 뒷면이나 오래된 컨실드 리벳에는 숫자나 알파벳이 각인된 경우가 있다. 이것이 의미하는 바는 리바이스에서 발표한 정보가 없으므로 상상할 수밖에 없다.

단 1973년 신문에 리바이스의 특집기사가 게재되었는데 (❼-❺) 거기에 "단추 뒷면에 12라는 숫자가 있으면 그것은 러벅Lubbock에 있는 공장에서 제작된 리바이스다."라는 내용이 나온다(러벅은 텍사스의 시로, 1969년부터 1983년 무렵까지 리바이스의 공장이 있던 곳이다). 그렇다면 단추 뒷면의 각인은 공장기호로 보아도 문제가 없다.

실물을 관찰하면 이 각인의 표시는 초기에는 숫자였다가 나중에는 알파벳이 되었다가 다시 숫자로 돌아가는 큰 흐름을 보인다.

초기에만 볼 수 있는 숫자라면 상식적으로 생각해 공장이 가동된 순서대로 번호가 매겨졌을 가능성이 높으며, 알파벳 이라면 공장 이름의 앞 글자를 땄다고 생각해야 자연스럽다. 가령 D라면 데니슨Denison, E라면 엘패소El Paso, K라면 녹스빌Knoxville, S라면 세달리아Sedalia 식 으로……

The next time you are about to put on your pair of Levi's, one leg at a time, of course, look on the back of the snap or button. If the number 12 appears there, then that pair of Levis was made in Lubbock.

There is a good possibility that the pants were made at the Levi Strauss plant, 524 E. 40th St., because in 1972 the plant averaged a production of 22,000 pair of pants a week.

(❼-❺) 단추 뒷면에 대한 기사 (1973.1.26)

라벨과 품질보증서의 변경

　　1950년대에 접어들어 리바이스의 매출이 급격하게 상승하는 가운데 가죽 라벨은 가죽과 비슷한 무언가(통칭 종이 패치)로 그리고 품질보증서의 오일클로스는 종이로 소재가 변경된다. 하지만 이러한 대대적인 변경에 대해 리바이스는 공식적인 발표를 한 적이 없다. 레터 티켓, 오일클로스 티켓이라고 불린 가죽 라벨과 품질보증서는 19세기부터 이어진 이른바 '501XX의 팝 광고'다. 1961년 9월 28일 광고(❼-❻)에서도 라벨은 가죽 소재, 품질보증서는 오일클로스 소재라고 강조하며, 같은 광고가 1966년까지 이어진다. 즉 리바이스 입장에서 소재는 달라진 게 없다. 그렇다면 이런 소재가 변경된 시기는 언제였을까? 당시 신문광고에서 실마리를 찾아보았다.

（❼-❻）가죽
라벨이라고 적힌 광고
（1961.9.28）

1957년 10월 25일, 대 확장 공사를 끝낸 녹스빌의 공장이 드디어 문을 연다. 그 오픈 당일 신문에는 리바이스에 재료를 납품하던 각 제조회사, 거래처 등에서 보낸 축전 광고가 넘쳐났다. 그 가운데 니케브로스NITKE BROS의 "25년 이상 꾸준히 리바이스에 양가죽 소재의 가죽라벨을 공급해왔다.", 스탠더드코티드STANDARD COATED PRODUCTS의 "75년 이상 줄곧 리바이스에 품질보증서를 공급해왔다."라는 내용이 있다. 언급한 숫자의 신빙성은 논외로 하더라도, 적어도 이 시점에서는 아직 가죽라벨과 오일클로스 사양이었음을 알 수 있다. 동부의 활동거점인 이 녹스빌 공장이 생긴 직후부터 각지에서 공장 건설이 유행처럼 번져간다. 미국 전체로까지 세력 확장이 가능해졌고 대량생산이 진행되는 상황이었으니 소재를 재검토했어도 이상하지 않다. 이를 뒷받침하듯이 가죽 라벨을 만들던 니케브로스는 이후 1년 사이에 자취를 감춘다. 어쩌면 바로 이 시기에 라벨과 품질보증서의 소재가 변경됐을지도.

뒤쪽 벨트고리의 위치

전후 리바이스의 진을 보면 어떤 특정한 시기에만 뒤쪽 벨트고리 하나가 중심에서 벗어난 곳에 달려 있다(❼-❼). 여성용이든 아동용이든 데님팬츠에서만 이러한 처리를 볼 수 있으며, 같은 시기에 제작된 제품이라고 해도 데님 외의 제품에서는 볼 수 없다.

이 이유에 대해서는 다양한 설이 있지만, 여기에서는 1959년 한 신문에 게재된 기사를 살펴보겠다(❼-❽). 번역하면 "작년에 실 절약을 위해 고리를 1/4인치 옮겨 달았다."라는 리바이스의 이야기가 나온다.

데님이 몇 겹이나 겹친 위치에 고리를 다는 것보다 얇은 곳에 다는 편이 바택에 사용하는 실을 절약할 수 있다는 말인 듯하다. 1959년 진 생산량은 800만 벌 이상으로 추정된다. 이는 전쟁 전에 생산한 합계보다도 많다. 그러니 중심에

That problem ended with the war, but the company remains e x t r e m e l y careful. There was a wealth of consideration and a board meeting before a rear belt loop was moved a quarter of an inch last year.

SUCH CALCULATED conservatism has paid off handsomely. The company, which contends its design is the oldest in the nation for an article of clothing, expects to sell 8¼ million more Levi's in 1959 than it did in any year before World War II.

(❼-❼) 왼쪽으로 옮겨진 벨트고리
(❼-❽) 고리 위치가 다른 점을 다룬 기사 (1959.9.20). 서두의 'That problem(그 문제)'이란 전쟁 중 실을 절약하기 위해 백포켓의 스티치를 없앴더니 인디언과 분쟁이 일어났다는 얘기를 들었다는 내용이다.

있는 벨트고리의 위치만 달리 해도 실이 상당히 많이 절약되겠다고 셈한 듯하다.

그런데 실 사용량을 줄일 수 있는 부분은 얼마든지 있었을 렌데 왜 벨트고리 하나만 손댔는지 의문이 든다. 만약 이 기사를 곧이곧대로 믿는다면 고리의 위치를 바꾸기 시작한 시점은 1958년이라는 말이 된다. 훨씬 더 전에 위치가 달라졌을 거라고 보는데 현재까지 벨트고리와 관련해 기재된 정보는 이것뿐이다.

Every Garment Guaranteed의 삭제

501 등에 부착된 두 마리 말 로고 라벨을 보면 Every Garment Guaranteed라는 문구가 사라졌다. 이 문구는 신문광고를 바탕으로 생각하면 1892년부터 사용해온 리바이스의 기본 카피였다. 따라서 어떤 커다란 계기로 이것을 폐지했는지 파헤쳐보고 싶다.

폐지 시점을 고찰하기 전에 먼저 이 문구의 의미를 가늠해보자. "모든 의류품을 보증한다."라는 내용인데 실제로 무엇을 보증하는지는 명시되어 있지 않다. 그렇지만 리바이스의 광고(❼-❾)에서 '반드시'라고 해도 좋을 정도로 함께 기재되던 또 다른 문구를 보면 명확해진다. "찢어지면 새 제품으로 교환!"이라는 의미의 NEW PAIR FREE IF THEY RIP!이라는 문구로 파악하건대 찢어지지 않는다는 항목에

(❼-❾) 찢어짐에 대한 보상을 언급한 마지막 광고(1962.5.24). LEVI'S의 로고 위에 작게 A NEW PAIR FREE IF THEY RIP! 이라고 쓰여 있다.

서 모든 팬츠를 보증한다. 이는 당시의 광고전략으로 보았을 때 그다지 특별하지 않다. 다른 제조사들도 비슷한 문구는 많이 썼다.

다음으로 Every…를 표시하지 않게 된 시기를 신문광고의 변모에서 파헤쳐보겠다. 리바이스의 거의 모든 광고에 들어갔던 NEW PAIR FREE IF THEY RIP!이라는 문구는 방축가공 데님팬츠 광고가 처음 등장한 1962년 5월을 마지막으로 모습을 감춘다. 이후에는 팬츠가 찢어진다는 내용을 언급하는 광고를 찾아볼 수 없다.

카탈로그는 어떠했을까? 후에 화이트 리바이스white LeVI'S라고 불리게 될 진이 실린 1961년 봄 카탈로그를 소개한다(❼-❿). 가장 위의 '리바이스 캘리포니언스 LEVI'S CALIFORNIANS'라는 시리즈에는 두 마리 말 로고가 표시된 라벨이 달려 있고 Every…라는 문구도 기재되어 있다. 즉 캐주얼웨어에 두 마리 말 로고가 사용되고 있었다는 말이다.

또한 1960년대 리바이스의 웨스턴웨어 외의 카탈로그를 나열해보면 '리바이스 캐주얼스'라고 대대적으로 강조하던 표지가 1962년 가을부터 '리바이스 스포츠웨어'로 바뀌었다. 여기에서 말하는 스포츠웨어는 요즘 이야기하는 캐주얼웨어와 가깝다.

1962년을 기점으로 튼튼한 데님 제품이 아닌 스포츠웨어라는 새로운 분야로 진출을 꾀하면서 거기에도 두 마리 말 로고 라벨을 꾸준히 사용하기 위해 Every…라는 글자를 삭제한 것은 아닐까? 물론 동부로 진출할 때 우려되는 점을 조

LEVI'S CALIFORNIANS

Rugged, heavy weight dress-up jeans with the famous LEVI'S look. Trim masculine fit . . . Sanforized to stay that way! Copper rivets, arcuate back pocket design and familiar red tab.

HEAVY WEIGHT PINCORD — Sanforized — 100% cotton
A sturdy new cord which combines smart appearance with long wear and easy care.

JEANS			Approx.	Cost	Retail
911B	Sand	30 to 42 waist	16 lbs./doz.	$3.25	$4.95
921B	Sand	27, 28, 29 waist	14 lbs./doz.	3.04	4.95
931B	Sand	Age 4 to 12 - (Odd and Even)	12 lbs./doz.	2.41	3.95
911K	Cactus	30 to 42 waist	16 lbs./doz.	3.25	4.95
921K	Cactus	27, 28, 29 waist	14 lbs./doz.	3.04	4.95
931K	Cactus	Age 4 to 12 (Odd and Even)	12 lbs./doz.	2.41	3.95
JACKET					
941B	Sand only	32 to 46	18 lbs./doz.	3.79	5.95

HEAVY WEIGHT SATEEN — Sanforized — 100% cotton
Traditional polished cotton, long wearing, lustrous surface, easy to care for.

JEANS					
910B	Sand	30 to 42 waist	16 lbs./doz.	$3.25	$4.95
920B	Sand	27, 28, 29 waist	14 lbs./doz.	3.04	4.95
930B	Sand	Age 4 to 12 (Odd and Even)	12 lbs./doz.	2.41	3.95
JACKET					
940B	Sand	32 to 46	18 lbs./doz.	3.79	5.95

LEVI'S SLIM FIT JEANS

Cut to fit like century famous LEVI'S Jeans, these dress-up jeans are slim, masculine looking and long wearing.

HEAVY WEIGHT WOVEN TWILL — Sanforized — 100% cotton
Tough woven twill for long wear. Sanforized for permanent fit.

JEANS			Approx.	Cost	Retail
800	Sand	26 to 38 waist	15 lbs./doz.	$2.63	$3.98
805	Black	26 to 38 waist	15 lbs./doz.	2.63	3.98
806	Blue	26 to 38 waist	15 lbs./doz.	2.63	3.98
JACKET					
840	Sand only	32 to 46	18 lbs./doz.	3.79	5.95

（❼-❿❿）1961년 봄 카탈로그의 가격목록 일부로, 나중에 화이트 리바이스가 되는 초기 상품의 예다.

금이라도 줄이겠다는 목적도 있었을 터다. 규모를 확대하기 전 관리가 번잡스러운 부분은 그 싹을 미리 잘라야겠다고 말이다. 1963년 봄 카탈로그의 '리바이스 스포츠웨어'에는 데님 501도 게재되었다.

리벳이 알루미늄으로

1999년에 발행된 한 기술 전문지에 따르면 알루미늄 리벳은 유니버설파스너Universal Fastener Company(구 유니버설버튼)에서 개발했다. 이 회사의 자료를 조사하니 리바이스는 1962년 4월 전용 기계 두 대를 구입해 같은 해 7월 테네시 녹스빌 공장에서 첫 시범 운행을 실시했다. 같은 해 10월까지 추가로 열다섯 대를 구입했다고 나와 있으니 그때부터 미국 전 지역에 있는 공장에서 사용했을 것이다.

이 시기에 녹스빌에는 진을 제조하는 공장이 두 군데 있었다. 또한 1962년에 바로 옆 도시인 메리빌Maryville에도 공장을 세웠으니 시기적으로 보아도 이 메리빌이 첫 알루미늄 리벳을 도입한 공장이지 않을까 싶다. 참고로 구리 리벳은 '19세기 이후' 풀룸앤드앳우드THE PLUME & ATWOOD에서 제조했다.

컨실드 리벳의 변경과 폐지

조사에 따르면 컨실드 리벳은 전후 어딘가의 시점에서 부품이 하나 줄어든다. 발이 두 개 있는 투프롱식 리벳이었기 때문에 같은 방식으로 특허를 받아 전통적으로 만들어온 유니버설 제품이라고 여겨진다(❹-❸)(171쪽). 이 회사의 자료를 더 조사하니 리바이스의 컨실드 리벳이 폐지된 시기는 1965년 8월이었다.

또한 컨실드 리벳의 폐지에 맞추어 THE RIVET'S STILL THERE(리벳은 여전히 있다)라고 꾸준히 강조해온 플래셔의 문구도 변경된다. (❼-❹❹)는 그 직후에 등장한 새로운 플래셔다. 리벳이라는 표현은 자취를 감추고 BAR TACKED AT POINTS OF STRAIN(힘이 가해지는 곳은 바택 처리되어 있다)라고 적혀 있다.

이러한 변경과 보조를 맞추듯이 새로운 플래셔와 품질보증서에는 저마다 새로운 문구가 등장해 저작권에 등록된다(❼-❹❹). 플래셔(❼-❹❹)에 새롭게 등장한 문구 Levi's America's original jeans가 1966년에 저작권으로 등록되었고, 등록 후 플래셔 가장 아래쪽에 ©1966이 표시된다. 등록일은 1966년 7월 12일이다.

(❼-❹❹)를 읽으면 플래셔를 '새먼 티켓 라벨salmon ticket label이라고 칭한다. 연어의 주황색에서 따온 듯하지만, 품질보증서와 구분하기 위해서라도 이렇게 불렀을 것이다.

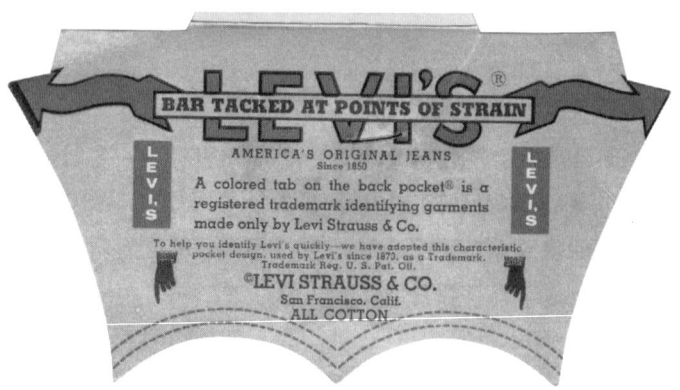

```
Levi's, America's original jeans.
  (Levi's salmon ticket label)
  Folder.  © 12Jul66; KK195709.

This is a pair of Levi's, the
  original blue jeans.  (Levi's
  guarantee ticket)  Card.
  © 12Jul66; KK195438.
```

（❼-❹❶）1966년 변경된 새로운 플래셔. LEVI'S AMERICA'S ORIGINAL
JEANS가 새롭게 등재

（❼-❹❷）1966년에 변경된 품질보증서. This is a pair of Levi's, THE
ORIGINAL BLUE JEANS가 새롭게 등재

（❼-❹❸）간소화된 컨실드 리벳

（❼-❹❹）새롭게 등록된 두 가지 저작권 정보(1966)

한편 품질보증서에는 This is a pair of Levi's, the original blue jeans라는 새로운 문구가 등장한다(❼-⓬). 이는 1966년에 저작권이 등록되어 왼쪽 하단에 들어가기 시작했다. 이 문구를 사용하기 시작한 날짜는 플래셔와 마찬가지로 1966년 7월 12일 테고, 1966년에 리바이스는 처음으로 '진'이라는 말을 받아들여 공언한 셈이 된다.

참고로 이 플래셔류는 컨실드 리벳이 없고 라벨에 501XX라고 기재된 진에 부착한 것이다. 그런데 (❼-⓫) (❼-⓬) 등 어느 쪽에도 아직 1966이라는 숫자는 보이지 않으므로 저작권이 등록되기 전에 나온 희소한 제품이다.

제품코드의 도입

1960년대에는 리바이스 제품의 수가 폭발적으로 증가한다. 따라서 그전처럼 원단 종류나 색과 같은 간단한 로트 번호나 XX로만 품번을 표시할 수 없는 상황이 된다. 공장 수만 해도 1966년 한 해에 갑자기 열 곳 이상 늘어난다.

이 무렵까지는 XX라는 말이 칭하는 원단의 종류는 그 폭이 매우 넓었다. 그럼에도 그 하나하나에 대응하는 원단번호는 표시하지 않았다. 모체가 거대해지면 방축가공을 했든 데님원단이 아니든 모두 통틀어 XX라고 부를 수 없게 된다. 이에 따라 1966년 로트 번호 시스템을 폐지하고 '제품코드'를 도입한다. 이 시점에서 라벨의 로트 번호 위에 들어갔던

XX라는 글자가 사라진다.

그러한 내용을 알린 공지가 1966년 가을 카탈로그에 게재되었다(❼-❹❺)(❼-❹❻). 새로운 코드를 모든 제품에 적용하고 스타일, 원단, 색깔별로 분류해 표시한다는 점, 1967년 도입 전까지는 카탈로그에 표시된 이전 품번(굵은 글자)으로 주문하라는 내용이 적혀 있다. 일찍이 컴퓨터를 도입했던 듯, 제품 주문부터 출하까지 신속하게 관리하기 위해서도 코드화가 필수 불가결했다. 이 시기의 제품 라벨에 제품코드가 어떻게 표시되었는지까지는 쓰여 있지 않지만 이행기의 라벨에는 양쪽 번호를 다 기재했다.

1967년 봄 카탈로그에서는 공지 내용이 살짝 바뀐다. 새로운 코드의 도입 날짜를 앞당겨 1966년 12월 1일부터 사용하게 되었으니, 이날 이후 생산한 물량의 제품 라벨에는 새로운 코드가 표기되었을 것이다. 이 1967년 봄 카탈로그(❼-❹❼), (❼-❹❽)은 전해인 1966년 가을 무렵에 배포되었다고 짐작된다.

Why all the numbers on Catalog Listings?

Because we're changing over from our present lot numbers system to a new Product Code — to provide faster, more efficient service from our distribution centers.

The new LEVI'S Product Code has separate digits for style, fabric and color, which are consistent throughout all LEVI'S lines. Grouped together, they can be read by our computers in filling your orders quickly and accurately.

Product Code numbers appear in this catalog in light type, immediately before the familiar Lot Numbers, and are already on many of the items now being shipped.

However, complete conversion to the Product Code will take place in 1967. Meantime, we are showing code numbers here only to familiarize you with them. Continue to order garments by the present Lot Numbers (in heavy type) until further notice.

(❼-❹❺) 1966년 가을호 카탈로그에서 발췌. 로트 번호 시스템을 재검토하고 1967년부터 제품 코드를 새롭게 도입한다.

PRE-SHRUNK LEVI'S®

Same authentic styling and comfort as REGULAR LEVI'S, but made from denim that's already "shrunk to size." And, don't miss our new faded blue color in LEVI'S Pre-Shrunk family.

PRE-SHRUNK XX DENIM
Heaviest weight 100% Cotton
Dark Blue (17) with white back

Product Code			Cost	Retail	Markup
505-0217	551Z	Men's-Zipper 27-50 waists	$3.10	$4.49	35%
305-0217	553Z	Boys'-Zipper Regulars 0-12	2.55	3.69	34%
70505-0217	557	Men's Jackets 32-50 (even)	4.10	5.99	35%
71205-0217	558	Men's Jackets Long 34-46 (even)	4.10	5.99	37%
70805-0217	557E	Youths' Jackets 4-16 (even)	3.30	4.99	37%
70505-0317	559	Men's Lined Jackets 34-50 (even)	5.85	8.99	39%

NOW! FADED BLUE LEVI'S™

PRE-SHRUNK XX DENIM
Heaviest weight—100% Cotton
L(12)-Faded Blue

Product Code			Cost	Retail	Markup
^05-0212	50C	Young Men's-Zipper 26-38 waists	3.10	4.98	41%
^05-0212	530	Boys' Regular-Zipper 4-12 (odd & even)	2.55	3.98	39%
405-0212	540	Boys' Slim-Zipper 4-12 (odd & even)	2.55	3.98	39%

APPROXIMATE SHIPPING WEIGHTS
Men's LEVI'S	20 lbs/doz.
Boys' LEVI'S	13 lbs/doz.
Men's Jackets	22 lbs/doz.
Youths' Jackets	16 lbs/doz.
Men's Lined Jackets	35 lbs/doz.

REGULAR "SHRINK TO FIT" LEVI'S®

America's original BLUE LEVI'S—styled rugged for comfort and wear. The world's best selling pants.

XX DENIM
Heaviest weight 100% Cotton
Dark Blue (17) with white back

Product Code		Cost	Retail	Markup
	501	Men's-Button 27-50 waists	$2.92	$4.29	35%
	501E	Men's-Button 38 length in 30-38 waists	3.20	4.69	35%
	501Z	Men's-Zipper 27-50 waists	3.00	4.39	35%
	501ZE	Men's-Zipper 38 length in 30-38 waists	3.28	4.79	35%
	503Z	Boys'-Zipper Regulars 0-12	2.45	3.59	35%

501-
501-0117.1
502-0117
502-0117.1
302-0117

(❼-❶❻) 상동 카탈로그의 가격목록 일부. 구식 로트 번호는 굵은 글자로, 새로운 코드는 작게 표기되어 있다. 501만 원단 코드, 색 코드 모두 미기재로 주문할 수 있어 흥미롭다. 세탁하면 줄어드는 기존의 데님을 Shrink to Fit(줄어들어 딱 맞게 된다)이라고 부르는데 이는 1965년 가을호 카탈로그에서부터 보이는 표현이다. 왼쪽 아래의 연한 파란색으로 된 500이라는 팬츠는 1966년 봄 카탈로그에 처음 등장했다.

새로운 코드의 도입은 성장 확대를 목표로 하는 제조회사라면 반드시 거쳐야 하는 통과의례다. 당연히 상품 그 자체는 달라지지 않는다. 하지만 이것이 현대의 컬렉터들에게는 커다란 오해를 불러일으킨다.

라벨에서 XX라는 글자가 사라지고 다른 품번이 표시되면서 'XX는 이때 끝났다.'라고 해석되는 것이다. 실제 카탈로그에서는 이후에도 'XX 데님'이라는 표현을 계속 사용했는데 말이다. 그 결과 XX라는 글자가 들어가기 전의 진에 희소가치가 있다고 여기고 인기가 치솟았다.

Note New Lot Numbers Effective Dec. 1

The new LEVI'S Product Code, announced in last season's catalog, becomes effective for orders scheduled for delivery after November 30, 1966, and is already appearing on all LEVI'S garments being shipped. Continue to use old lot numbers for orders scheduled for delivery prior to December 1, 1966.

The Product Code is designed to provide faster, more efficient service from our distribution centers. There are separate digits for style, fabric and color, the position of which remains consistent throughout all LEVI'S lines. Grouped together they can be read by our computers for quick and accurate recording and processing of your orders.

Product Code numbers appear in this catalog in bold type, immediately to the left of the product descriptions. For your reference, old lot numbers are shown at the far left in light type.

（❼-❶❼）1967년 봄 카탈로그에서 발췌. "1966년 11월 30일 이후 출하분부터 새로운 코드를 사용하므로 12월 1일 이전에 출하하는 경우는 예전 로트번호로 주문할 것"이라고 쓰여 있다.

Regular "Shrunk-to-fit" Levi's®

America's original Blue Levi's—styled rugged for comfort and wear. The world's best selling pants.

Old Lot	New Lot	XX DENIM	Cost	Retail	Markup†
		Heaviest weight 100% Cotton			
		Dark Blue(17) with white back			
501	501-	Men's-Button 27-50 waists	$3.05	$4.49	35%
501E	501-0117-1	Men's-Button 38 length in 30-38 waists	3.40	4.99	35%
501Z	502-0117	Men's-Zipper 27-50 waists	3.20	4.69	35%
501ZE	502-0117-1	Men's-Zipper 38 length in 30-38 waists	3.55	5.19	35%
503Z	302-0117	Boys'-Zipper Regulars 0-12	2.50	3.69	36%

Pre-shrunk Levi's®

Same authentic styling and comfort as Regular LEVI'S, but made from denim that's already "shrunk to size."

PRE-SHRUNK XX DENIM
Heaviest weight 100% Cotton
Dark Blue(17) with white back

551Z	505-0217	Men's-Zipper 27-46 waists	3.35	4.98	36%
553Z	305-0217	Boys'-Zipper Regulars 0-12	2.75	3.99	35%

Faded Blue Levi's®

PRE-SHRUNK XX DENIM
Heaviest weight 100% Cotton
Faded Blue(12)

500	505-0212	Men's-Zipper 26 to 42 waists	3.35	5.29	40%
530	305-0212	Boys' Regular-Zipper 4-12 (odd & even)	2.75	4.29	39%
540	405-0212	Boys' Slim-Zipper 4-12 (odd & even)	2.75	4.29	39%

(**7-18**) 위의 카탈로그에 실린 가격목록 일부. 카탈로그에 적힌 품번의 굵은 글자가 신구로 교체되어 있다. 신상품이었던 500이 데님 색 코드 도입으로 505-0212라는 품번이 되었다.

라벨에 들어간 A, S, F의 정체

새로운 품번코드가 도입된 후의 진에는 라벨에 A, S, F 와 같은 알파벳이 찍혀 있을 때가 있었다(이하 '암호'라고 부른다). 이것의 의미는 몇십 년이 지난 지금도 풀리지 않았다. 계절, 품질, 출하처 등 다양한 설이 있지만, 아쉽게도 모두 결정적인 무언가가 부족하다. 가령 계절이라면 계절별로 분류할 필요성을 찾아볼 수 없다. 품질이라면 그것을 라벨에 표시했을 때의 이점을 찾을 수 없다. 또한 출하처라면 컴퓨터를 도입한 상태에서 이처럼 품이 드는 방법으로 관리할 필요가 없다. 보이지 않는 포켓주머니가 아니라 바로 눈에 들어오는 라벨에 암호를 표기한 의미를 발견하지 않으면 성립하지 않는 가설이다.

여기에서 먼저 이 암호에 관한 사실관계를 정리해보자. 이 글자는 라벨에서 모양이 틀어지게 표기된 적은 없으므로 나중에 찍은 것은 아니다. 진을 봉제하기 전에 이미 라벨에 찍어 있었다고 보아야 타당하다.

다음으로 이 암호와 단추 뒤의 각인을 관찰한 결과를 표로 정리했다(❼-❶❾). 여기에서는 단추번호가 공장을 나타내는 번호라고 가정해 '공장번호'라고 부르겠다. 표에 담긴 정보는 501, 502, 505 진만을 대상으로 했으며 다른 원단은 제외했다.

실물을 일정한 수 이상 확인할 수 있었던 것에는 X를, 한두 벌밖에 확인할 수 없었던 것에는 (X)를 넣었다.

이렇게 표로 정리하자 암호가 여덟 곳의 공장제품에 찍혀 있다는 점을 알 수 있다. 단 이 가운데 각인 E와 J는 나중에 숫자 6과 2로 변경되므로 실질적으로는 여섯 곳이다. 당시 실제 공장 수는 훨씬 많았기 때문에 이는 특정 공장 여섯 곳에서 생산되는 제품의 라벨에만 암호가 표기되었다고 생각해도 좋지 않을까?

암호는 서체, 크기, 위치 등 표기가 저마다 달랐는데 (❼-❷⓿) 공장번호로 거의 정리할 수 있었다. 표기된 암호의 종류도 제품별로 경향이 있다. 501이라면 A 아니면 S가 대부분이었고, F는 거의 보이지 않았다. 502와 505는 세 개 모두 있었지만, F가 많다는 인상을 받았다. 또한 이 시기의 진에는 제조번호처럼 제조이력을 조사할 수 있는 태그가 없다. 그런데 에드 크레이에 따르면 이 시기에 생산된 제품은 품질에 안정성이 없어 불량품에 대한 클레임이 줄을 이었다고 한다.

이 문제를 어떻게 해결할 것인가? 제조라인을 잘 아는 분이라면 눈치챘을지도 모르겠다. 대량생산품에 품질 문제

item	code	단추 뒷면 각인							
		2	4	5	6	8	14	E	J
501	A		X		X	X			
	S	X	X		X	X		(X)	X
	F					(X)			
502	A		X			X			
	S					X			
	F		X		X	X			
505	A			X		X	X		
	S		X	X			X		X
	F			X		X			

(❼-❷❾) 501, 502, 505의 A, S, F 기호와 단추 뒷면 각인

가 발생한 경우 가장 먼저 하는 일은 불량품이 외부로 유통되지 않게 하는 일이다. 그다음 불량의 원인을 찾아 대책을 세운다. 하지만 개선했다고 해도 바로 불량이 사라졌는지는 알 수 없다. 따라서 대책의 효과가 나오기 전까지 일단 전량검사를 엄밀하게 진행한다. 이는 제품을 모두 확인해야 하므로 비용이 든다. 개선효과가 확인되면 그때부터는 임의선별 검사로 전환한다. 이후 검사는 점차 규모를 줄여 실시해가다가 통상적인 상태로 돌아간다. 이것이 공장에서 실시하는 불량품 대책의 기본적인 흐름이다.

리바이스에서도 신속하게 불량품이 유통되지 않도록 조치했을 것이다. 이때 검사 방법을 지정하는 지시서의 역할을

〔❼-❷⓪〕 암호가 라벨에 표기된 예. 암호가 표시된 위치나 서체는 공장번호별로 다르다.

한 것이 알파벳이 찍힌 라벨이지 않을까? 가령 A는 전량 검사(all), S는 임의 선별 검사(sampling), F는 검사 없음(free) 하는 식으로. 이렇게 재차 클레임이 들어와 반품된 진의 라벨을 체크해 개선상태나 검사법을 확인했는지 모른다. 만약 그렇다면 고품질이 장점이 501은 반드시 검사를 했을 터이므로 표에서 F(검사 없음)라는 글자 표기가 라벨에 없다면 이치에 맞다. 또한 502나 505는 검사를 다소 느슨하게 진행했다고 이해할 수 있다. 502, 505는 생산량 자체가 적어 애초에 클레임이 적었다고도 짐작할 수 있다.

어찌 되었든 이 알파벳의 의미는 시기와 상황으로 미루어볼 때 사내에서의 품질검사 지시서와 관련 있다고 생각된다. 나아가 이 방법은 공정이나 소재 등을 변경한 뒤 문제를 파악할 때도 쓰였을 듯싶다. 공장별인지, 제조라인, 근무교대, 작업 그룹별인지, 즉 어떤 단위로 개선을 진행했는지는 알 수 없지만 말이다. 그렇지만 의심되는 공정이나 부문을 중점적으로 검사하고 불량을 줄이기 위해 라벨에 처음부터 검사법을 적어두는 일은 관리경영 면에서 나쁘지 않은 방법이다.

세탁용 표시

1971년 정부기관인 연방거래위원회the Federal Trade Commission에서 소비자를 위한 의류 취급용 표시가 의무화되었다. 이에 맞추어 리바이스에서도 501을 비롯한 제품에 세탁 주의점이나 수축률을 표시하기 시작했다. 표시방법은 초기에는 간단하게 포켓주머니에 스탬프〔❼-㉑〕를 찍는 것이었는데 나중에는 부직포 태그〔❼-㉒〕에 인쇄했다.

이 부직포 태그에는 제조번호와 같은 숫자가 세 종류 표시되었다. 말로 일일이 설명하기는 어려우므로 먼저 사진을 살펴보자.〔❼-㉓〕이라면 가장 아래 숫자에서 '5월, 1979년, 공장 번호 8'이라는 정보를 확인할 수 있다. 〔❼-㉔〕는 아래에서 두 번째 줄 숫자로 '2월, 1978년, 공장 번호 2'라고 해석할 수 있다. 이 두 사례는 우연히 같은 순서대로 나열되었지만, 반드시 월, 연, 공장 번호의 순서로 표기하지는 않으며 '공장 번호, 년, 월' 등의 순서로 표기된 경우도 있다. 또한 여기에서 공장번호라고 불리는 숫자가 단추 뒷면의 숫자와 일치한다는 점은 앞서 설명한 대로다. 단리바이스에서 정식으로 공지한 내용은 아니므로 어디까지나 추론이다.

또한 이 세탁 표시가 찍힌 것 가운데 소수에는 05 모델, 16 모델 등 단추 뒷면 번호가 모델명으로 표기된 경우가 있다〔❼-㉕〕. 단추 뒷면 번호가 공장번호라면 공장별로 사양

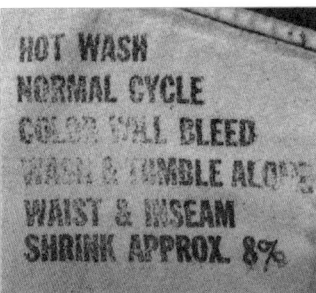

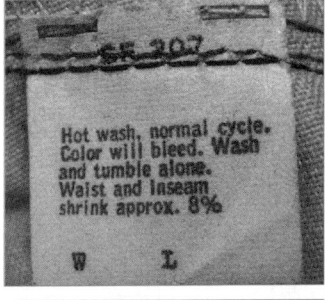

（❼-㉑）포켓주머니에 스탬프로 찍힌
세탁 표시
（❼-㉒）부직포 태그에 인쇄된 세탁 표시
（❼-㉓）부직포 태그 뒷면.
5월 1979년 공장 번호 8
（❼-㉔）부직포 태그 뒷면.
2월 1978년 공장 번호 2

（❼-㉕）○○ MODEL이라고 표시된 예

이 달라 저마다 '○○모델'이라고 불렀을 가능성이 있다.

같은 시기에 제작된 501이어도 단추 뒷면 번호별로 스티치의 종류가 다른 경우가 실제로 있으므로 사내에서 편의를 위해 모델명을 사용했을지도 모른다.

레드탭의 LEVI'S가 LeVI'S로

1966년 리바이스는 LEVI'S 로고를 변경한다. 그 상표등록 정보(❼-❷❻)에 따르면 처음 사용한 시기는 1966년 10월 10일이다. 신청일이 10월 28일이므로 상당히 신빙성이 있다. 그에 맞추어 레드탭 안의 글자 하나가 변경된다. 대문자 E가 소문자 e로 바뀐 것이다. 리바이스의 공지에 따르면 1971년에 변경이 이루어졌다. 그렇다면 실제 진에는 어떻게 나타났는지 보았다.

100벌 이상의 501, 502, 505 탭 등에 표기된 숫자에서 추정한 제조연월을 단추 뒷면 번호별로 나열했다(❼-❷❽). 그러자 1972년 도중부터 1974년에 걸쳐 천천히 소문자 e로 이행됨을 알 수 있다. 오래된 탭이 남은 경우에는 폐기하지 않고 끝까지 사용하려고 했을 테니 어느 한 시기에 일제히 교체하지는 않았다고 보인다.

리벳이나 라벨이 변경되었을 때도 같은 방식을 취했으리라. 몇 년도 언제부터 변경했다고 확실하게 구분할 수 있다면 편하겠지만, 현실적으로 언제부터 사양 변경이 이루어졌다고는 대략적으로만 이야기할 수밖에 없다.

United States Patent Office

849,437
Registered May 21, 1968

PRINCIPAL REGISTER
Trademark

Ser. No. 257,497, filed Oct. 28, 1966

Levi Strauss & Co. (California corporation)
98 Battery St.
San Francisco, Calif. 94106

For: TROUSERS, JACKETS, SHORTS, SHIRTS, SKIRTS, AND VESTS, in CLASS 39 (INT. CL. 25).
First use Oct. 10, 1966; in commerce Oct. 10, 1966.

(**7**-**26**) 새로운 로고의 상표등록 (1966)
(**7**-**27**) 새로운 로고로 바뀐 플래셔

	단추 뒷면 번호					
	501		**502**	**505**		
	6	16	16	5	8	16
1972 1	E					
2						
3						
4						
5			E			
6	e			E		
7			E			
8				E		
9		E				
10						
11		e				
12		e	e			
1973 1			e	E		
2	E	e				
3	E	e		E		
4	E	e	E			
5				e		
6		e				
7		e		E		
8						E
9				e		
10		e	e	E		
11	E					
12		e				e
1974 1		e				
2	E	e	e			
3		e				
4		e				
5		e		e		
6		e				
7				e		
8		e		e		
9						
10						
11		e		e		
12		e		e		
1975 1		e				
2		e				
3		e		e		
4	E					
5		e				
6		e				e
7						
8						
9				e	e	
10		e				
11						
12						e

레드탭 E 표시

레드탭 e 표시

(**7-28**) 레드탭의 E→e 추이표

데님의 물빠짐이 심해진 이유

리바이스의 진은 1970년대에 접어들면서 아주 심하게 물이 빠진다. 닳아서 색이 벗겨지는 차원이 아니라 팬츠 전체가 균일하게 라이트블루로 변한다. 이상 로트가 아닐까, 생각이 들 정도로 세로줄로 심하게 변색한 1975년 생산 501을 몇 벌 본 적 있다.

이렇게 물이 빠지는 데님이 나중에 빈티지 진 유행의 계기를 만든다. 그건 그렇다 쳐도 이러한 변화는 데님의 염색방법이 달라졌기 때문에 발생했다고 보아도 무방하다.

잡지 《내셔널 지오그래픽》에서 실시한 어림 계산에 따르면 구식 데님의 염색 방법으로는 진 한 벌을 만드는 데 11톤의 물이 필요하다고 한다. 이 염색방법을 변경하면 90퍼센트의 물을 절약할 수 있어 환경보호 효과를 기대할 수 있다.

물론 비용도 엄청나게 절감된다. 당시 리바이스가 데님 원단을 구입하던 콘밀스Cone Mills가 새로운 염색방법을 도입한 결과, 염료가 이전만큼 정착되지 않아 물빠짐이 심하게 일어나게 되었다고도 생각할 수 있다.

그렇다면 변경시기는 언제였을까? 『네님: 가우보이에서 캣워크까지Denim: From Cowboys to Cat-walks』의 지은이 폴 트린카Paul Trynka는 "콘밀스에서 1975년에 황화 염료Sulfur dye를 도입했다."라는 관계자 증언을 확보했다. 이는 2009년에 트린카가 콘밀스를 방문해 기술 디렉터인 랠프 서프Ralph Serpe를 인터뷰했을 때의 내용이다. 단계적으로 도입했겠지만 1975년이 데님 역사에 있어서 하나의 기점이 된 것은 분명하다.

새로운 리바이스

이 장에서 다룬 '전후 501 진'의 범위는 1947년부터 물이 쉽게 빠지는 데님 염색방법으로 바뀌는 1975년 무렵까지다. 이 시기를 통해 살펴보면 501 진에 커다란 기점이 된 해는 역시 1966년이다. 그해의 리바이스는 진이라는 명칭을 직접 사용하기 시작했고, 근대적인 코드 시스템을 도입해 공장 수를 급격하게 늘렸으며, 컨실드 리벳과 같은 구시대적인 부자재를 폐지했다. 한편 늘어나기만 하는 공장으로 시선을 돌려보자. 그 이전 해에는 홍콩, 다음 해에는 벨기에에서 공장을 가동하기 시작한다. 리바이스가 해외 진출을 시야에 넣었다는 점은 분명하며, 이후에도 몸집을 키워가기 위해 대대적으로 주변을 정리해나갔다. 1966년은 그러한 결의가 느껴지는 변혁의 해다.

전쟁 후 리바이스는 순식간에 제품 수를 늘린다. 플레어나 슬림, 벨 보텀. 데님 외에 색이 들어간 원단. 때로는 아이비풍, 히피풍 그리고 아시아인에게 어울리는 실루엣의 팬츠까지 나온다. 카탈로그에는 다종다양한 신제품이 등장했다가 사라졌다가 부활한다. 세상의 취향에 맞추어 임기응변으로 대응하면서 리바이스는 패션 제조회사로서 지위를 굳건하게 확립했다.

그 시대에 방향을 잡기가 얼마나 어려웠는지는 리의 사례를 보면 분명하게 알 수 있다. 리바이스의 경쟁사였던 리는 1960년대에 들어서도 카우보이와 육체노동 현장 작업복이라는 세계관에서 벗어나지 못해 혼란을 거듭하다가 다른 회사의 산하에 들어간다. 결국 시대의 조류에 올라타지 못한 채 현재는 브랜드의 이름만 남아 있을 뿐, 회사는 이미 존재하지 않는다.

1970년대 이후 세계적인 성공을 거둔 501 진은 작업복에서 패션으로 방향을 전환한다. 약 100년 전에 제이컵 데이비스가 우연히 재봉해 만든 한 벌의 팬츠를 기본 형태로 삼아 종류도 역할도 착용자 층도 큰 폭으로 확장한다.

한편 오래된 염색방법으로 제작한 데님 제품은 컬렉터 아이템으로 마니아들의 흥미를 북돋는다. 더 오래된 것, 더 희소한 것을 원하는 이들이 구축한 독자적인 장르가 리바이스 501의 또 다른 이야기를 만들어낸다.

APPENDIX

부록

이 책의 어떤 장에도 속할 수 없었던 주제 네 가지 콘텐츠를 부록으로 정리했다. 모두 조연이라고 여겨지지만, 저마다 흥미로운 역사를 지니고 있다. 빈티지 진은 이러한 관점에서도 깊게 파고들 수 있다는 사실을 보여주는 실례다.

‘버클’의 변천을 따라가다

　〔A-❶〕에 있는 ①~④는 사진은 리바이스의 501 팬츠나 506 재킷에 부착된 버클을 시간 순서대로 나열한 것이다.

　①은 1870~1890년대 무렵에 제작된 제품에서 자주 볼 수 있는 버클로, 1885년 무렵의 특허〔A-❷〕에서는 발명자의 이름을 따서 ‘하츠혼 버클Hartshorn Buckle’이라는 일반 명칭으로 불렸다. 제조회사는 코네티컷에 있던 웨스트헤이븐버클West Haven Buckle이나 아메리칸버클American Buckle 둘 중 하나일 것이다. 화려한 생김새 덕분에 수작업으로 오해받는 완벽한 양산품이다.

　②와 ③은 제조회사 자료에 따르면 ‘와이어프롱버클Wire Prong Buckle’이라고 부른다. ②에는 ★L.S.& CO.★이라는 각인이, ③에는 솔리드SOLIDE라는 각인이 있다. 버클 크기에는 리뉴라는 단위가 사용되었다. 이는 버클의 안쪽 치수, 즉 버클의 폭을 말한다. 복잡하지만, 단추 크기를 나타내는 리뉴와는 다르며 버클의 경우 1리뉴는 약 2.26밀리미터다. 리바이스의 사명이 각인된 ②의 버클은 나중에(1910년 무렵) 9리뉴, 약 20.34밀리미터로 크기가 줄어든다.

　솔리드라는 상표에 관한 내용은 알 수 없지만, 애초에 프랑스나 독일 제품으로 보인다. 미국에서 제조된 예로는 코네

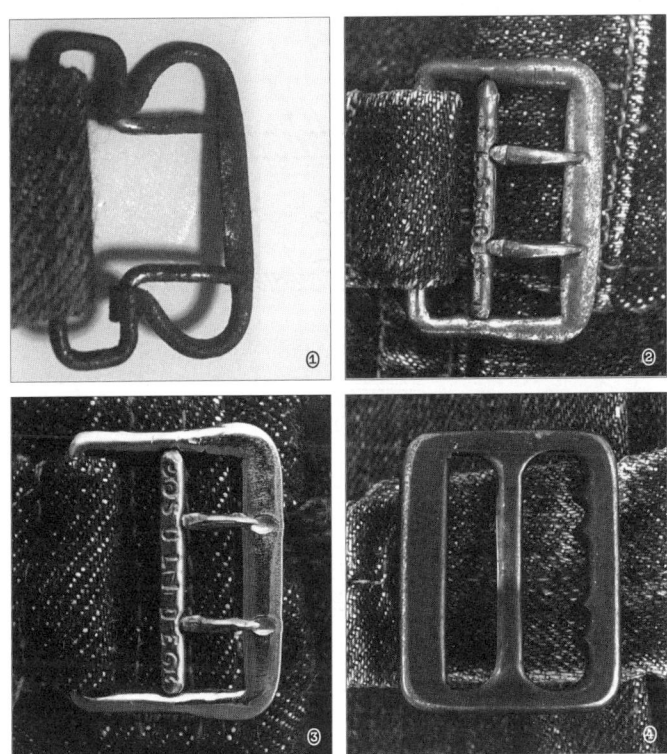

（A-❹）리바이스의 제품으로 보이는 버클의 변모

S. S. Hartshorn,

Buckle,

Nº 13,218.   *Patented July 10, 1855.*

Fig. 1.

Fig. 2.    *Fig. 3.*

티켓에 있던 노스앤드주드North & Judd의 자료를 소개한다(A-❸). 제목에서는 베스트의 용도로만 소개하지만, 본문에서는 미국 해군의 던가리dungaree(데님 소재의 작업복)나 미국 육군의 작업복 팬츠 등 세세한 조절이 필요한 의류에 사용할 것을 권한다.

노스앤드주드는 닻을 뜻하는 앵커라는 상표를 가지고 있어 닻 마크를 종종 각인했다. 2009년, 이 SOLIDE라고 적힌 버클에 관해 이 회사의 영업 부문을 총괄하던 워렌 킹즈버리Warren E. Kingsbury를 인터뷰했을 때 "이 버클은 생산은 했지만, 본래 우리 제품이 아니다."라고 했다.

④는 506 재킷에 달렸던 버클이다. 시기적으로는 1950년대 초기 무렵부터 몇 년 동안만 생산되었을 것이다.

WIRE PRONG BUCKLES for AMERICAN VESTS

Now — to help you meet the demand — Anchor Brand Wire Prong Vest Buckles. They're light, strong and flat. They can't slip, they're easy to adjust, and they do not present an unsightly bulge when threaded to the strap. What is more, you don't have to be a mechanic to thread them. *Only wire prong buckles* combine all these features.

Use Anchor Brand Wire Prong Buckles wherever a constant, fine adjustment is needed — on dangerees, Army fatigue pants, overall trousers, etc. Write for free samples.

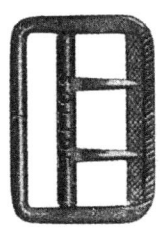

No. 33
10, 12 and 14 ligne

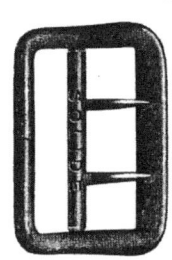

No. 200
6, 8, 10 and 12 ligne

No. 507
6, 8, 10 and 12 ligne

（A-❸）노스앤드주드의 정보지（1940）

Feb. 6, 1940.　　　　C. E. ANDERSON　　　　2,189,574

BUCKLE

Filed March 29, 1939

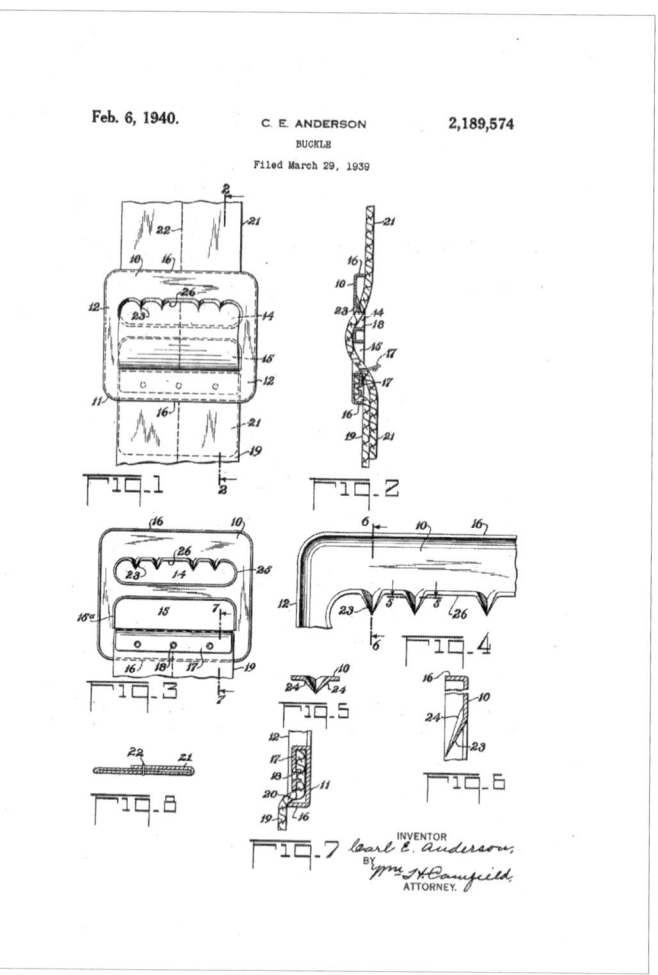

INVENTOR

Carl E. Anderson;

BY Wm. H. Campfield

ATTORNEY.

각인된 특허번호를 바탕으로 해석하면 제조회사는 뉴저지 이스턴툴Eastern Tool이다. (A-❹)가 그 버클의 특허 도면이다. 금속판을 뚫어 구멍을 내고 벨트의 끝을 끼워서 고정하는 간결한 구조다. 구성 부자재는 하나뿐으로 가동부는 없다. 이 버클로 변경한 이유는 알 수 없다. 그렇지만 그전까지 바늘 모양의 프롱을 사용했기 때문에 안전을 위해 변경했으리라 추측한다.

단추와 컨실드 리벳의 구조

단추와 컨실드 리벳의 내부 구조를 알기 위해서는 분해,
즉 파괴해 관찰하는 방법밖에 없기 때문에 시대에 따른 변화를
추적하기 쉽지 않다. 나 역시 어려움을 겪던 중 청바지 수선
매장의 호의로 아주 운 좋게 내부를 관찰할 수 있었다. 그 귀
중한 몇 가지 예를 일러스트로 소개한다.

리바이스의 진에 달린 금속 단추는 샌프란시스코 대지진
이 일어난 후인 1906년 유니버설버튼의 제품으로 변경된다
(172쪽 참고). 갈고리 두 개를 구부려 단추를 고정하는 투
프롱식이었다.

금속 단추의 기본 내부 구조는 〔A-❺〕 왼쪽에 나온 대
로, 주로 여섯 개의 부품으로 구성된다. 먼저 단추 뒷면(E/
왼쪽)은 171쪽에서 소개한 특허에 나온 "철사를 빙 돌려 구
부려 두 개의 침이 튀어나오도록 가공된 부품"으로 그 아래에
캡(F)을 씌운다. 내부에 있는 부품(B)은 안쪽이 움푹 파인
돔 형태로 되어 있는데 이러한 돔에 두 개의 갈고리(E)를 아
래에서 밀어 넣으면 갈고리가 후크 형태로 구부려져 내부의 S
자형 부품(C)에 고정된다. 이 부품(B)은 1910년 유니버
설이 개발한 클로즈드 탑 단추에 처음 사용된 듯하다.

염가판인 No.2 시리즈에서는 이 가운데 몇 가지 부품을
간소화한 단추를 사용했는데 S자형 부품(C)이나 갈고리를

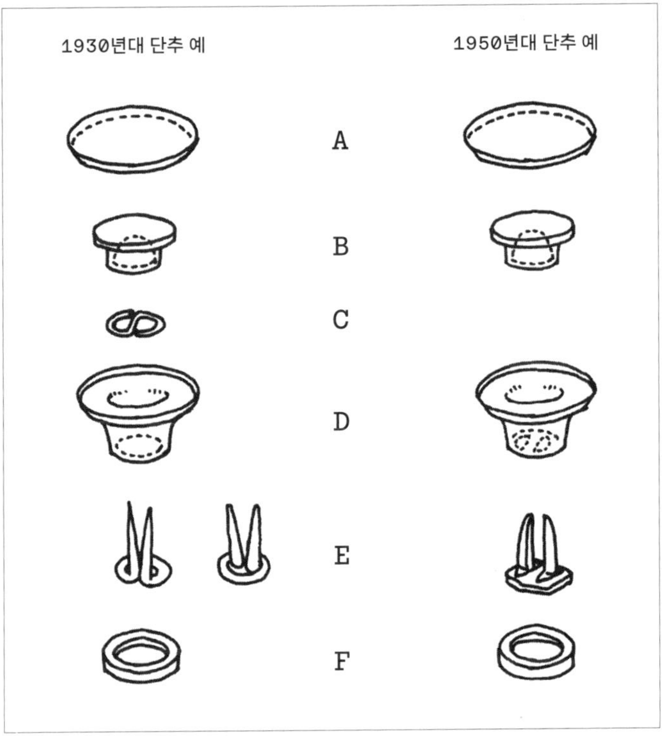

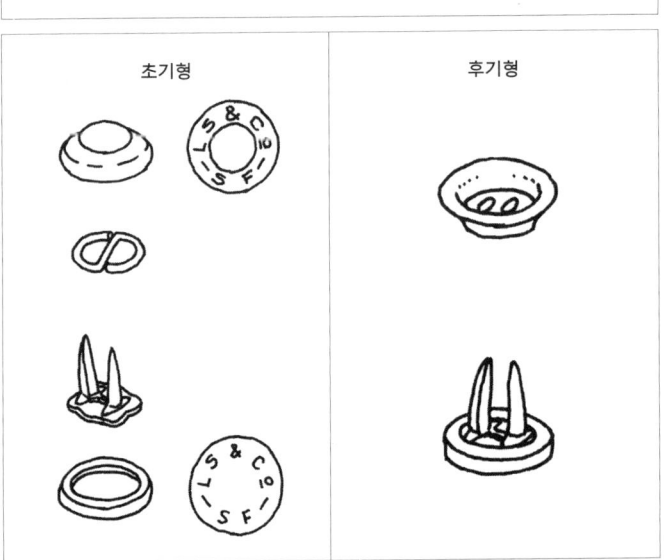

1930년대 단추 예
1950년대 단추 예
A
B
C
D
E
F

초기형
후기형
LS&CO
SF
LS&CO
SF

(A-❺) 금속 단추의 내부 구조
(A-❻) 컨실드 리벳의 구조

구부리는 부품(B)이 없었다. S자형 부품(C) 대신 단추 바닥에 뚫은 두 개의 구멍(D/오른쪽)에 구부린 갈고리를 직접 거는 방식이다.

2차 세계대전 중에 사용된 단추 대부분은 이 S자 부품(C)이나 갈고리를 구부리는 부품(B)이 없는 간소화된 단추였다. 부품(B)가 없기 때문에 부착기로 압력을 주어 두 개의 갈고리(E)를 구부리도록 단추 상부(A) 중앙에 둥근 구멍을 뚫었다.

투프롱 부품은 철사를 둥글려 가공한 당초의 타입(E/왼쪽)에서 나막신을 뒤집은 듯한 부품(E/오른쪽)으로 변경된다. 시기는 1950년대 초기 무렵이었을 것이다. 이러한 변경으로 단추 뒷부분을 얇게 만들 수 있게 되었다. 여기에 하부를 덮는 뚜껑(F)도 압력으로 평평해졌는데 이것도 더 얇게 하는 것을 목표로 해서 얻은 결과다.

이 투프롱식 단추 고정 방식은 리바이스의 컨실드 리벳에도 사용되었다(A-❻). 왼쪽 위에 나온 UFO 모양의 부품은 안쪽이 돔 모양으로 되어 있고 그 안에 S자형 철사가 있다. 두 개의 갈고리를 구부리면 S자 부품에 바로 걸린다.

이 UFO 모양의 부품은 상부는 둥글지만, 청바지를 입다가 데님원단을 뚫고 나오는 일도 있었을 것이다. 그래서인지 나중에 얇은 접시 모양의 부품(후기형)으로 변경되었다. 컨실드 리벳은 글자 그대로 밖에서 보이지 않지만 데님원단 바깥쪽에서 철사 등으로 리벳을 찔러보면 옛날 방식인지 아닌지 추정할 수 있다.

PART 3

'데님 사양서'에서 알 수 있는 것

1924년부터 몇 년에 걸쳐 데님, 덕, 드릴, 오일클로스 등 원단 사양서가 미국국립표준국을 통해 발효된다. 이에 따라 그전까지 제조회사마다 제각각이었던 원단의 폭이나 무게의 호칭 등이 통일된다.

〔A-❼〕은 미수축 데님 사양서 일부다. 염색 방법은 특별하게 규정되어 있지 않다. 이 사양서에 따라 데님의 짜임 폭은 28인치로 통일되었다. 상황에 따라서는 32인치 폭도 허용된다. 수축과 관련해서는 세로 방향 8퍼센트, 가로 방향 3퍼센트까지 허용된다. 자외선에 닿거나 물빨래로 인한 퇴색에 관해서도 언급되어 있다.

데님원단의 직조 방식으로는 2/1 트윌데님과 3/1 트윌ꙮ 데님 등 두 종류〔A-❾〕가 기재되어 있다. 일반적으로 시판되는 데님은 2/1 트윌데님으로, 후자는 특수한 용도에 사용되며 직조기를 특별하게 맞추어야 하므로 비싸다. 리바이스의 데님은 후자인 3/1 트윌데님이다.

〔A-❽〕의 표에는 No.1-4 등 네 가지 무게의 데님이 기재되어 있다. No.4는 1인치당 날실 75줄, 씨실 44줄로 만드는 11.4온스 사양인데 1925년 시점에 이미 이만큼 무거운 데님을 직조하는 기술이 확립되어 있었다는 말이 된다.

ꙮ 　트윌은 능직을 뜻하며 일반적으로 분수로 표시한다. 씨실과 날실이 두 올 또는 그 이상 건너뛰며 교차해 45도의 비스듬한 무늬가 나타나도록 짠다. 조직이 촘촘하고 부드럽고 구김이 덜하지만, 마찰에 약하다. 2/1 트윌데님은 씨실을 두 올 건너뛰어 날실이 교차하고 3/1 트윌데님은 씨실을 세 올 건너뛰어 날실이 교차한다.

U. S. Gov't
Master
Specification
No. 257a

DEPARTMENT OF COMMERCE

BUREAU OF STANDARDS

George K. Burgess, Director

CIRCULAR OF THE BUREAU OF STANDARDS, No. 266

[Issued June 26, 1925]

UNITED STATES GOVERNMENT MASTER SPECIFICATION FOR INDIGO BLUE DENIM (UNSHRUNK)

FEDERAL SPECIFICATIONS BOARD SPECIFICATION No. 257a

[Revised June 15, 1925]

This specification was officially promulgated by the Federal Specifications Board on December 6, 1924, for the use of the Departments and Independent Establishments of the Government in the purchase of indigo blue denim (unshrunk).

CONTENTS

I. TYPES

The types of denims purchased under this specification, as may be specified in the proposal, are:

1. WHITEBACK.—The warp shall be blue and the filling shall be white.

2. MOCK TWIST.—The warp shall be blue and the filling shall be formed by combining one white roving and one black roving prior to the spinning operation.

3. PIN STRIPE.—The warp shall be blue with a white stripe consisting of two white yarns occurring every one-sixteenth of an inch. The filling shall be blue.

49039°—25†

markedly below the general average, the result shall be disregarded, another specimen taken from the same threads, and the result of this break included in the average.

4. WEIGHT PER SQUARE YARD.—(a) *Method No. 1.*—Take 1 yard of the sample. Weigh, and if the width is not 1 yard calculate the weight per square yard.

$$\frac{\text{Weight of linear yard}}{\text{width}} \times 36 = \text{weight of square yard}$$

Average two tests.

(b) *Method No. 2.*—Take a measured portion of the material and weigh. Calculate from this area the weight per square yard.

$$\frac{1{,}296 \times \text{weight of known area}}{\text{area in inches}} = \text{weight per square yard}$$

Average three tests.

(c) *Method No. 3.*—Cut from the sample a specimen 2 by 2 inches, using a steel die. No specimen for testing shall be taken less than 8 inches from either selvage. Weigh on a torsion balance, adjusted to read the weight of the material in ounces per square yard. Average three to five tests.

5. WEIGHT PER LINEAR YARD.—The weight per linear yard shall be computed from the weight per square yard as follows:

$$\frac{\text{Weight per square yard}}{36} \times \text{width} = \text{weight per linear yard}$$

6. FASTNESS TO LIGHT.—Expose specimen to the action of an ultra-violet light for 36 hours. Compare with original sample and classify as good, fair, or poor fastness to light.

7. FASTNESS TO WASHING.—Prepare a 1 per cent neutral soap solution. Heat to about 50° C. Immerse the specimen and stir with a glass rod for several minutes. After the sample has remained in the solution 10 minutes, remove and rinse. Hang in air until dry. Compare with the original sample and classify as good, fair, or poor fastness to washing.

8. FASTNESS TO WATER.—Immerse a specimen in clear water, at room temperature (50 to 100° F.). After one hour remove and dry in the air. Compare with original sample and classify as good, fair, or poor fastness to water.

9. CROCKING.—The degree of crocking when rubbed with a piece of white cotton cloth, both when wet and dry, shall be compared with the results obtained using the standard sample if this is available.

10. SHRINKAGE.—Take a specimen approximately 12 inches square from the sample. Within this specimen with indelible ink mark off

Number	Weight		Yards per pound, 28 inches wide	Minimum threads per inch		Minimum breaking strength, 1 by 1 by 3 inch grab	
	Per square yard	Per linear yard, 28 inches wide		Warp	Filling	Warp	Filling
	Ounces	*Ounces*				*Pounds*	*Pounds*
1	8.6	6.66	2.40	60	36	140	50
2	9.3	7.27	2.20	65	40	150	55
3	10.3	8.00	2.00	70	40	155	65
4	11.4	8.89	1.80	75	44	160	70

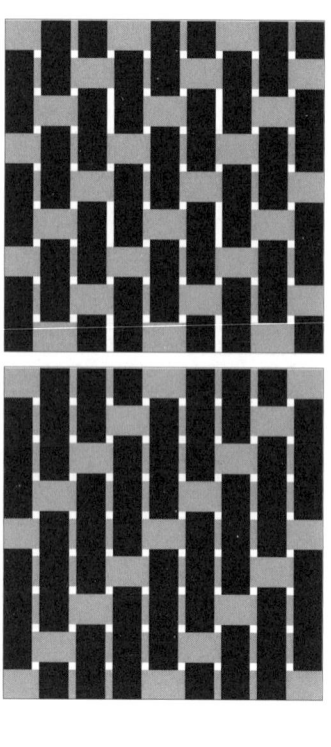

（A-❽）데님 무게와 날실 , 씨실의 최소 개수 , 찢김 강도

（A-❾）2/1 트윌데님과 3/1 트윌데님 . 검은 부분이 인디고로 염색된 날실 , 회색 부분이 씨실이다 . 씨실이 두 개 (위) 와 세 개 (아래) 인 두 종류의 데님이 있다 . 이 시기의 주류는 2/1 트윌데님이었다 .

리바이스의 501 등은 No.3의 10.3온스 데님원단을 선정했다고 여겨진다.

　데님의 무게 표기 방법이 세 종류나 있었다는 사실이 놀랍다. 표의 왼쪽부터 '평방 야드당 무게' '폭 28인치인 1야드당 무게' '폭 28인치로 무게 1파운드당 길이(야드)'라고 적혀 있다. 제조 현장에서 관리하기 쉬운 표기를 세 종류 도입했을 것이다. 각각 구체적인 산출 방법이 〔A-❼ 오른쪽〕에 기재되어 있지만 수식이 어떤 의미를 가지는지 설명할 정도까지는 이르지 못했다.

천연염료에서 합성인디고로 바뀐 시기

인디고라는 염료는 섬유를 파랗게 물들일 수 있는 유일한 물질이었다. 예부터 전 세계에서 아주 귀하게 여겨져 인디고로 염색해 나오는 파란색과 감색은 부와 권력의 상징이었다. 천연염료의 왕자로도 불려 피코트Pea coat 등 네이비블루의 울도 인디고로 염색했다.

이 귀중한 인디고는 독일의 화학자 아돌프 폰 베이어 Adolf von Baeyer가 처음 화학적으로 합성한다. 첫 합성 시기는 1870년 무렵으로 정확하게 특정되어 있지 않다 (언제를 성공 시점으로 보는지에 따라). 베이어의 합성 방법으로는 타산이 맞지 않아 공업적으로 사용할 수 없었다. 하지만 1883년 베이어가 드디어 인디고의 화학 구조식을 찾아낸다(이 일련의 연구로 1905년에 노벨화학상 수상). 그 결과 독일의 화학회사 바스프BASF가 1897년 공업 생산에 성공하면서, 저렴한 합성인디고를 안정적으로 손에 넣을 수 있게 되었다.

신문기사를 조사하면 이 독일제 합성인디고는 1898년부터 시장에서 사용되기 시작해 1914년에는 세계 각지에서 사용하던 천연인디고가 거의 교체된다. (A-❿)은 일본의 사례다. 1898년부터 소량이지만 독일제 합성인디고 수입이 시작되는 한편 영국령 인도와 네덜란드령 인도에서 수입하던

NATURAL INDIGO DISPLACED.

German Artificial Product Much Richer in Essential Qualities.

The use of natural indigo, which is most largely produced in British India, is steadily falling off before the general introduction of the German artificial product, which is much richer in indigotin, the essential quality which gives the dyestuff its value. Japan is one of the greatest users of indigo in the world, and the way in which the natural product is being displaced by the artificial substitute is shown by the statistics of her imports of the product, which are as follows:

BRITISH INDIA.

	Quantity, Lbs.	Value.
1898	2.257.678	£215.414
1899	1.833.380	215.097
1900	1.768.453	242.910
1901	1.086.619	146.265
1902	942.842	120.672

DUTCH INDIES.

	Quantity, Lbs.	Value.
1898	58.506	7.435
1899	387.507	65.506
1900	560.144	125.762
1901	433.245	86.465
1902	401,345	79,193

GERMANY.

	Quantity, Lbs.	Value.
1898	817	83
1899	17,484	5,297
1900	41.198	11.871
1901	102,278	25,171
1902	431,193	101,784

천연인디고의 양은 감소했다. 미국에서도 같은 추세를 보였으리라.

표에 나온 가격으로 무게당 가격을 계산하면, 합성품이 천연품의 배나 더 비싸다. 합성품이 인디고 함량 98퍼센트인데 반해 천연품은 30~55퍼센트였다. 가성비 면에서 보면 합성품이 나은 데다가 염색 안정성도 확보할 수 있었고, 1914년까지 세계의 인디고 염료는 독일에서 독점했다.

1914년 1차 세계대전이 유럽에서 시작되자 그 영향으로 미국에서 독일제 합성인디고를 들여오기 어려워진다. 따라서 데님 제조회사에서는 1916년 무렵부터 대체품인 로그우드 염료로 급한 불을 끄려고 한다. 이 시기 데님 색이 파란색이 아닌 갈색이 주류인 이유다. 합성인디고 부족을 극복하기 위해 전쟁 중에 미국의 화학회사 듀폰Du Pont이 인디고 합성을 검토하기 시작해 1919년 미국 내에 새로운 공장을 건설한다. 이후 미국은 물론 캐나다의 인디고 수요까지 국내에서 공급할 수 있게 된다. 독일에서의 수입이 멈추었던 기간을 제외하면 1904년 이후의 데님은 모두 합성인디고로 염색했다고 생각해도 틀림이 없다.

나오며

　　1970년대 일본은 미국 빈티지 진의 아름다움을 '발견'했다. 진은 큰 인기를 끌면서 그 열기가 빈티지 진이라는 시장을 발전시켜 미국으로 역수입되어 전 세계로 퍼져나갔다. 뒤돌아보면 나는 그러한 유행의 발흥을 목격한 사람이다. 개인적인 추억이지만, 당시의 분위기와 열기를 부감하는 일이야말로 일본의 빈티지 역사를 이야기하는 셈이 된다.

　　1970년대 후반 일본에서는 진이라고 하면 도메스틱을 일컬었다. 리바이스라는 이름이 붙은 진도 유통되었지만, 그것은 홍콩에 거점을 둔 리바이스의 자회사 '극동 리바이스'의 제품을 말했으며, 미국에서 제작된 진과는 닮았다고도 할 수 없는 형태다.

　　진짜 '리바이스 진'은 아주 귀했기에, 어떻게 손에 넣었는지 미국 리바이스를 입은 세련된 어른을 보면, 진짜는 다르구나 싶었다.

　　진짜를 손에 넣고 싶다, 미국에서 제작된 '리바이스'를 입고 싶다. 그렇다면 방법은 중고품밖에 없었다. 미국제에 집착한 나는 지금은 사라진 게이도에 있던 모 중고 옷 가게에서 중고 리바이스를 발견했다. 중고 가운데에서도 상태가 좋은 것은 귀했는데 입어보기 전부터 디테일 하나하나에 감동한 기억이 난다. 그런 끝에 다리를 넣어보면 역시나 매끈한 감촉이 느껴졌고 섬유의 길이를 피부로 잴 수 있었다. 다 입으니 몸에 착 감겨서 그때 처음으로 백요크가 이래서 필요하구나 깨달았다.

1978년 무렵에는 미국제 '병행 수입품'이라고 불리는 진도 서서히 새 제품으로 구할 수 있었다. 그렇다고 아무 곳에서나 다 살 수 있지는 않았고 도심에 있는 일부 가게에 일부러 찾아가야 했다.

그 무렵의 미국 진은 몇 개월 만에 색이 연해졌다. 전체가 연한 파란색이 된 것이다. 한편 구제 진은 희끗희끗하게 색이 빠져 그 아름다움에 매료될 수밖에 없었다. 이 차이, '오래된 것은 좋구나.'라는 감각이 빈티지 진 유행의 계기이며, 차이를 발견하면서 오히려 오래된 것을 소중하게 여기는 비즈니스 모델을 촉진했다.

또한 미국제 병행 수입품과 극동 리바이스 진은 형태가 완전히 달랐는데도 라벨에 적힌 품번은 같았다. 그러자 이 둘을 구분하는 방법을 찾아보는 놀이가 유행처럼 번졌다.

마니아들은 저마다 지식을 뽐냈지만, 당시부터 숫자에 빠져 있던 나는 팬츠 안쪽 태그에 적힌 제조연월이나 단추 뒷면의 각인에 실마리가 있음을 일찍부터 깨달았다. 홍콩제라면 347, 마카오는 350, 필리핀제는 359 등 즐거이 정답을 맞혔다.

리바이스 진에 푹 빠져 데이터를 쌓아가기를 몇 년, 그 열기가 식은 까닭은 내 눈으로 직접 보아온 것과 업계나 잡지 등에서 이야기하는 내용과의 간극, 근거 없는 이야기가 사실처럼 나열되는 한편 출처나 참고문헌을 표기하지 않는 잡지기사의 수준 낮은 도덕성이 주요했다.

또한 그 시대에 팔다 남은 진을 미국에서 사들여오면서 그 제품 일부가 중고 가게에 흘러 들어갔는데, 지금으로 말하자면 '데드 스톡dead stock'이다. 그런 루트가 등장하자 오래된 진의 가격이 상승했고 그 영향이 중고품에까지 미쳤다. 이런 상황이 벌어지면서 흥미를 잃었다.

이후 진에는 필요 이상으로 깊이 관여하지 않다가, 2017년 이 책의 편집자로부터 연락을 받았다. 6개월 안에 진에 관한 활자 중심의 책을 만들어달라는 것이었다. 만만찮은 과제라고 느꼈지만, 40년 전 스스로도 읽고 싶었던 책을 써보고 싶다는 마음이 이러한 부담감을 이기고 말았다.

마지막까지 끈질기게 조사하고 완성한 이 책의 분야는 패션사도 문화사도 아니다. 물빠짐의 패턴이나 누가 어떤 영화에서 입었다는 일화 따위 전혀 나오지 않는 인더스트리얼 히스토리(공업제품사)다.

아직 과제도 남아 있다. 가령 데님의 염색방법 같은 것. 데님 제조현장을 본 적 없는 나에게 데님의 염색은 미지의 세계다. 이 책에는 안 실었지만, 리바이스에 데님을 제공한 회사의 자료를 해석하면 "1925년에는 6회 염색, 1950년에는 3회 염색"이라고 기재되어 있다. 나는 1950년 무렵 데님이 특히 색이 깊다고 느꼈는데 염색 횟수가 겨우 3회였다는 점에 깜짝 놀랐고 아직 알지 못하는 부분이 많다고 통감했다. 또한 데님을 봉제하는 재봉틀도 명확하게 드러나지 않는 면이 많은 분야다. 재봉틀의 발전이라는 시점에서 진을 바라보면 상당히 흥미로운 내용이 될 것이다. 이 책은 501XX를 주제로 한 일종의 논문이다. 이 책을 통해 리바이스나 501은 물론, 리서치라는 작업의 재미가 전해지기를 바라본다.

감사의 말

이 책에 손을 보태준 분들을 가나다순으로 적는다. 귀중한 컬렉션을 나누고 부자재에 관한 지견과 저마다의 관점을 들려주신 데 감사드린다.

가쿠이 사토시角井聡(JUKE BOX)

니시자와 모토요시西澤元良

다테노 다카시舘野高史(WORKERS)

데라모토 긴지寺本欣児(35サマーズ)

데라오 에이지寺尾英次

무라카미 나오유키村上尚之(CockyCrewStore)

무라타 사토루村田悟

미우라 가즈三浦和(YM FACTORY)

스가와라 간페이菅原寛平(TRUNK UP)

아오키 다카노리青木孝則

아오키 후미青木史

야마시타 가쓰미山下克己

야스이 아쓰시安井篤(Freewheelers & Company)

오카자키 모토이岡崎基(gullible)

페이크αフェイクα

폴 트린카Paul Trynka(『Denim(데님)』의 저자)

후쿠시마 요헤이福島洋平

그 가운데에서도 야스이 아쓰시, 데라모토 긴지, 가쿠이 사토시, 아오키 다카노리는 지금까지 공개된 바 없는 카탈로그와 가격목록 등을 흔쾌히 제공해주었기에, 감사의 말을 아무리 거듭해도 부족하다.

또한 스가와라 간페이라는 검색의 신이 없었다면 이렇듯 사료 가득한 책이 탄생하지 못했다. 그가 일러준 신문, 지도, 주민등록대장 검색경로로 돌파구가 되는 정보를 수없이 발견했다. 미우라 가즈는 오래된 리벳과 단추의 내부구조를 보여주었는데, 덕분에 그가 아니었다면 절대 볼 수 없었을 부분을 상세히 소개할 수 있었다. 두 마리 말 로고를 일러스트로 재현(133쪽)해준 니시자와 모토요시, 영국의 대영도서관에 두 차례나 들른 무라타 사토루와 이를 격려한 후쿠시마 요헤이에게도 감사를 전한다. 샌프란시스코로 날아가 현지조사하고 유대인 이민과 피복산업이라는 관점에서 리바이 스트라우스의 새로운 상을 제시한 부Boo도 정말 고맙다.

편집을 맡은 요네다 게이이치는 기획과 회의에 막대한 시간을 할애해주었다. 어렵고 무리한 부탁도 인내하며 지원해준 데 마음 깊이 인사드린다. 마지막으로 이 책을 펴낸 리터뮤직의 쓰지이 게이에게 감사드린다.

옮긴이의 말　　　　　　　진의 이면에 존재하는 얼굴들

　　이 책을 우리말로 옮기면서 블루진이 한 세기를 지나며 어떻게 작업복 오버롤스에서 오늘날의 501XX 진으로 변모했고, 창업자 리바이 스트라우스와 재단사 제이컵 데이비스를 거치며 리바이스라는 회사가 어떠한 길을 걸었는지 지켜볼 수 있었다. 그 여정은 상당히 흥미로웠다. 그리고 그 글들 사이에서 한 가지 놓친 것이 있음을 「옮긴이의 말」을 쓰기 위해 한발 물러서서 바라보면서 비로소 알았다. 이 책에는 수많은 '노동'의 이야기가 담겨 있다는 사실이다. 진이 노동자의 작업복이라는 위치에서 출발했다는 점을 상기하면 너무나 당연한 소리인지도 모르겠다.

　　애초에 리벳이 달린 진은 한 여성의 의뢰에서 비롯되었다. 노동자인 남편의 바지가 낡아 튼튼한 작업 바지를 만들어 달라면서 재단사인 제이컵을 찾아온 여성. 이에 제이컵은 두꺼운 덕원단에 구리 리벳을 달아 아주 튼튼한 바지를 만들어주었고, 이것은 마부와 측량사들 사이로 퍼져나간다. 후에 제이컵과 리바이, 둘이 손을 잡으면서 지금 우리가 입는 청바지의 기본형이 탄생했다. 이후 리바이스는 공장을 마련하고 대량생산을 꾀하며 성장해간다. 그때부터 신문에 등장한 깃이 바로 재봉틀 직공을 구하는 구인광고다. 처음에는 열 명, 쉰 명 등 소수의 숙련자를 모집하던 공고는 생산량이 증가하고 공장 수가 늘어날수록 생산과정을 세분화해 "걸스!"를 연호하며 젊은 직공을 모으기 시작한다. 『501XX는 누가 만들었는가』는 100년 세월을 관통하는 구인광고가 책 전반에 걸쳐 꾸준히 등장하는 책이기도 하다.

110~111쪽의 이미지는 그러한 노동의 현장을 눈으로 확인하게 한다. 501이라는 제품번호가 등장하는 1897년 무렵 리바이스 공장의 광경. 루페로 보아야 겨우 가늠되는 두 남자(리바이와 제이컵으로 추정)와 힘껏 재봉틀을 밟으며 오버롤스를 만드는 여성 500명이 화면을 가득 채운다. 전통적으로 옷 짓는 일이 여성의 일이었듯이, 오버롤스의 생산을 도맡은 이들도 여성이었다. 그리고 그 노동의 배경에는 노동자와 이민자를 도시로 불러들인 골드러시(1848)라는 역사적 사건과 함께 1867년의 대륙횡단 열차 개통에 바탕한 유통 변화, 1890년대 전기보급이 불러온 산업 변화도 있다.

이 밖에도 책 곳곳에 다양한 노동의 이야기가 놓여 있다. 리바이스에서 아이들의 오버롤스를 제작한 것은 당시 아이들이 중요한 노동자원이기 때문이었고, 2차 세계대전 중 정부의 물자규제로 아큐에이트 스티치의 오렌지색 실 대신 칠한 빨간 페인트는 여성 한 사람이 맡았으며, 값싼 아시아 노동자와 자리 잃은 백인 노동자가 갈등하던 대불황 시기의 리바이스 전단에는 '홈 인더스트리'란 문구가 찍혀 있다. 그러한 흔적들을 발견하며 내가 지금 입고 먹고 사용하는 모든 것들 뒤에 보이지 않는 얼굴들이 존재함을 되새긴다. 멀게는 수백 년, 가깝게는 몇년, 몇 달, 심지어 바로 어제를 살던 이들의 땀 어린 얼굴들 말이다. 그렇게 이 책은 내게 지은이가 말한 공업제품사에 더해 노동사로 자리 잡았다.

한때 미국 빈티지에 빠져 리바이스 청바지를 동경했던 지은이는 자기 눈으로 직접 보아왔던 것과 세상이 말하는 것에서 간극을 느끼고 마음이 식어 빈티지 세계를 떠났던 사람이다. 그런 그가 이 책의 저술 제안을 받아 리바이스를 사랑하던 시절의 자기가 읽고 싶었으나 존재하지 않던 책을 구성해나간다. 진과 리바이스에 얽힌 이야기를 특허내용, 신문기사, 카탈로그, 서적 등을 샅샅이 찾아내 객관적으로 검증하는 작업을 거치며 짚어간 것이다. 뜨겁게 달아올랐다 꺼진 줄 안 숯이 다시 피어 열을 내듯이, 불붙인 마음이 차갑지도 뜨겁지도 않은 일정한 탐구의 온도를 보여주는 것만 같다. 그렇게 애호가의 감정이 절제된 탐구록이기에, 리바이스 진이 패션의 심벌로보다는 여러 겹 노동의 산물임을 알게 해 주는 효력이 있다.

우리는 하루도 빠지지 않고 매 순간 노동하며 산다. 삶을 영위하기 위한 노동인 동시에 삶을 살아간다는 노동. 누구 하나 그것에서 벗어날 수 없으며, 누군가의 노동에서 산출된 것들을 우리는 먹고 입고 읽는다. 나 또한 오늘 누군가의 손을 거친 청바지와 티셔츠를 입고 번역이라는 일터에 나섰다. 이 책 또한 노동자의 한 명인 당신 독자의 손에 닿을 것이다.

편집자의 말　　　누구인가 맨 처음 리벳 달 줄을 안 그는

　　팝스타와 블루칼라 노동자, 정치가와 래퍼, 장인과 사업가를 동시에 대표하는 단 한 장의 의류가 있다면? 1873년 캘리포니아에서 탄생한 뒤로 수많은 세대를 매혹해온 의류의 세부를 다루는 책을 편집하면서, 패션 아이템으로는 501XX를 볼 수 없었다. 이 청바지가 노동의 산물인 동시에 자본의 그것이고 유행의 상징인 동시에 기성성의 그것일 수 있는 것은, 청바지의 첫 고안자가 대단한 역사적 사명을 띠었기 때문도 아니고 청바지 사업을 이끌어온 사업가들이 대단한 프런티어여서도 아니다. 그냥 이 청바지는 죽지 않고 살아남았다. 그 오랜 수명이 여러 인간을 만나게 하고 여러 시대를 거치게 했을 뿐. 그러나 백만 번 산 고양이처럼 백만 벌만큼 죽고 백만 벌만큼 되살아난 이 청바지는 수많은 주인을 만나며 다채로운 삶을 살았고 이변이 없다면 앞으로도 백만 번 다시 태어날 것이다. 청색광으로 동공을 물들인 나와 타자수인 아버지와 수선가인 할머니와 카우보이인 증조할아버지 모두 이 청바지를 그럴듯하게 소화하니.

　　아무도 물어본 적 없지만 "당신에게 있어 진짜 501은 무엇인가?" 묻는다면 답은 구리 리벳에 있다고 말하고 싶다. 얼마나 음각된 각인인지, 폰트는, 크기는, 닳은 정도는, 광택 수준은 어떠한지 이야기할 수 없지만, 이 책을 읽기 전 내가 501의 심벌이라 생각했던 아큐에이트 스티치와 투 홀스 마크는 구리 리벳을 이길 수 없다고 생각하고 있다. 주머니와 맞닿아 곧잘 찢어지던 원단 부위에 재단사 제이컵이 박아넣은 최초

의 구리 리벳. 이 리벳은 바지의 주인으로 하여금 바지를 버리지 않도록 해준다. 바지가 오래 살게, 바지 주인이 바지 주인으로 오래 살게 해준다. 나는 바지 양끝을 잡은 두 마리 말이 정반대로 달려나가도 찢어지지 않을 무적의 청바지보다, 떨어진 주머니를 그때그때 수선해주는 다정한 친구가 갖고 싶거든. 당신도 떨어지기 전부터 해지기 전부터 그럴 것을 염려해주고 미리 준비해주는 청바지 만드는 친구를 갖고 싶지 않은가? 우리가 우리의 바지를 고르기 훨씬 전에, 바로 우리의 주머니가 될 주머니를 단단히 고정해준 사람. 바지와 바지 주인의 제자리를 찾아준 사람. 그가 바로 501XX를 만든 사람이다.

디자이너의 말

『블루노트 컬렉터를 위한 지침』과 동일한 크기에 두 가지 색으로 인쇄하는 사양을 유지하자는 고트의 제안으로 몇 가지 요소는 곧장 정해졌다. 색은 데님의 쪽빛과 레드탭의 빨강 말고 다른 선택지는 없다고 생각했다.

옛날 자료를 뒤지면서 사진으로 본 여러 버전의 501XX는 제각각이었다. 미리 만들어둔 패치에 스탬프로 찍은 품번과 사이즈 정보는 위치가 들쑥날쑥했고, 인쇄물의 자간은 고르지 않았다. 아큐에이트 스티치의 간격도 모양도 일정하지 않았는데 내겐 이 부분이 특히 매력적으로 비쳤다.

여기서 책의 전반적인 분위기를 착안했다. 긴 글을 읽어야 하는 점을 감안해 본문의 띄어쓰기 간격은 편안하게 잡되 문장부호, 로마자, 숫자, 병기 스타일 등에는 고정폭 폰트를 적용해 글자 밭을 성글게 조성했다. 도판 번호 스타일에도 장 번호와 이미지 번호 폭에 차이를 줘(예: 〔❹-❹〕. 지면 군데군데 리벳을 박은 것처럼 보이려는 의도도 있었다.) 듬성듬성한 인상을 다지는 데 꽤 많은 품을 들였다. 특히 문장부호 두 개가 연달아 붙으면 띄어쓰기를 한 것처럼 간격이 넓어져 한층 더 만족스러웠다.

한편 기본 폰트로 선택한 노말고딕구는 보자마자 동공이 흔들렸을 만큼 이 책에 안성맞춤(샌프란시스코 맞춤이라고 해야 하나?☑)이었다.

도중에 편집자의 제안으로 레드탭 빨강을 구리 리벳 색으로 바꿨는데('편집자의 말' 참고), 리벳이 리바이스의 명성을 일으킨 핵심 요소임을 감안하면 타당한 의견이었기에 기꺼이 동의했다.

　　이 책이 아니면 보기 힘든 자료가 많이 실려 도판을 가급적 키웠다. 그 과정에서 배치 순서가 원서와 달라졌고 그에 맞게 도판 번호를 고쳐야 했다. 페이지 수도 원서(원서는 국판, 즉 A5 판형에 총 272쪽) 대비 꽤 많이 늘었다.

　　디자인 수정을 요청하는 대신 일일이 확인하는 번거로움을 택한 편집자와 오른 제작비를 감수하기로 결심한 운영진에 심심(甚深)하고 심심(深深)한 감사의 마음을 전합니다.

501XX는 누가 만들었는가
빈티지 리서처의 리바이스 진 탐구록

| 1판 1쇄 펴냄 | 2024년 11월 15일 |
| 1판 2쇄 펴냄 | 2025년 2월 15일 |

글	아오타 미쓰히로
번역	서하나
편집	김미래
디자인	이기준

| 펴낸이 | 김태웅 |
| 펴낸곳 | goat |

출판등록 2016년 6월 1일 2018-000235호
서울시 마포구 백범로48, 2층 스파인서울

ISBN 979-11-89519-80-3 03590

goat

종이를 별미로 삼는 염소가
삼키지 못한 한 권의 책을 소개합니다.

jjokkpress.com   jjokkpress   spineseoul